Bouché / Wintterlin

Kolbenverdichter

Einführung in Arbeitsweise, Bau und Betrieb von
Luft- und Gasverdichtern mit Kolbenbewegung

Vierte, neubearbeitete und erweiterte Auflage

von

Karl Wintterlin

Springer-Verlag Berlin Heidelberg New York 1968

Dr.-Ing. KARL WINTTERLIN

em. Professor an der Staatlichen Ingenieurschule Esslingen

Das Buch enthält 175 Abbildungen

ISBN 978-3-540-04062-0   ISBN 978-3-642-47417-0 (eBook)
DOI 10.1007/978-3-642-47417-0

Titel Nr. 0087

Vorwort zur vierten Auflage

Die Absicht der ersten Auflage, ein handliches Taschenbuch für Theorie und Praxis der Kolbenverdichter zu geben, ist in der zweiten und dritten Auflage fortgeführt und auch in der neuen Auflage gewahrt. Aber das Echo aus der Industrie auf die 3. Auflage, die z. T. sehr fachkundige Kritik und hauptsächlich die immer exaktere Erfassung aller technischen Probleme führten in manchen Punkten zu etwas gründlicherer Behandlung und auch zu ganz neuen Kapiteln, z. B. den Schwingungen verschiedener Art.

Das Buch will also nach wie vor dem Studierenden einen kurzgefaßten und durch Anschaulichkeit leicht verständlichen Leitfaden geben; dem Ingenieur aber soll es Wege zu tieferem Eindringen zeigen, ein Stück weit mit eigener Behandlung, weiter aber durch ein reichhaltiges Verzeichnis geeigneter Fachliteratur. Damit der Umfang trotzdem klein gehalten werden konnte, wurden der allgemeine Teil beträchtlich gestrafft und das Kapitel Vakuumpumpen ganz gestrichen. Wiederum wurde öfters auf den Verbrennungsmotor als Schrittmacher verwiesen.

Die 3. Auflage mußte eine stürmische Entwicklung nach dem zweiten Krieg erfassen. Seither war der Fortschritt etwas bedächtiger, aber er bedingte doch viele Änderungen, besonders bei den Ausführungsbeispielen, jetzt mit einigen ausländischen Firmen. Hier sind wieder bewußt die maßstäblichen Schnittzeichnungen bevorzugt, und ich habe der Industrie für modernste Unterlagen und dem Verlag für die sorgfältige Ausarbeitung besonders zu danken.

Eine noch einschneidendere Änderung erforderte die Anpassung an die neuen VDI-Verdichterregeln, die heute als Richtlinie VDI 2045 in fast abgeschlossenem Entwurf vorliegen und die bisherige Unordnung in Begriffen und Bezeichnungen bereinigen sollen. Hiermit und mit der Verwendung reiner Größengleichungen will die neue Auflage einen Beitrag zur allgemeinen Verwendung dieser Norm und zur Beseitigung der Zahlengleichungen leisten. Sie ist aber im Fortschreiten der Technik und der Normung auf den gegenwärtigen Stand verwiesen, z. B. mit der Einheit kp nach VDI 2045.

Stuttgart, im August 1968   **Karl Wintterlin**

Aus dem Vorwort zur ersten Auflage

Das vorliegende Buch soll in kurzer, gedrängter und übersichtlicher Weise den Studierenden mit dem Wesen der Kolbenverdichter vertraut machen und dem jüngeren Konstrukteur eine wertvolle Hilfe sein. Die theoretischen Abhandlungen sind so kurz wie möglich gehalten, und zum leichteren Verständnis wird möglichst die graphische Darstellung benutzt.

Besonderer Wert wird auf eingehende Darstellung des Energieumsatzes und des Wärmeübergangs im wirklichen Kolbenverdichter gelegt; es werden hierzu die $P\text{--}v$- und $T\text{--}S$-Diagramme benutzt und die Ergebnisse aus Forschungsarbeiten beschrieben.

Zahlreiche Schnittzeichnungen zeigen die verschiedensten Bauarten vom kleinsten bis zum größten Verdichter, wobei wesentliche Konstruktionseinzelheiten gebracht werden.

Die Vakuumpumpen und die Drehkolbenverdichter werden in ihrem grundsätzlichen Aufbau beschrieben.

Berlin, im März 1937   **Ch. Bouché**

Inhaltsverzeichnis

Formelzeichen

Liste der hier gebrauchten allgemein gültigen Zeichen. Nur für den Einzelfall gebrauchte Bezeichnungen sind im Text erläutert.

a) Größen

Zeichen	Einheit	Benennung
		1. Zustandsgrößen
p	kp/m² kp/cm² Torr	Druck
t	°C grd	Celsius-Temperatur
T	°K	Kelvin-Temperatur
V	m³ dm³	Volumen
v^*	m³/kp	spezifisches Volumen
G	kp p	Gewicht
γ	kp/m³	spezifisches Gewicht, Wichte
		2. Zeitliche Größen
t	s min h	Zeit
w	m/s	Geschwindigkeit
c	m/s	konstante mittlere Geschwindigkeit
ω	1/s	Winkelgeschwindigkeit, Kreisfrequenz
n	1/s 1/min	Drehzahl
g	m/s²	(örtliche) Fallbeschleunigung
		3. Kraft, Arbeit, Leistung
F	kp	Kraft
M_d	kpm	Drehmoment
L	kpm	mechanische Arbeit des Gases
l^*	kpm/kp	spezische mechanische Gasarbeit
E	kpm	Energie
P	kpm/s	Leistung
$(N$	PS	Leistung in PS)
		4. Wärme
A	kcal/kpm	Mechanisches Wärmeäquivalent $= \dfrac{1}{427}$ kcal/kpm
Q	kcal	Wärmemenge
q^*	kcal/kp	spezifische Wärmemenge
i^*	kcal/kp	spezifische Enthalpie
H_u^*	kcal/kp	(unterer) Heizwert
		5. Strom
$\dot{V}$	m³/s m³/h	Volumenstrom
$\dot{G}$	kp/s kp/h	Gewichtstrom
$\dot{Q}$	kcal/s kcal/h	Wärmestrom
		6. Physikalische Größen
c_p^*	kcal/kp grd	spezifische Wärme bei konstantem Druck
c_v^*	kcal/kp grd	spezifische Wärme bei konstantem Volumen
$\varkappa$	1	Verhältnis der spezifischen Wärmen

Formelzeichen

Zeichen	Einheit	Benennung
α	kcal/m²h grd	Wärmeübergangszahl
λ	kcal/mh grd	Wärmeleitzahl
k	kcal/m²h grd	Wärmedurchgangszahl
R^*	kpm/kp grd	Gaskonstante
Z	1	Realgasfaktor
$\varkappa$	1	Isentropenexponent der idealen Gase
k	1	Isentropenexponent der realen Gase
$\bar{n}$	1	Polytropenexponent
s^*	kcal/kp °K	spezifische Entropie
φ	1	relative Feuchte
f	kp/Nm³	Feuchtigkeit, bezogen auf trockene Luft
x	kp/kp	Dampfgehalt, bezogen auf Naßdampfgewicht

7. Verdichtergrößen

Zeichen	Einheit	Benennung
λ	1	Liefergrad
η	1	Wirkungsgrad
σ	1	Einflußzahl der Aufheizung
μ	1	Schadraumverhältnis
Π	1	Druckverhältnis
k	1	Druckerhöhung durch Ausschiebewiderstand

8. Berechnungsgrößen

Zeichen	Einheit	Benennung
D	m mm	Zylinderdurchmesser
F_{Kb}	m² cm²	Kolbenfläche
s	m	Kolbenhub
V_h	m³ dm³	Hubvolumen *einer* Zylinderseite
V_H	m³ dm³	Hubvolumen *aller* Zylinderseiten
z	—	Zylinderzahl
i	—	Stufenzahl
c_m	m/s	mittlere Kolbengeschwindigkeit

b) Indizes

Index	Bedeutung
0	Außen- (Luft, Temperatur usw.)
1	Eintritt (z. B. Saugseite)
2	Austritt (z. B. Druckseite)
I, II, III	Stufen, in Strömungsrichtung gezählt
u	Unter- (Druck)
$ü$	Über- (Druck)
d	dynamisch (z. B. $p_d =$ dynamische Druckerhöhung)
m	mittler
mech	mechanisch
nu	nutzbar
th	theoretisch *oder* thermisch
T	isotherm
s	isentrop
pol	polytrop
i	indiziert, inner
D	(in feuchter Luft) zum Anteil des Dampfs gehörig
R	Reibungs-
Kb	Kolben-
Ku	Kupplungs-

Einführung

a) Begriffsbestimmung für Kolbenverdichter

Man versteht unter Kolbenverdichtern Maschinen, die durch Bewegung eines Kolbens Gase aus Räumen niedrigen Drucks in solche höheren Drucks fördern. Dabei handelt es sich z. B. um Förderung von Luft aus der Atmosphäre in eine Druckluftanlage; oft dienen Verdichter aber auch zur Förderung von Gasen in der Energieverteilung oder in der Industrie, wie Leuchtgas, Erdgas, Sauerstoff, Wasserstoff, Stickstoff, Synthesegas und dergl. oder von den in der Kältetechnik verwendeten Gasen wie Kohlensäure, Ammoniak, Frigen u. ä.

Die üblichen Benennungen solcher Verdichter richten sich nach den Druckbereichen; man spricht von

Vakuumpumpen, bei Kondensationsanlagen auch Luftpumpen genannt, zur Förderung von Gasen oder Dämpfen aus Räumen, in denen Unterdruck herrscht;

Gebläsen bis zu einem Druck von 3 kp/cm² für Hochöfen und Stahlwerke, als Spülpumpen für Zweitaktmotoren u. a.;

Kompressoren schlechthin für Drücke ungefähr von 3—12 kp/cm², meist zur Erzeugung von Druckluft für Energieübertragung zum Antrieb von Druckluftwerkzeugen;

Hochdruckkompressoren bis ungefähr 500 kp/cm² hauptsächlich für Luft und technische Gase; bis zu den

Höchstdruckkompressoren der chemischen Industrie mit einem Bereich von 500 bis zu 2500 kp/cm².

Alle Kolbenverdichter arbeiten nach dem Verdrängungsprinzip mit Raumvergrößerung zum Ansaugen und mit Raumverkleinerung zum Verdichten im Gegensatz zu den *Strömungsverdichtern* mit stetiger dynamischer Druckerzeugung.

Die Kolbenverdichter werden eingeteilt in *Hubkolbenverdichter* mit einem in einem Zylinder geradlinig hin- und hergehenden Kolben und in *Drehkolbenverdichter* mit in einem Gehäuse sich bewegendem Drehkolben (Roots-Gebläse, Schieberverdichter, Schraubenverdichter und dergl.). Bei beiden Arten bestehen für Gase die gleichen Gesetzmäßigkeiten, in der Bauart bestehen aber große Unterschiede. Hier sind deshalb nur die Hubkolbenverdichter behandelt, und auch bei diesen ist zur Straffung des Stoffs auf zwei Sondergruppen verzichtet, auf die Vakuumpumpen, die als Kolbenmaschinen nur noch geringe Bedeutung haben, und auf die zwar sehr wichtigen Kälteverdichter, die aber hauptsächlich bezüglich der Arbeitsmedien und der daraus folgenden Bau- und Betriebsart ein Spezialgebiet bilden.

Im Schrifttumsverzeichnis S. 190 ist für eingehenderes Studium viel Fachliteratur angegeben, auf die jeweils mit [ ] verwiesen wird.

1*

b) Normgrundlagen

Zugrundegelegt ist hauptsächlich die VDI-Richtlinie 2045 [73], die jetzt in fast abgeschlossenem Entwurf vorliegt als neue „Verdichterregeln", die die alten der DIN 1945 [61] ablösen sollen.

Als Ergänzung sind [66] und weitere im Schrifttumsverzeichnis angegebene Normblätter und die übliche Literatur verwendet, für die mit den Kolben*motoren* gemeinsamen Begriffe auch DIN 1940 [64].

VDI 2045 verwendet wahlweise das Gewichtssystem oder das Massesystem. Die auf die Gewichtskraft bezogenen Größen erhalten einen *, z. B. spezifisches Volumen v^* in m^3/kp (Gewicht), während die auf die Masse bezogenen Größen ohne solchen Stern geschrieben werden, z. B. v in m^3/kg (Masse).

Wir verwenden hier *nur das Gewichtssystem*.

Unter kp ist hier also die Einheit der Kraft und des Gewichts als Maß für die Stoffmenge verstanden.

Es werden technische Einheiten benützt. Die durchweg aufgestellten reinen Größengleichungen lassen die Verwendung beliebiger, aber kohärenter Einheiten zu. Die verwendeten Formelzeichen sind auf S. 1 und 2 zusammengestellt.

1 Begriffe

1.1 Druck

1.1.1 Bezeichnungen und Einheiten

Unter Druck versteht man die Kraft, die ein Gas oder eine Flüssigkeit auf die Flächeneinheit eines Gefäßes ausübt. Im technischen Bereich sind für den Druck folgende Bezeichnungen und Einheiten üblich:

Man unterscheidet zwischen dem absoluten Druck p, dem Überdruck $p_ü$ über den jeweils herrschenden äußeren Atmosphärendruck p_0 und den Unterdruck p_u unter p_0. Einheit für alle Drücke kp/m^2 oder kp/cm^2.

Für den Gaszustand ist der absolute Druck p maßgebend, deshalb wird im Verdichterbau meist und *in diesem Buch stets* p ausschließlich als *absoluter* Druck verwendet.

In der Technik ist noch vielfach die Druckeinheit at üblich. Da fast alle Manometer $p_ü$ oder p_u anzeigen, verwendet man oft noch für Überdruck atü und für Unterdruck atu.

Zur Umrechnung auf Flüssigkeitshöhe gilt

für Wasser von 4 °C   1 mm WS $= 1 \; kp/m^2$,

$$10 \; m \quad WS = 1 \; kp/cm^2 \; (= 1 \; at),$$

für Quecksilber von 0 °C   1 mm QS $= 1$ Torr $= 13,595 \; kp/m^2$,

$$735,5 \; mm \; QS = 1 \; kp/cm^2 \; (= 1 \; at),$$

$$760 \quad mm \; QS = 1,033 \; kp/cm^2 = 1 \; phys. \; Atm.$$

Im angelsächsischen Bereich wird noch verwendet
1 lb./sq. in. = 0,0703 kp/cm² oder 1 kp/cm² = 14,22 lbs./sq. in.
Im physikalischen Bereich, z. B. in der Meteorologie, wird außerdem als Druckeinheit
verwendet

1 Bar (b) = 10⁶ dyn/cm² = 1,0197 kp/cm² (at) = 750,06 Torr,
1 Millibar (mb) = 10,197 kp/m² = 0,75 Torr,
1 kp/cm² = 981 mb.

Bei strömendem Gas unterscheidet man den *statischen* und den *dynamischen*
Druck. Der statische ist der innere Druck, den ein im geradlinigen Gasstrom mit
gleicher Geschwindigkeit mitbewegtes
Meßgerät anzeigen würde. Der dynamische, auch Geschwindigkeits- oder Staudruck, ist die größte Drucksteigerung,
die in einem Gasstrom (ohne Verluste)
vor dem Mittelpunkt eines Hindernisses
auftritt. Dem örtlichen dynamischen
Druck entspricht also die örtliche
Strömungsgeschwindigkeit [73]

mit dynamischer Druckerhöhung

$$p_d = w^2 \cdot \frac{2g}{\gamma}.$$

1.1.2 Druckmessung

Zeitlich konstanter Druck kann
durch eine Flüssigkeitssäule (U-Rohr
mit Sperrflüssigkeit) oder durch ein
Federmanometer gemessen werden.
Diese Messung ist nicht absolut, son-

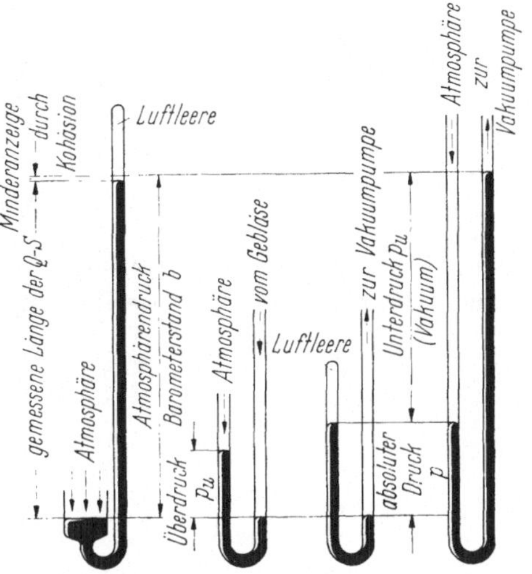

Abb. 1. Beziehung zwischen Barometerstand, Überdruck, Unterdruck und absolutem Druck.

dern gibt den Überdruck über den jeweils herrschenden äußeren Luftdruck
(Atmosphäre) an (s. Abb. 1). Die Flüssigkeitshöhe hängt außerdem von der
Temperatur ab. Daher müssen stets Barometerstand und Temperatur angegeben
werden, damit der absolute Druck berechnet werden kann. Für die Umrechnung
der Flüssigkeitssäule h gilt

$$p = h \cdot \gamma$$

γ = spezifisches Gewicht der Sperrflüssigkeit bei der Meßtemperatur.

Die Veränderlichkeit des spezifischen Gewichts der Sperrflüssigkeit bei Tem-
peraturänderung erhält man aus Zahlentafel 1.

Bei U-Rohren sollen beide Rohrschenkel gleichen Durchmesser haben, damit
sich die Flüssigkeitskuppen gleich ausbilden, besonders bei Quecksilber.

Bei strömendem Gas ist die Messung des reinen statischen Drucks schwierig,
da sich leicht dynamischer Druck überlagert. Wandbohrungen möglichst in
geraden Rohrstrecken, innen ohne Grat oder Ansenkung, am besten mehrere
Bohrungen mit Ringleitung oder sogar Ringspalt [69, 73]. Zur Messung des
dynamischen Drucks mit Staurohr s. S. 187.

Zahlentafel 1

Flüssigkeit	γ bei 20°C kp/dm³	kubische Temperaturausdehnungszahl je 1°C	Länge der Flüssigkeitssäule für 1kp/cm² bei 20°C mm
Alkohol 98%	0,8000	0,0011	12500
Wasser	0,99823	0,000138	10018
Tetrachlorkohlenstoff	1,5935	0,001227	6275
Bromoform	2,8899	—	3449
Quecksilber	13,5461	0,000182	738,2

Danach ist z. B. das spezifische Gewicht des Quecksilbers bei 30°C

$$\gamma_{30} = \frac{13,5461}{1 + 0,000182\,(30-20)} = \frac{13,5461}{1,00182} = 13,522.$$

1.2 Atmosphäre

Zunächst ist ein Norm-Zustand für Gase festzulegen, auf den z. B. Liefermengen eindeutig bezogen werden können. [73] nennt im Anschluß an [67] als

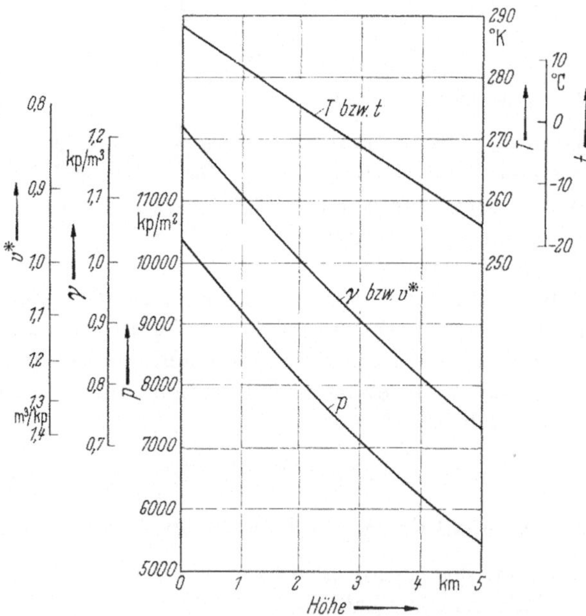

Abb. 2. Internationale Norm-Atmosphäre (CINA).

Normzustand nur noch 0°C = 273°K und 760 Torr = 1,0333 kp/cm², mit Index N bezeichnet, also physikalische Werte.

Auch wir verwenden nur diese Norm. Es finden sich aber auch andere Festlegungen, z. B. ein technischer Normalzustand mit 20°C und 1 kp/cm².

Für trockene Luft ist $\gamma_N = 1{,}293$ kp/m³. 1 Nm³ (Normalkubikmeter) Gas ist gleich der Gasmenge, die (trocken) im Normalzustand 1 m³ ausfüllt. 1 Nm³ trockene Luft wiegt also 1,293 kp.

Für die Umrechnung auf andere Temperaturen und Drücke gilt Abschnitt 2.1.

Die weitere Untersuchung gilt den atmosphärischen Verhältnissen. Mit der Höhenlage ändern sich p, γ und T; außerdem sind diese Größen der Wetterlage entsprechend dauernden Schwankungen unterworfen. Um bei Vergleichsrechnungen mit Festwerten rechnen zu können, sind in Abb. 2 die Werte der internationalen Norm-Atmosphäre (CINA) angegeben [68], die Mittelwerte aus langjährigen Beobachtungen darstellen.

2 Wärmetechnische Grundlagen

2.1 Zustandsgleichungen

2.1.1 Zustandsgleichung idealer Gase

Für den *allgemeinen* Fall, daß p, v^* und T veränderlich sind, gilt die Zustandsgleichung

$$pv^* = R^*T \quad \text{für 1 kp Gas,} \tag{1}$$

$$pV = GR^*T \quad \text{für } G \text{ kp Gas.} \tag{2}$$

R^* ist eine für jedes Gas verschiedene, für ein und dasselbe Gas unveränderliche Größe (Gaskonstante)

$$R^* = \frac{pv^*}{T} \quad \text{kpm/kp Gas grd.}$$

Zahlentafel 2 gibt die Gaskonstanten einiger wichtiger Gase nach [73] (außer den zwei letzten).

Zahlentafel 2. *Gaskonstante R^+ in* kpm/kp grd

trockene Luft	29,27	Kohlenoxyd CO	30,27
Sauerstoff O_2	26,49	Ammoniak NH_3	49,78
Stickstoff N_2	30,26	Methan CH_4	52,89
Wasserstoff H_2	420,55	Chlor Cl_2	11,96
Kohlensäure CO_2	19,26	Leuchtgas ($\gamma = 0{,}515$)	73,5
		Wasserdampf rund	47

Bei bekanntem R^* kann für jedes beliebige p und T die Größe von $v^* = \dfrac{R^*T}{p}$ und $\gamma = \dfrac{p}{R^*T}$ bestimmt werden.

Für Luft kann dazu auch Abb. 3 verwendet werden; z. B. ist bei 0 °C und 760 mm QS oder 10330 kp/m² $\gamma = 1,29$ kp/m³ und $v^* = 0,77$ m³/kp.

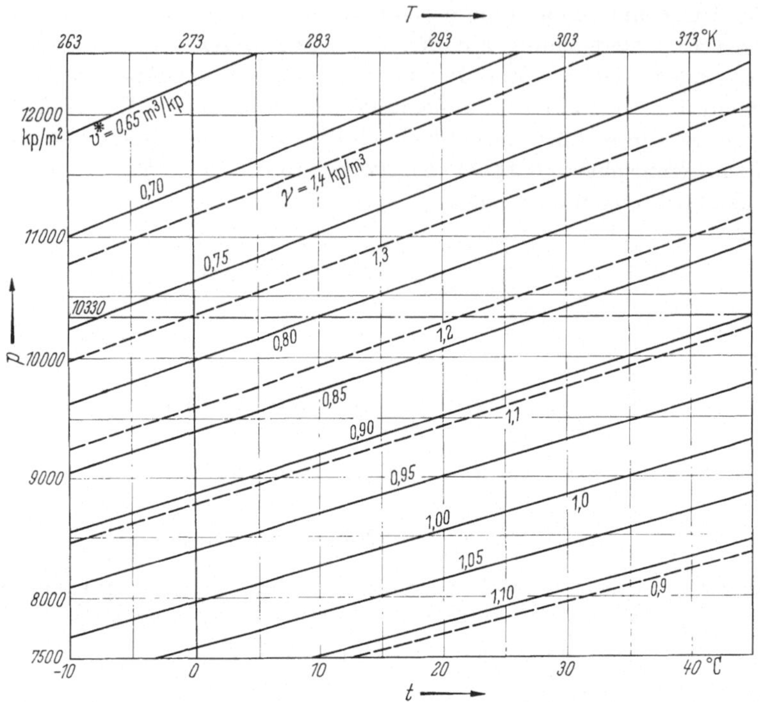

Abb. 3. v^* und γ für trockene Luft in Abhängigkeit von p und t.

2.1.2 Zustandsgleichung realer Gase

Für die realen (wirklich vorhandenen) Gase gilt die Zustandsgleichung (1) nicht streng. Die Abweichung kann durch einen „Realgasfaktor" Z [73] erfaßt werden in der Form

$$pv^* = ZR^*T. \tag{3}$$

Die Abb. 4—6 geben für 5 der wichtigsten Gase den Wert von Z in Abhängigkeit von Druck und Temperatur[1]. In [73], vermehrt in [75] und besonders auch in [4], hier mit ζ bezeichnet, findet man ausführlichere Tafeln, auch für weitere Gase. Bei einfachen Gasen wie Luft, Sauerstoff, Stickstoff, Wasserstoff liegt Z für mäßige Drücke bis 50 kp/cm² sehr nahe bei 1; für höhere Drücke, besonders bei niedrigen Temperaturen, und bei allen zusammengesetzten und den Dämpfen näherstehenden Gasen darf die Abweichung aber nicht vernachlässigt werden.

Beispiel 1. Gesucht Rauminhalt und Gewicht von 1 kp trockener Luft bei 100 °C und 300 kp/cm².

---

[1] Die Zahlen sind aus [73], VDI 2045, Blatt 3, Abnahme- und Leistungsversuche an Verdichtern, Teil III: Thermische Stoffwerte, mit Genehmigung der VDI-Verlag G.m.b.H., Düsseldorf, 1967, entnommen.

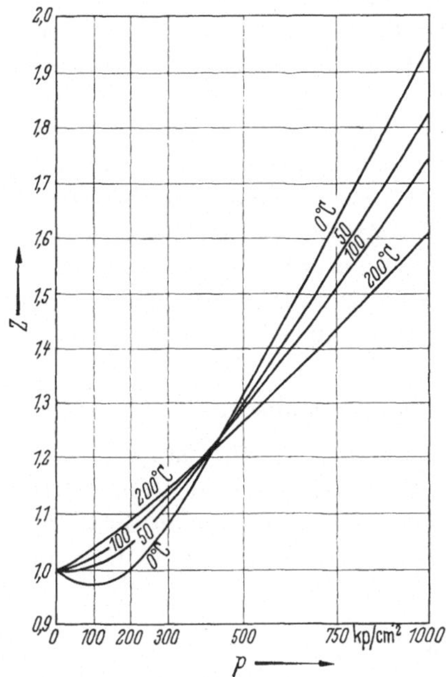

Abb. 4. Realgasfaktor Z von trockener Luft.

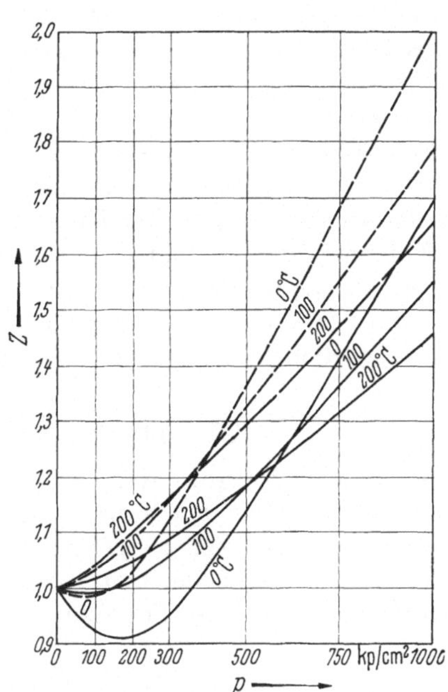

Abb. 5. Realgasfaktor Z ——— von O_2;
— — — von N_2.

Nach Abb. 4 ist hierfür $Z = 1{,}138$; nach Gl. (3) und R^* nach Zahlentafel $2 = 29{,}27$ kpm/kpgrd ist

$$v^* = Z \cdot \frac{R^* T}{p}$$

$$= 1{,}138 \frac{29{,}27 \cdot 373}{3\,000\,000} = 0{,}004\,14 \text{ m}^3/\text{kp},$$

$$\gamma^* = \frac{1}{v^*} = 241 \text{ kp/m}^3.$$

Luft in diesem Zustand ist also 1,138mal oder rund 14% leichter, als sich aus der Formel $pv^* = R^* T$ ergeben würde.

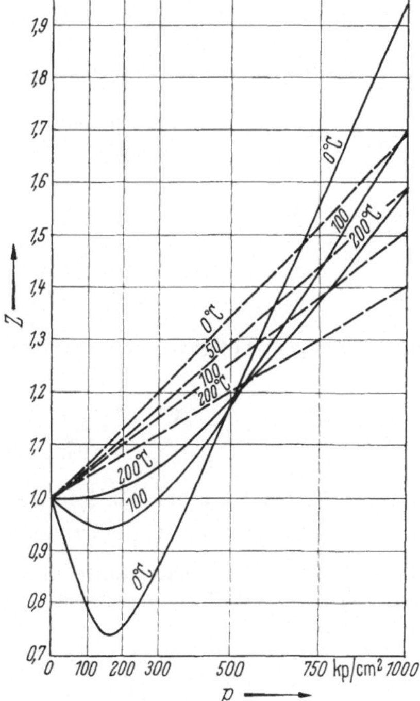

Abb. 6. Realgasfaktor Z ——— von CH_4;
— — — — von H_2.

Ein Beispiel für diese „pv^*-Abweichung" bei der Leistungsberechnung enthält Beispiel 9 auf S. 38. Dort ist gezeigt, daß man für diese Rechnungen einfacher nicht Z, sondern einen jedem Gas eigentümlichen Funktionswert C wie in Abb. 30 verwendet.

Eine andere Abweichung vom Idealgas wird bei gewissen Gasen wie z. B. Äthylen wichtig, die *Polymerisation*, Bildung von Makromolekülen, die z. B. zur Kunststoffherstellung verwendet wird. Der Stoff verliert dabei den Gas-Charakter, der Kolbenverdichter stößt hier also an eine Grenze. Sie ist von Gasart, Druck und Temperatur abhängig, daneben aber auch von Verunreinigungen, die als Katalysatoren den Vorgang befördern können. Der Verdichterkonstrukteur muß demnach seine Richtlinien von der auftraggebenden technischen Chemie erhalten.

2.1.3 Zustandsgleichung von Gasgemischen

Gesetz von DALTON. Nehmen die Gewichte G_1, G_2, G_3 usw. mehrerer verschiedener Gase mit den Kennzeichen 1, 2, 3 ... einen und denselben Raum V bei gleichem Druck ein, so erzeugen sie in diesem Raum zusammen einen Druck p, der gleich der Summe der Drücke ist, die jedes Gas für sich allein in diesem Raum hervorbringen würde. In Formeln

$$p_1 V = G_1 R_1^* T; \quad p_2 V = G_2 R_2^* T; \quad p_3 V = G_3 R_3^* T, \tag{4}$$

$$p = p_1 + p_2 + p_3 \ldots = \frac{T}{V} (G_1 R_1^* + G_2 R_2^* + G_3 R_3^* + \ldots). \tag{5}$$

Zustandsgleichung der Mischung

$$pV = (G_1 R_1^* + G_2 R_2^* + G_3 R_3^* + \ldots) T = (G_1 + G_2 + G_3 + \ldots) R^* T, \tag{6}$$

worin R^* die *Gaskonstante des Gemisches* ist:

$$R^* = \frac{G_1 R_1^* + G_2 R_2^* + G_3 R_3^* + \ldots}{G_1 + G_2 + G_3 + \ldots} = \frac{G_1 R_1^* + G_2 R_2^* + G_3 R_3^* + \ldots}{G}. \tag{7}$$

Die Einzeldrücke der Gase sind

$$p_1 = p \frac{G_1 R_1^*}{G R^*}; \quad p_2 = p \frac{G_2 R_2^*}{G R^*} \ldots$$

Sind nicht die Teilgewichte, sondern die Teilvolumina V_1, V_2, V_3 ... bekannt, so wird

$$\frac{1}{R^*} = \frac{V_1}{V R_1^*} + \frac{V_2}{V R_2^*} + \frac{V_3}{V R_3^*} + \ldots \tag{8}$$

Der *Realgasfaktor* eines Gasgemisches ist experimentell zu bestimmen; auch Berechnung aus den Daten der einzelnen Komponenten ist möglich [21].

Beispiel 2. Es ist die Gaskonstante eines Gemisches von 75 Raumteilen Wasserstoff und 25 Raumteilen Stickstoff zu berechnen. Wasserstoff $R^* = 420,6$; Stickstoff $R^* = 30,26$. Nach Gl. (8) ist

$$\frac{1}{R^*} = \frac{0,75}{420,6} + \frac{0,25}{30,26} = 0,01004; \quad R^* = 99,6.$$

2.1.4 Gemisch von Luft und Wasserdampf

Atmosphärische Luft enthält meist Wasserdampf. Der Gesamtdruck p der feuchten Luft ist nach Gl. (5) gleich dem Teildruck p_D des in der Luft enthaltenen Wasserdampfes plus dem Teildruck der Luft p_L. Luft ist mit Wasserdampf gesättigt, wenn der Teildruck p_D des Wasserdampfs gleich dem Sättigungsdruck p'_D von Wasserdampf bei der gemessenen Lufttemperatur ist. p'_D ist nur von der Temperatur, nicht vom Druck des Gemisches abhängig. Gesättigte Luft (oder jedes andere mit Wasserdampf gesättigte Gas) enthält also nur ein ganz bestimmtes Dampfgewicht γ'_D kp/m³ Gas, das *nur von der Temperatur*, nicht vom Druck der Luft abhängt. Ist $p_D < p'_D$, dann ist die Luft ungesättigt, sie kann also noch Wasserdampf aufnehmen. Der Wasserdampf ist im Zustand der Überhitzung. Kühlt man die Luft bei gleichem Druck weiter ab, so erreicht p_D den Sättigungsdruck p'_D bei der mit „Taupunkt" bezeichneten Temperatur. Kühlt man noch weiter ab (oder verringert man das Volumen durch Drucksteigerung bei gleicher Temperatur), so kann γ_D nicht $> \gamma'_D$ werden, sondern es kondensiert ein Teil des Dampfs, es fällt Wasser aus.

Zahlenwerte erhält man aus gebräuchlichen Dampftafeln, z. B. aus [6] oder im Auszug durch Zahlentafel 3.

Zahlentafel 3. *Sättigungsdruck (Dampfteildruck)* p'_D *und Dampfwichte* γ'_D
bei verschiedener Temperatur t

t °C	-10	0	10	15	20	25	30	50	70
p'_D kp/cm²	0,0026	0,0062	0,0125	0,0174	0,0238	0,0323	0,0433	0,126	0,318
γ'_D kp/m³	0,002	0,0048	0,0094	0,0128	0,0173	0,0230	0,0304	0,0830	0,198

Demnach ist die größte Menge Wasserdampf, die feuchte Luft z. B. bei 20 °C aufnehmen kann, 17,3 p/m³ feuchter Luft, unabhängig vom Druck.

Die Feuchtigkeit ungesättigter Luft wird in der Literatur etwas verschiedenartig bezeichnet, eindeutig aber in der Definition mit 5 verschiedenen Bezugsarten für das Dampf*gewicht*:

absolute Dampfwichte (Feuchte), bezogen auf 1 m³ *feuchter* Luft, γ_D kp/m³;

relative Feuchte $\varphi = \dfrac{p_D}{p'_D} = \dfrac{\gamma_D}{\gamma'_D}$; $\qquad\qquad\qquad\qquad\qquad$ (9)

Dampfgehalt, bezogen auf das *Gewicht der feuchten Luft*, x kp/kp;

Dampfgehalt, bezogen auf *Trockenluftgewicht*, x_L kp/kp;

Feuchtigkeit, bezogen auf 1 Nm³ trockene Luft, f kp/Nm³.

φ kann mit dem Psychrometer nach AUGUST oder ASSMANN [73] und [6] bestimmt werden. Dies beruht darauf, daß flüssiges Wasser an der freien Luft um so stärker verdunstet, je weniger die Luft gesättigt ist. Einem mit einem feuchten Lappen umwickelten Thermometer wird also je nach Luftfeuchtigkeit Verdampfungswärme entzogen, und es zeigt eine niedrigere Temperatur an als ein trockenes Thermometer daneben.

Mit $t_{tr} =$ Anzeige des trockenen Thermometers, t_f des feuchten, $p_{tr} =$ Sattdampfdruck bei t_{tr}, $p_f =$ Sattdampfdruck bei t_f, $p_0 =$ Atmosphärendruck, alle

Drücke in Torr, wird

$$\varphi = \frac{p_f - 0{,}5\,(t_{tr} - t_f)\,\dfrac{p_0}{755}}{p_{tr}} \cdot 100 \ \text{in} \ \%,$$

oder näherungsweise für $p_0 = 755 \pm 15$ Torr

$$\varphi \approx \frac{p_f - 0{,}5\,(t_{tr} - t_f)}{p_{tr}}.$$

Wird feuchte Luft vom Zustand 1 auf einen anderen Zustand 2 gebracht, so wird

$$\varphi_2 \approx \varphi_1\,\frac{p'_{D,1}\,p_1}{p'_{D,2}\,p_2}. \tag{10}$$

Die Gaskonstante R_f^* des Dampf-Gas-Gemisches ist nach Gl. (7) zu bestimmen. Für feuchte Luft ist

$$R_f^* = \frac{R^*}{1 - 0{,}377\varphi \cdot \dfrac{p'_D}{p}}. \tag{11}$$

R_f^* ist also größer als R^* trockener Luft, also γ_f kleiner. Feuchte Luft ist stets leichter als trockene. Soll also ein bestimmtes Gewicht trockener Luft geliefert werden, so ist bei feuchter Luft ein größeres Volumen anzusaugen.

Beispiel 3. Bestimmung der Raumvergrößerung durch Feuchtigkeit für einen Luftverdichter. Außenzustand 30 °C, 745 Torr (auf 0° reduziert), als ungünstigster Fall $\varphi = 1$ anzunehmen. Für 30 °C ist nach Zahlentafel 3 $p'_D = 0{,}0433$ kp/cm²; bei $\varphi = 1$ ist $p_D = p'_D$,

$$p_0 = \frac{745 \cdot 13{,}595}{10\,000} = 1{,}013 \ \text{kp/cm}^2,$$

Teildruck der Luft $p_L = p_0 - p_D = 1{,}013 - 0{,}043 = 0{,}970$ kp/cm².

Trockene Luft würde bei gleicher Temperatur einen im umgekehrten Verhältnis der Drücke größeren Raum beanspruchen, also Raumvergrößerung $= \dfrac{p_0}{p_0 - p_D} = \dfrac{1{,}013}{0{,}970} = 1{,}045$. Das Hubvolumen des Verdichters müßte (bei gleicher Drehzahl) um 4,5% größer sein, falls die geforderte Luftmenge auf trockene Luft bezogen ist.

In gleichem Maß steigt der Leistungsaufwand für die Verdichtung, s. Gl. (29), S. 29. Hohe Luftfeuchtigkeit ist also unerwünscht.

Beispiel 4. Für den dreistufigen Luftverdichter des Beispiels 15, S. 63, ist zu berechnen, wieviel Wasser in den beiden Zwischenkühlern und ggf. im Behälter abgeschieden wird, wenn der Außenzustand der Luft 20 °C, 1 kp/cm² und $\varphi = 0{,}8$ ist.

Nach der zweiten Berechnung des Beispiels 15 sind die Drücke in den Zwischenkühlern und im Behälter

$$p_{I/II} = 4{,}24 \ \text{kp/cm}^2; \quad p_{II/III} = 19 \ \text{kp/cm}^2; \quad p_B = 66 \ \text{kp/cm}^2.$$

Bei 20° Kühlwassertemperatur seien am Kühleraustritt 30 °C angenommen, im Behälter Abkühlung fast auf Außentemperatur, also etwa 25 °C.

Dampfgewicht der angesaugten Luft: nach Beispiel 15 wird angesaugt $\dot{V}_0 = 0{,}0862$ m³/s im Außenzustand, nach Zahlentafel 3 für 20 °C $\gamma'_{D,0} = 0{,}0173$ kp/m³, also $\gamma_{D,0} = \varphi\gamma'_{D,0} = 0{,}8 \cdot 0{,}0173 = 0{,}0138$ kp/m³. Angesaugter Dampf $\dot{G}_{D,0} = \dot{V}_0 \cdot \gamma_{D,0} = 0{,}0862 \cdot 0{,}0138 = 0{,}00119$ kp/s.

Für die Zustandsänderung kann die Gleichung für ideale Gase verwendet werden, da die Drücke verhältnismäßig klein sind und einige Werte nur geschätzt sind.

Zwischenkühler I/II:

$$\dot{V}_{I/II} = \dot{V}_0 \cdot \frac{p_0}{p_{I/II}} \cdot \frac{T_{I/II}}{T_0} = 0{,}0862 \cdot \frac{1}{4{,}24} \cdot \frac{303}{293} = 0{,}0210 \text{ m}^3/\text{s},$$

Sättigungswichte $\gamma'_{D,I/II}$ ($= \gamma'_{D,II/III}$) $= 0{,}0304$ kp/cm³,

größtmögliches Dampfgewicht $\dot{G}'_{D,I/II} = 0{,}021 \cdot 0{,}0304 = 0{,}00064$ kp/s.

Dies ist kleiner als $\dot{G}_{D,0}$, also muß die Differenz ausfallen.

Ausgeschieden im Zwischenkühler I/II $\dot{G}_{A,I/II} = 0{,}00119 - 0{,}00064 = 0{,}00055$ kp/s.

Die von Stufe II angesaugte Luft ist mit Dampf gesättigt mit $0{,}00064$ kp/s.

Zwischenkühler II/III:

$$\dot{V}_{II/III} = 0{,}0862 \cdot \frac{1}{19} \cdot \frac{303}{293} = 0{,}0047 \text{ m}^3/\text{s},$$

$$\dot{G}'_{D,II/III} = 0{,}0047 \cdot 0{,}0304 = 0{,}00014 \text{ kp/s}.$$

Ausgeschieden in Zwischenkühler II/III $\dot{G}_{A,II/III} = 0{,}00064 - 0{,}00014 = 0{,}0005$ kp/s. In den Behälter werden geschoben $0{,}00014$ kp/s Dampf.

Behälter:

Im (etwaigen Nachkühler und) Behälter kühlt sich die Luft auf 25° ab, $\gamma'_D = 0{,}023$ kp/m³;

$$\dot{V}_B = 0{,}0862 \cdot \frac{1}{66} \cdot \frac{298}{303} = 0{,}0013 \text{ m}^3/\text{sec}; \quad \dot{G}'_{D,B} = 0{,}0013 \cdot 0{,}023 = 0{,}00003 \text{ kp/s}.$$

Ausgeschieden im Nachkühler und Behälter $\dot{G}_{A,B} = 0{,}00014 - 0{,}00003 = 0{,}00011$ kp/s.

Ergebnis: In den Zylindern steigt bei der Verdichtung γ'_D durch die höhere Temperatur rascher, als es durch das kleinere Volumen fällt. Hier wird also nichts ausgeschieden. Im Zwischenkühler I/II werden $\dfrac{0{,}00055}{0{,}00119} \cdot 100 = 46\%$ ausgeschieden, in II/III nochmals 42%, im Behälter noch 9%. Der kleine Rest von etwa 3% bedeutet zwar im Behälter gesättigte Luft, bei der Entspannung in Preßluftverbrauchern wird jedoch die Luft annähernd trocken.

Der Wasserausfall in den Kühlern ist für das Ansaugevolumen der folgenden Stufen vorteilhaft.

2.2 Gleichungen und Diagramme der Zustandsänderungen

Die Gleichwertigkeit von Wärme und Arbeit wird durch folgende Gleichung ausgedrückt:

$$Q \text{ kcal} = A \frac{\text{kcal}}{\text{kpm}} \cdot L \text{ kpm} \quad \text{oder spezifisch} \quad q^* \frac{\text{kcal}}{\text{kp}} = A \frac{\text{kcal}}{\text{kpm}} \cdot l^* \frac{\text{kpm}}{\text{kp}}$$

mit Q = Wärmemenge, die bei einer Zustandsänderung des Gases zu- oder abgeführt wird, oder mit q^* auf die Gewichtseinheit bezogen;

L = mechanische Arbeit, die bei dieser Zustandsänderung gewonnen wird oder aufgewandt werden muß, oder l^* auf die Gewichtseinheit bezogen;

A = Arbeitswert der Wärmeeinheit = „mechanisches Wärmeäquivalent"

$$= \frac{1}{427} \frac{\text{kcal}}{\text{kpm}}.$$

Daraus nach [6]:

$$\begin{aligned}
1 \text{ kWh} &= 860 \text{ kcal} &&= 367\,100 \text{ kpm,}\\
1 \text{ KW} &= 102 \text{ kpm/s} = 0{,}2389 \text{ kcal/s} &&= 1{,}36 \text{ PS,}\\
1 \text{ PS} &= 75 \text{ kpm/s} = 0{,}1757 \text{ kcal/s} &&= 0{,}7355 \text{ kW.}
\end{aligned}$$

Im angelsächsischen Bereich werden noch verwendet
1 BTU (British Thermal Unit) = 0,252 kcal,
1 HP (Horsepower)   = 1,014 PS.

2.2.1 Darstellung der Zustandsänderung im p-v*–Diagramm

2.2.1.1 bei gleichbleibendem Rauminhalt (Abb. 7 „Isochore")

p ändert sich im Verhältnis der Temperaturen

$$\frac{p_2}{p_1} = \frac{T_2}{T_1}. \tag{12}$$

Es wird keine äußere Arbeit geleistet, $l^* = 0$. Für konstantes v^* ist die spezifische Wärme c_v^*, also $q^* = c_v^* \cdot (T_2 - T_1)$.

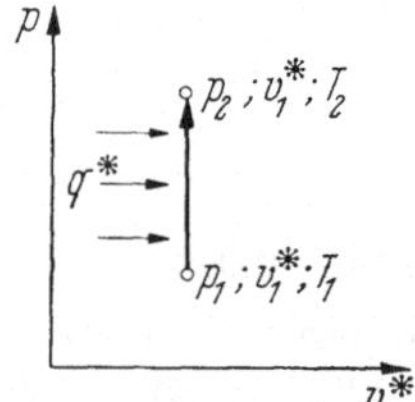

Abb. 7. Zustandsänderung bei $v^* =$ const.

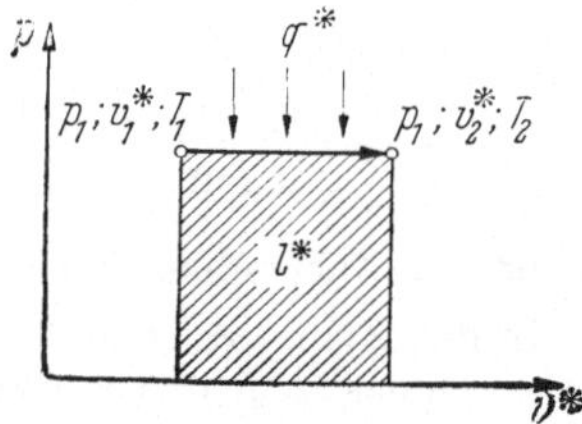

Abb. 8. Zustandsänderung bei $p =$ const.

2.2.1.2 bei gleichbleibendem Druck (Abb. 8 „Isobare")

v^* ändert sich im Verhältnis der Temperaturen

$$\frac{v_2^*}{v_1^*} = \frac{T_2}{T_1}. \tag{13}$$

Bei Ausdehnung wird die mechanische Arbeit l^* abgegeben, bei Verdichtung muß l^* zugeführt werden.

Für konstantes p ist die spezifische Wärme c_p^*, es wird

$$q = c_p^*(T_2 - T_1) = c_v^*(T_2 - T_1) + A\,l^* = c_v^*(T_2 - T_1) + A\,p(v_2^* - v_1^*),$$

dabei gilt

$$\frac{c_p^*}{c_v^*} = \varkappa,$$

$$c_p^* - c_v^* = A R^* = c_p^* \frac{\varkappa - 1}{\varkappa} = c_v^* (\varkappa - 1), \tag{14}$$

$$c_v^* = \frac{A R^*}{\varkappa - 1} \quad \text{und} \quad c_p^* = \frac{\varkappa}{\varkappa - 1} \cdot A R^*.$$

2.2.1.3 Wichtigste Zustandsänderung: Rauminhalt *und* Druck veränderlich (Abb. 9, „Polytrope")

Polytropenexponent $\bar{n}$ [73]. p, v^* und T ändern sich nach dem Gesetz

$$p v^{*\bar{n}} = \text{const, also} \quad p_1 v_1^{*\bar{n}} = p_2 v_2^{*\bar{n}}, \qquad (15)$$

und

$$\frac{T_2}{T_1} = \left(\frac{p_2}{p_1}\right)^{\frac{\bar{n}-1}{\bar{n}}} = \left(\frac{v_1^*}{v_2^*}\right)^{\bar{n}-1}. \qquad (16)$$

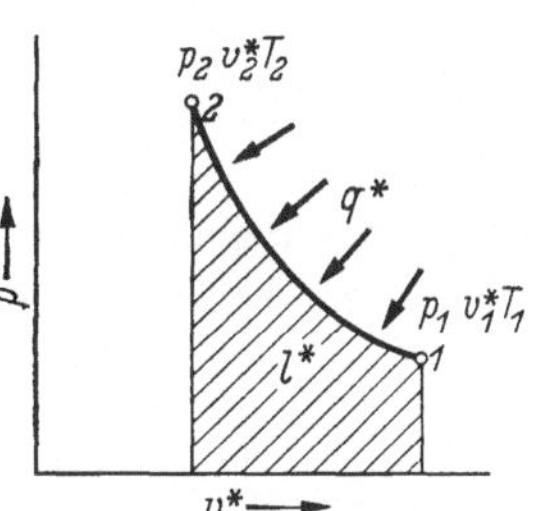

Abb. 9. Zustandsänderung im allgemeinen Fall.

Die mechanische Arbeit l^*, die bei Ausdehnung abgegeben wird und bei Verdichtung zugeführt werden muß, ist

$$l_{12}^* = \int_1^2 p \, \mathrm{d}v^* \quad \text{(dargestellt durch die schraffierte Fläche in Abb. 9).}$$

In jedem Augenblick der Zustandsänderung ist

$$\mathrm{d}q^* = c_v^* \, \mathrm{d}T + A\, p \, \mathrm{d}v^*. \qquad (17)$$

Wird keine Wärme zu- oder abgeführt (vollständige Wärmeisolierung), so wird $\bar{n} = \varkappa$, „isentrope" (oder „adiabatische") Zustandsänderung. p-v^*-Linie = = „Isentrope" (oder „Adiabate").

Wird die Temperatur konstant gehalten (bei Verdichtung durch vollständige Kühlung, bei Ausdehnung durch Wärmezufuhr), so wird $\bar{n} = 1$, „isotherme" Zustandsänderung, p-v^*-Linie = „Isotherme".

Den Unterschied der Zuständsänderungen zeigt Abb. 10, von Punkt A aus nach links für Verdichtung, nach rechts für Ausdehnung. Bei der Polytrope liegt meistens $\bar{n}$ zwischen 1 und $\varkappa$, die Polytrope also zwischen Isotherme und Isentrope. Zum abweichenden Isentropenexponenten k realer Gase vgl. Schluß des Abschn. 2.2.1.5.

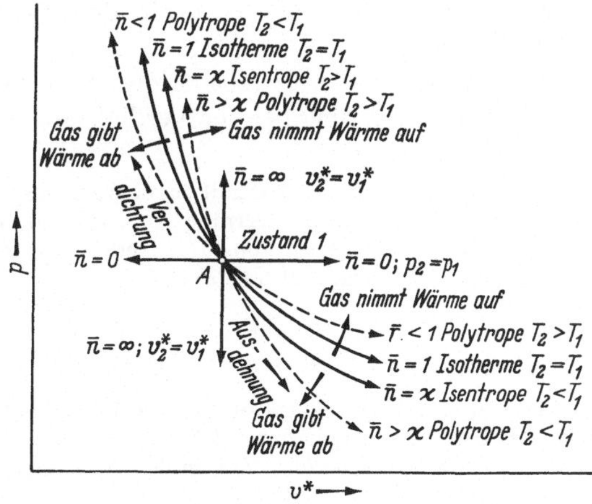

Abb. 10. Übersicht über die möglichen Zustandsänderungen, dargestellt im p-v^*-Diagramm.

2.2.1.4 Indikatordiagramm

Das auf dem Prüfstand mit dem Indikator (mechanischer oder elektrischer Druckschreiber) geschriebene „Indikatordiagramm" zeichnet den Druckverlauf über dem Kolbenweg s. Da dieser proportional dem vom Kolben bestrichenen Volumen $V = F_{Kb} \cdot s$ ist, ist das Indikatordiagramm auch ein $p\text{-}V$–Diagramm. Ein $p\text{-}v^*$-Diagramm ist es aber nur, solange das Gewicht unverändert ist, also die Ventile geschlossen sind (und beim Motor kein Kraftstoff eingespritzt wird).

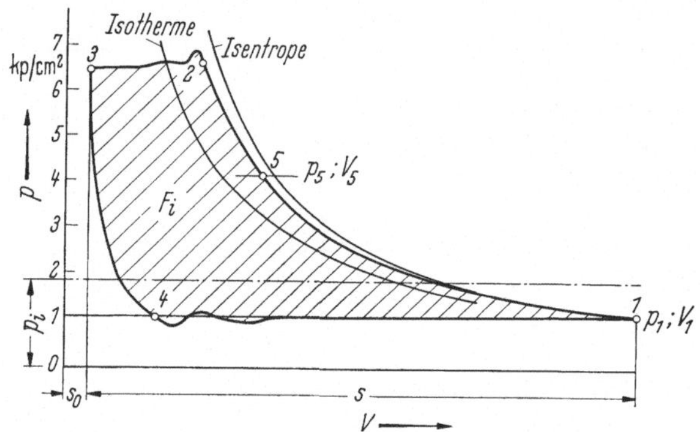

Abb. 11. $p\text{-}v^*$–Diagramm eines Verdichters mit eingezeichneter Isotherme und Isentrope.

Das Indikatordiagramm eignet sich sehr gut zur Darstellung der Arbeitsweise einer gedachten Maschine und wird deshalb im folgenden oft zur Veranschaulichung der Ableitung von Gesetzmäßigkeiten verwendet. Andererseits dient es dem Versuchsingenieur zur Kontrolle der laufenden Maschine.

Abb. 11 zeigt mit der starken Linie ein praktisches Indikatordiagramm. Das Achsenkreuz ist nachträglich eingezeichnet, die Nullinien für p aus dem Druckmaßstab des verwendeten Indikators, für V aus dem auf S. 21 beschriebenen schädlichen Raum s_0 der Maschine. Punkt 1 bis 2 Verdichten, 2 bis 3 Ausschieben der Druckluft bei offenem Druckventil, 3 bis 4 Ausdehnen der im schädlichen Raum zurückgebliebenen Druckluft, 4 bis 1 Ansaugen bei offenem Saugventil. Druckspitzen bei 2 und 4 durch Trägheit der öffnenden Ventile und Druckschwingungen in den Leitungen.

Zeichnet man die von 1 aus berechnete Isotherme und Isentrope ein, so erkennt man die Art der Zustandsänderung bei der Verdichtung. $\bar{n}$ liegt hier näher bei $\varkappa$ als bei 1.

Sichereren Aufschluß über den Verlauf von $\bar{n}$ erhält man, wenn man einige Punkte der Kurve auf doppelt logarithmisch geteiltes Papier überträgt (Abb. 12) und sie durch eine stetige Linie verbindet. Ist diese eine Gerade, dann ist $\bar{n}$ konstant. Andernfalls legt man Tangenten an diese Linie und erhält aus deren Steigung, z. B. in Punkt 5

$$\bar{n}_5 = \frac{\bar{n}_5 \cdot x_5}{x_5} = \frac{53 \text{ mm}}{40 \text{ mm}} = 1{,}32.$$

Die Richtung und Krümmung zeigt, ob Wärmezu- oder -abfuhr stattfindet und wie sich diese ändert. Die Isotherme ist hier eine Gerade unter 45°.

Schneller ist meist das *rechnerische* Verfahren. Man greift die Zahlenwerte für p und V in einigen Punkten ab und erhält aus $\dfrac{p_2}{p_1} = \left(\dfrac{V_1}{V_2}\right)^{\bar{n}}$ das gesuchte $\bar{n}$ durch Logarithmieren oder einfacher mit Hilfe der Log-Log-Skala des Rechenschiebers. $\bar{n}$ ist dabei der Mittelwert für das Kurvenstück von 1 bis 2. Will man die Veränderlichkeit von $\bar{n}$ bestimmen, so ist die Kurve in mehrere Punkte zu unterteilen.

Bei einer solchen Verwendung eines Indikatordiagramms muß man sich aber der durch die Ungenauigkeit des Diagramms und der Auswertung gezogenen Grenzen sehr wohl bewußt bleiben.

Zum Zeichnen eines theoretischen Diagramms dient für die Polytropen das gleiche rechnerische Verfahren.

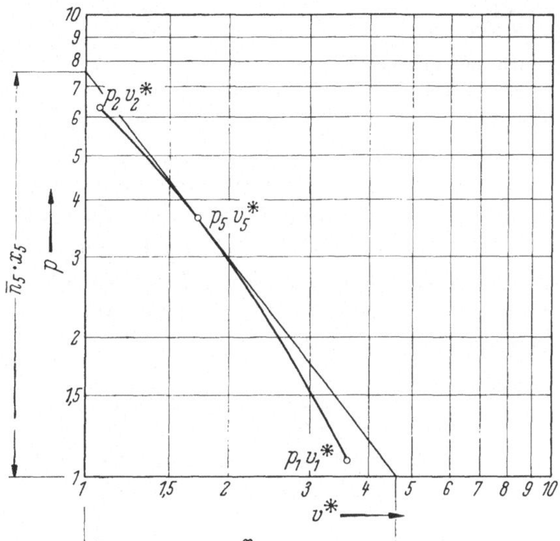

Abb. 12. Ermittlung von $\bar{n}$ einer Exponentialkurve durch doppelt logarithmischen Maßstab.

Eine andere wichtige Größe im Indikatordiagramm ist der Mittelwert des Drucks über das ganze Diagramm, bezeichnet mit

$$\text{„indiziertem Druck''}\quad p_i = \frac{F_i}{s},$$

wobei die Diagrammfläche F_i durch Planimetrieren des im Versuch geschriebenen Diagramms bestimmt wird. p_i wird z. B. zur Leistungsmessung benützt, vgl. 4.2.1., S. 35.

2.2.1.5 Veränderlichkeit der spezifischen Wärme und Isentropenexponent k

Die spezifischen Wärmen der wirklichen Gase sind bis etwa 100 °C und 10 kp/cm² so wenig veränderlich, daß mit festen Werten gerechnet werden kann. Für einatomige Gase (Argon, Helium) ist $\varkappa = 1{,}66$, für zweiatomige und deren Gemische etwa 1,4, für dreiatomige Gase (CO_2, SO_2, überhitzter Wasserdampf) etwa 1,30, s. Zahlentafel 4.

Bei höheren Temperaturen und Drücken darf aber die Veränderlichkeit der spezifischen Wärme nicht mehr vernachlässigt werden.

Da nach Gl. (14) die Differenz $c_p^* - c_v^* = A\,R^*$ stets gleich bleibt, ändert sich bei verändertem c_p^* auch das Verhältnis $\varkappa = \dfrac{c_p^*}{c_v^*}$. Die Gleichung $p \cdot v^{*\varkappa} = \text{const}$ gibt

Zahlentafel 4

Gas	Zeichen	bei 0 °C u. 1,033 kp/cm²	bei 15 °C		$\varkappa$
		γ kp/m³	c_p^* kcal/kp grd	c_v^* kcal/kp grd	
Luft trocken	—	1,293	0,241	0,172	1,401
Sauerstoff	O_2	1,429	0,218	0,156	1,400
Wasserstoff	H_2	0,0899	3,408	2,42	1,407
Stickstoff	N_2	1,251	0,249	0,178	1,401
NH_3-Synthese-Gas bei 0 °C u. 1 kp/cm²	—	0,3679	0,8055	0,573	1,406
Leuchtgas (35% CH_4)	—	0,515	0,638	0,470	1,36

also keine reine Exponentialkurve mit konstantem Exponenten mehr. Immerhin ist der Einfluß der Veränderlichkeit der spezifischen Wärme nicht groß.

Beim Realgas geht aber auch der Realgasfaktor Z in die p-v^*-Funktion ein, der bei hohen Drücken und tiefen Temperaturen erhebliche Abweichungen gibt. Man faßt deshalb nach [73] für Realgase alle Einflüsse zusammen in einem Isentropenexponenten k mit der

$$\text{Isentropengleichung } \quad p \cdot v^{*^k} = \text{const}$$

Kurventafeln für k für Luft und fünf weitere technische Gase enthält Bl. 3 von [73], Teil III und [75], Teil 2.

2.2.2 Darstellung im T-s*–Diagramm

Die Entropiediagramme haben bei den kalorischen Strömungsmaschinen, hauptsächlich den Dampfturbinen, sehr große Bedeutung; die i^*-s^*- und die T-s^*-Tafel sind dort unentbehrliches Handwerkszeug geworden.

Da bei den Kolbenverdichtern der Druck die überragende Rolle vor der Wärme spielt und da der Indikator auf dem Prüfstand unmittelbar das p-V-Diagramm liefert, wird dies hier oft bevorzugt. Manche Vorgänge werden aber auch bei den Kolbenmaschinen im Wärmediagramm besonders anschaulich, so daß man auf dieses Hilfsmittel nicht wird verzichten können. Deshalb soll der Vorgang im Verdichter auch im T-s^*-Diagramm dargestellt werden.

2.2.2.1 Begriff der Entropie

Hat 1 kp Gas den kleinen Wärmezuwachs dq^* erhalten, so hat es an Arbeitsvermögen zugenommen. Man kann den Wert dq^* darstellen als Produkt einer endlichen Größe T mit einem kleinen Wert ds^*, wobei ds^* *Entropiezuwachs* genannt wird.

$$dq^* = T\,ds^*. \tag{18}$$

Abb. 13 zeigt dq^* als Flächenstreifen von der Höhe T und der Grundlinie ds^*. Die Fläche *abcd* gibt die Größe der gesamten Wärmemenge q^* an. Nach der allgemeinen Wärmegleichung (17) war

$$dq^* = c_v^* \cdot dT + A \cdot p \cdot dv^* = T \cdot ds^*.$$

Da $p = \dfrac{R^* \cdot T}{v^*}$ ist, so wird $\mathrm{d}s^* = c_v^* \cdot \dfrac{\mathrm{d}T}{T} + A \cdot R^* \cdot \dfrac{\mathrm{d}v^*}{v^*}$.

Für eine endlich begrenzte Änderung des Gaszustandes von 1 nach 2 wird

$$\int\limits_1^2 \mathrm{d}s^* = s_2^* - s_1^* = c_v^* \ln \frac{T_2}{T_1} + A R^* \ln \frac{v_2^*}{v_1^*}.$$

Wird $c_p^* - A R^*$ statt c_v^* eingesetzt, so wird

$$s_2^* - s_1^* = c_p^* \cdot \ln \frac{T_2}{T_1} - A R^* \ln \frac{p_2}{p_1}. \tag{19}$$

Wenn, wie bei 2.2.1.5 angegeben, c_p^* und c_v^* veränderlich sind, gelten diese Gleichungen nur in bestimmten Grenzen.

Der Entropiezuwachs ist abhängig von der Art des Gases (c_v^*, c_p^* und R^*) und den Zustandsgrößen zu Anfang und Ende der Zustandsänderung, nicht dagegen vom Wärmefluß während der Zustandsänderung.

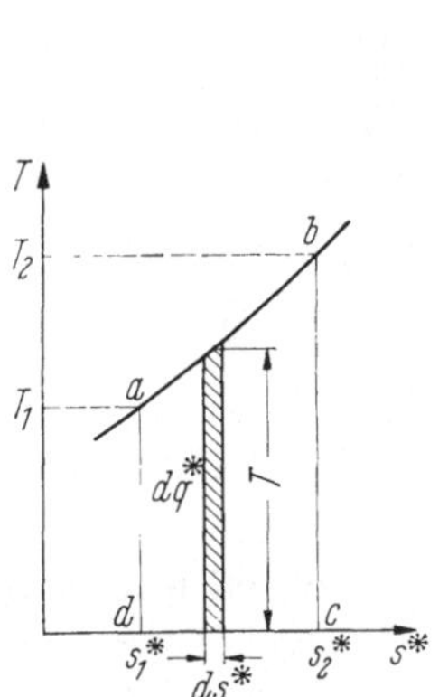

Abb. 13. T-s^*-Diagramm.

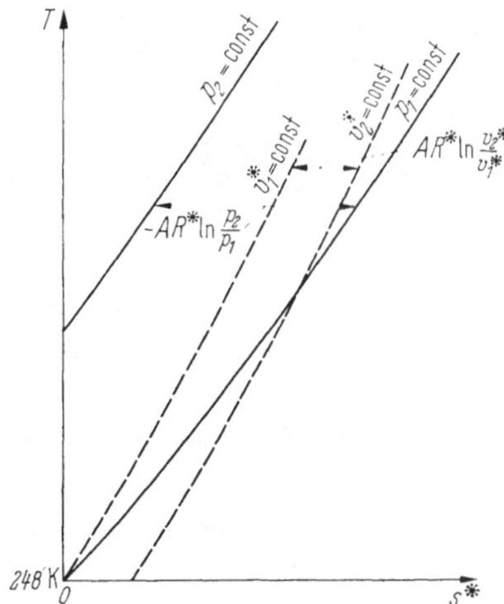

Abb. 14. Aufzeichnen des T-s^*-Diagramms.

2.2.2.2 Aufzeichnen des T-s^*-Diagramms

Die Lage des Nullpunkts (Abb. 14) richtet sich nach dem Verwendungszweck; bei Kolbenverdichtern wird man mit 0,1 kp/cm² (absolut) und $-25\,°\mathrm{C} = 248\,°\mathrm{K}$ auskommen, vielfach wird auch $0\,°\mathrm{C}$ genügen.

Kurven für Zustandsänderung bei gleichbleibendem Rauminhalt, $v^* = \text{const}$:

$$s_2^* - s_1^* = c_v^* \cdot \ln \frac{T_2}{T_1}, \quad \text{weil } \frac{v_2^*}{v_1^*} = 1 \text{ ist und } \ln 1 = 0 \text{ ist.}$$

Da es bei der Benutzung des T-s^*-Diagramms nicht auf die absoluten Werte von s_1^* und s_2^* ankommt, ist es zweckmäßig, $s_1^* = 0$ zu setzen; dann wird $s_2^* = s^*$ $= c_v^* \ln \dfrac{T_2}{T_1}$; für $T_2 = T_1 = 248\,°\mathrm{K}$ wird $s^* = 0$.

Die Kurve für $v_1^* = \text{const}$ kann in einfacher Weise durch Einsetzen verschiedener Werte für T_2 gezeichnet werden.

Bei der Zustandsänderung mit gleichbleibendem Druck, $p_1 = \text{const}$, wird $s^* = c_p^* \ln \dfrac{T_2}{T_1}$; da $c_p^* > c_v^*$ ist, verläuft die Kurve flacher.

Für $T = \text{const}$ wird (für ideale Gase) $s^* = A\,R^* \ln \dfrac{v_2^*}{v_1^*} = -A\,R^* \ln \dfrac{p_2}{p_1}$.

Daraus folgt: Soll eine zweite Linie für $v_2^* = \text{const}$ gezeichnet werden, so wird die Linie v_1^* um den Betrag $A\,R^* \ln \dfrac{v_2^*}{v_1^*}$ waagrecht nach links verschoben, wenn $v_2^* > v_1^*$ ist. Eine zweite Linie für $p_2 = \text{const}$ wird gefunden, wenn die Linie für p_1 um den Betrag $A\,R^* \ln \dfrac{p_2}{p_1}$ waagrecht nach links verschoben wird, wenn $p_2 > p_1$ ist.

Die hier gegebenen Ausführungen gelten nur im Bereich geringer Druckunterschiede, für die c_p^* und c_v^* als unveränderlich gelten können.

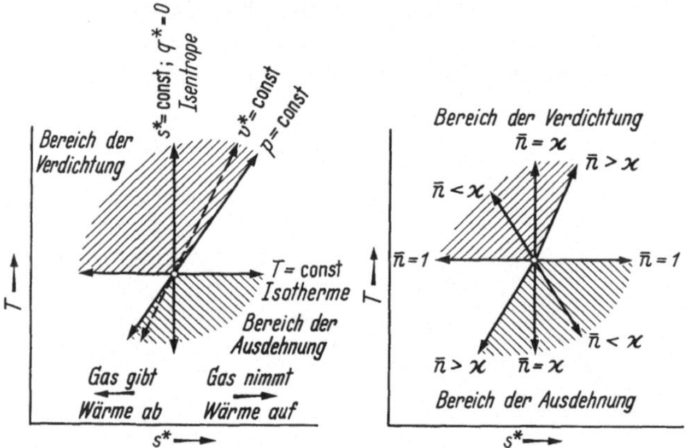

Abb. 15. Übersicht über die möglichen Zustandsänderungen, dargestellt ein T-s^*-Diagramm.

Eine Übersicht über die möglichen Zustandsänderungen und ihre Darstellung im T-s^*-Diagramm zeigt Abb. 15. Die schraffierten Flächen geben den ungefähren Bereich an, in dem sich beim wirklichen Verdichter Verdichtung und Ausdehnung vollziehen können. Links von der Senkrechten mit $q^* = 0$ ist mit Wärmeabfuhr des Gases, rechts davon mit Wärmezufuhr an das Gas zu rechnen.

Neuere Entropietafeln enthält z. B. [4]. Ein Beispiel für ein praktisches T-s^*-Diagramm eines Verdichters ist auf S. 33 beschrieben.

3 Mengendurchsatz im Kolbenverdichter

3.1 Schädlicher Raum

Aus konstruktiven Gründen ist der Zylinderinhalt größer als der Hubraum. Der Unterschied wird schädlicher Raum genannt. Die Größe des Hubraums V_h ist durch das Produkt aus wirksamer Kolbenfläche und Kolbenhub gegeben. Im

Diagramm der Abb. 16 stellt die Strecke s den Hubraum und die Strecke s_0 den schädlichen Raum V_s dar.

Man bezeichnet das Größenverhältnis des schädlichen Raums mit μ; es ist

$$\mu = \frac{s_0}{s} = \frac{V_s}{V_h} \;{}^1.$$

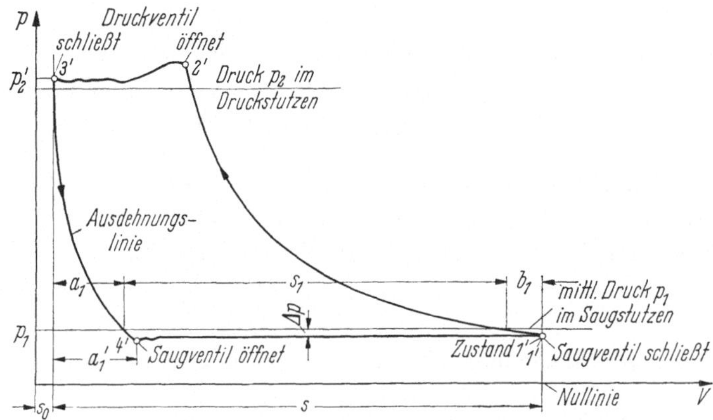

Abb. 16. Wirkliches p-V-Diagramm.

Man wird μ so klein wie möglich machen. Aus baulichen Gründen hängt seine Größe von folgendem ab:

1. Die Erwärmung von Zylinder mit den Deckeln einerseits und Kolben und Kolbenstange andererseits führt zu Längenänderungen, die bei der Wahl des erforderlichen Spielraums zwischen dem Kolben und den Deckeln berücksichtigt werden müssen. Die Größe des Spielraums ist weitgehend von Wärmezustand, Werkstoff und Bauart abhängig.

2. Ist der Kolbendurchmesser im Vergleich zum Hub groß, dann wird der unter 1. genannte Einfluß groß sein.

3. Die Zuleitungswege vom Zylinder zu den Steuerorganen, Ventilen und Schiebern, beanspruchen einen bestimmten Teil des Zylinderinhalts. Bei Ventilen, die flach in den Deckeln angeordnet werden können, ist dieser Anteil sehr gering. Oft ist man gezwungen, die Ventile am Umfang des Zylinders, vor allem bei mehrstufigen Verdichtern, unterzubringen; dann schneidet die ebene Fläche des Ventils aus dem kreisförmigen Zylinderumfang einen recht erheblichen Raum heraus. Bei normalen Bauarten findet man $\mu = 0{,}04\text{--}0{,}10$. Bei hohen Drücken und kleinen Kolbendurchmessern lassen sich die Ventile nicht so günstig anordnen, und es wird dann $\mu = 0{,}08\text{--}0{,}15$ und mehr.

Bei Schiebersteuerung, die fast ausschließlich für Vakuumpumpen verwandt wird, steigt der Wert von μ bis auf 0,15 an.

---

[1] Im Verdichterbau wird diese Größe anders als im Motorenbau definiert. Im Motorenbau gilt nach [64] Verdichtungsverhältnis $\varepsilon = \dfrac{s + s_0}{s_0}$.

3.2 Durchsatzmengen

Bei der Durchsatzmenge $\dot{V}$ (Volumen in der Zeiteinheit, Strom) sind zu unter scheiden

der Hubvolumenstrom $\dot{V}_H$ = dem vom Kolben in der Zeiteinheit durchlaufenen Volumen;

der Ansaugestrom $\dot{V}_{1,nu}$ = der wirklich angesaugten Gasmenge;

der Förderstrom $\dot{V}_{2,nu}$ = der wirklich geförderten Gasmenge.

$\dot{V}_{1,nu}$ und $\dot{V}_{2,nu}$ werden wegen des einheitlichen Vergleichs auf den Zustand am Saugstutzen p_1 und T_1 bezogen. $\dot{V}_{2,nu}$ wird zunächst zurückgestellt, vgl. dazu 3.4, S. 27.

$\dot{V}_H$ ist aus den Konstruktionszahlen eindeutig berechenbar. Mit V_H = Hubvolumen *aller* aus dem Saugstutzen saugenden Zylinderseiten mit Berücksichtigung einer etwaigen Kolbenstange und mit Drehzahl n wird

$$\dot{V}_H = V_H \cdot n. \qquad (20)$$

Bei mehrstufigen Maschinen ist für V_H nur die I. Stufe einzusetzen ($V_{H,I}$), vgl. S. 53.

Der wirkliche Wert von $\dot{V}_{nu}$ ist durch Messung festzustellen, wofür Kap. 14, S. 177, und die Verdichterregeln [73] gelten.

3.3 Liefergrade des Mengendurchsatzes

Bei einer vollkommenen Maschine müßte am Ende des Saughubs in Punkt $1'$ der Abb. 16 das volle Hubvolumen angesaugt sein und den Zustand p_1 und T_1 am Saugstutzen besitzen. Diese Maschine würde die Liefermenge $\dot{V}_H$ besitzen.

Tatsächlich wird nur die kleinere Menge $\dot{V}_{1,nu}$ angesaugt. Das Verhältnis $\dot{V}_{1,nu} : \dot{V}_H$ ist der auf die Menge bezogene Gesamtliefergrad des Ansaugens. Er heißt nach [73]

$$\text{Nutzliefergrad} \quad \lambda_{nu} = \frac{\dot{V}_{1,nu}}{\dot{V}_H}. \qquad (21)$$

Er wird durch folgende Einzelverluste bedingt:

3.3.1 Einfluß des schädlichen Raums auf die Ansaugmenge

Der Verdichter habe selbsttätige Ventile, vgl. Kap. 8, S. 76. Wenn nach Abb. 16 in Punkt $3'$ sich das Druckventil geschlossen hat und sich der Kolben aus der Totlage heraus bewegt, dehnt sich das im schädlichen Raum eingeschlossene Gas aus. Das Saugventil kann sich erst dann öffnen, wenn der Druck im Zylinder kleiner als im Saugstutzen geworden ist, also frühestens nach dem Kolbenweg a_1. Für das anzusaugende Volumen bleibt also vom Hub s nur der Teil $s - a_1$ übrig. Der durch die Expansion aus dem schädlichen Raum bedingte Liefergrad werde bezeichnet mit

$$\lambda_s = \frac{s - a_1}{s}.$$

Er wird um so niedriger, je größer μ und je größer das Expansionsverhältnis $p_2 : p_1$ ist (p_2 etwa $= p_2'$ in Abb. 16 gesetzt). Auch der polytrope Exponent $\bar{n}$ ist beteiligt. Bei hohem $\bar{n}$ ist die Expansionslinie steiler, also a_1 kleiner. Den Zusammenhang zeigt Abb. 17.

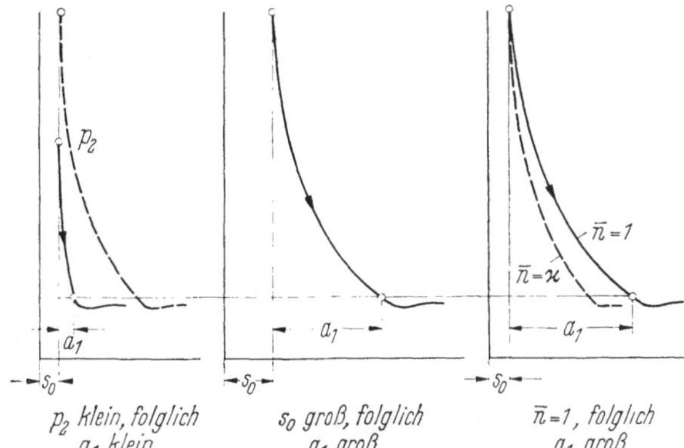

Abb. 17. Einfluß des schädlichen Raums auf die Ansaugmenge.

Rechnerisch erhält man

$$a_1 = s_0 \left(\frac{p_2}{p_1}\right)^{\frac{1}{\bar{n}}} - s_0 = s\,\mu \left[\left(\frac{p_2}{p_1}\right)^{\frac{1}{\bar{n}}} - 1\right],$$

$$\lambda_s = \frac{s - a_1}{s} = 1 - \mu \left[\left(\frac{p_2}{p_1}\right)^{\frac{1}{\bar{n}}} - 1\right]. \tag{22}$$

Zur Erreichung eines hohen λ_s ist also der schädliche Raum möglichst klein zu machen, besonders bei hohem Druckverhältnis. Zum Einfluß der Stufenzahl vgl. Abb. 34, S. 44.

3.3.2 Einfluß des Unterdrucks beim Ansaugen

In Abb. 16 liegt die Ansaugelinie etwas tiefer als p_1 wegen des Druckverlustes im Saugventil durch Strömungswiderstand und Gegendruck der Ventilfeder. Im Punkt 1' herrscht nicht der volle Druck p_1, sondern p_1'. Das angesaugte Volumen, auf Außenzustand bezogen, ist also im Verhältnis $p_1' : p_1$ kleiner.

Der durch den Unterdruck Δp bedingte Liefergrad werde bezeichnet mit

$$\lambda_u = \frac{p_1'}{p_1} = \frac{p_1 - \Delta p}{p_1}. \tag{23}$$

Zur Erreichung eines hohen λ_u sind also reichliche Ventilquerschnitte vorzusehen, hauptsächlich bei hoher Drehzahl, und nicht zu starke Ventilfeder, vgl. dazu Kap. 8, Steuerungen, S. 77.

Durch den Unterdruck wird bei der Verdichtung der Ansaugedruck p_1 erst nach dem Hub b_1 erreicht (Abb. 16). Der Verlust entspricht ungefähr dem Druckverlust.

Der Verlust durch λ_s und λ_u entspricht etwa dem Verlust an Nutzhub $a_1 + b_1$. Er kann aus einem guten Indikatordiagramm abgegriffen werden und hat deshalb die Bezeichnung [73]

$$\text{,,indizierter Liefergrad''} \quad \lambda_i = \frac{s_1}{s} \quad (\approx \lambda_s \cdot \lambda_u) \tag{24}$$

(früher oft mit „volumetrischem Wirkungsgrad" bezeichnet).

Daraus folgt die rechnerische Größe

$$\text{,,indizierter Ansaugvolumenstrom''} \quad \dot{V}_i = \lambda_i \dot{V}_{H,I}.$$

Zur Messung von λ_i vgl. Abschn. 14.4.2.1, 4., S. 188.

Der verringerte Ansaugedruck infolge niedrigen Barometerstands bei Aufstellung des Verdichters in großer Höhe (s. S. 6) bedingt zwar auch eine Verringerung des Ansauggewichts, hat aber mit dem auf Außenzustand bezogenen Liefergrad nichts zu tun.

3.3.3 Einfluß der Aufheizung beim Ansaugen

Am Ende des Saughubs in Punkt 1′ ist das Gewicht des angesaugten Volumens und damit das auf Ansaugezustand umgerechnete Volumen dadurch weiter verkleinert, daß sich das Gas im warmen Saugventil und an der heißen Zylinderwand auf T_1' erwärmt hat. Die Verringerung hat das Verhältnis $T_1 : T_1'$. Der durch die Aufheizung bedingte Liefergrad werde bezeichnet mit

$$\lambda_a = \frac{T_1}{T_1'}.$$

T_1' hängt vom Druckverhältnis, der Kühlung, der Drehzahl und der Bauart der Maschine ab. Allgemeingültige Werte lassen sich dafür nicht angeben. Diese Augenblickstemperatur ist auch beim Versuch mit heutigen Mitteln kaum meßbar, weil auch kleinste Meßgeräte der rasch wechselnden Temperatur nicht ganz folgen können.

Der Konstrukteur kann zur Verbesserung von λ_a dadurch beitragen, daß er die Saugluft, also hauptsächlich das Saugventil, vor Aufheizung schützt (s. z. B. Abb. 77 c, S. 86 u. Abb. 120, S. 132).

3.3.4 Einfluß der Undichtigkeiten

Bei undichtem Saugventil (I. Stufe) wird schon angesaugtes Gas beim Druckhub zurückgeschoben, ebenso bei undichter und zum Saugraum entlüfteter Stopfbüchse; bei undichtem Druckventil oder undichten Kolbenringen doppeltwirkender Maschinen oder von Stufenkolben wird Druckgas zurückgesaugt. Beides verringert die von außen angesaugte Menge um den Undichtigkeitsverlust $\lambda_v =$ dem Verhältnis der Ansaugmenge der undichten und der dichten Maschine.

Der Liefergradverlust durch Aufheizung λ_a und durch Undichtigkeiten λ_v wird oft zusammengefaßt als [73]

$$\text{,,Einflußzahl der Aufheizung''} \quad \sigma = (\lambda_a \cdot \lambda_v =) \frac{\lambda_{nu}}{\lambda_i} \approx \frac{\lambda_{nu}}{\lambda_s \lambda_u}. \tag{25}$$

Da λ_a und λ_v bei Messungen schwer zu trennen sind, werden meist nur Erfahrungswerte für σ angegeben, z. B. in Abb. 18 nach [26] als Anhaltspunkt für gut konstruierte Maschinen mäßiger Drehzahl und in Abb. 19 nach [22] für einen Schnelläufer von 1300 U/min. Hier sind auch noch Messungen mit verringertem

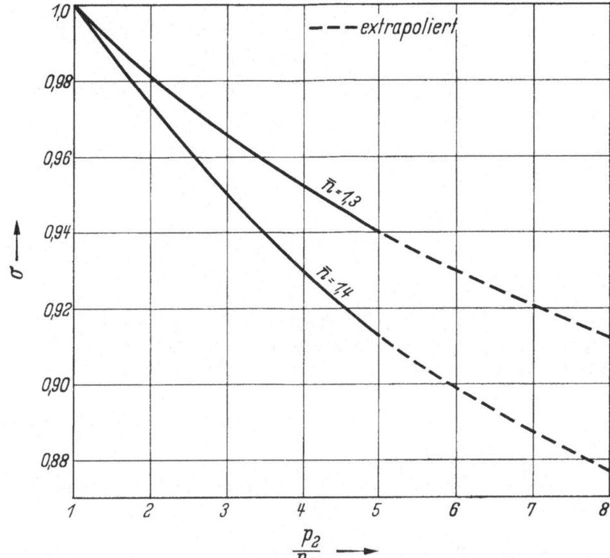

Abb. 18. Aufheizungsgrad.

Außendruck, also für große geographische Höhen eingetragen. Die stärkere Aufheizung in größerer Höhe kann mit der kleineren *Gewichts*menge erklärt werden.

Bei Zylindern mit eingezogenen „trockenen", also nicht unmittelbar vom Kühlwasser berührten Laufbüchsen wird die Aufheizung höher [4].

Auch wenn die meßtechnische Erfassung der genannten Einzelliefergrade schwierig ist, so wollen wir trotzdem des klaren Zusammenhangs wegen λ_{nu} aus den 4 verschiedenen Einflüssen zusammensetzen:

$$\lambda_{nu} = \lambda_s \cdot \lambda_u \cdot \lambda_a \cdot \lambda_v. \tag{26}$$

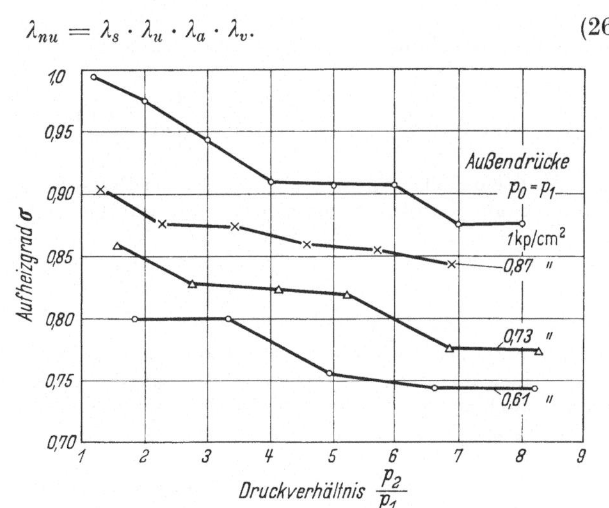

Abb. 19. Aufheizungsgrad bei verschiedenem Außendruck [22].

Die verhältnismäßige Größe der Einzelliefergrade soll an einem Beispiel, das aber nur für einen speziellen Fall gilt und auf Erfahrungszahlen angewiesen ist, deutlich gemacht werden.

Beispiel 5. Der voraussichtliche Nutzliefergrad ist für einen Luftverdichter mit folgenden Zahlen zu bestimmen:

1 einstufiger Zylinder mit $D = 200$ mm, $s = 150$ mm, $V_s = 240$ cm³, $n = 1\,000$ U/min $=$ $= 16,7$ U/s, $p_2 = 7$ kp/cm², wassergekühlt.

1. λ_s: berechenbar nach Gl. (22), wobei $\bar{n}$ nach Bauart, Drehzahl und Kühlung geschätzt werden muß.

Mit $\mu = \dfrac{V_s}{V_h} = \dfrac{240}{4710} = 0{,}051$ und angenommenem $\bar{n} = 1{,}3$ wird

$$\lambda_s = 1 - 0{,}051 \left[\left(\frac{7}{1} \right)^{\frac{1}{1,3}} - 1 \right] = 0{,}82.$$

2. λ_u: rechnerisch schwieriger erfaßbar. Der Ventilwiderstand bei stationärer Strömung ist durch dynamische Einwirkungen der Gassäulen und Ventilmassen überdeckt. Anhaltspunkte für den Druckabfall geben die mittlere Kolbengescnwindigkeit

$$c_m = 2 \cdot 0{,}15 \cdot 16{,}7 = 5 \text{ m/s} \quad \text{(etwas hoch)}$$

$$\text{und} \quad s/D = \frac{150}{200} = 0{,}75 \quad \text{(gibt ausreichenden Platz für Ventile).}$$

Aus einem Indikatordiagramm einer in dieser Beziehung ähnlichen Maschine entnommen

$$\lambda_u = \text{rd.} \ \frac{0{,}94}{1{,}0} = 0{,}94.$$

Zur Unsicherheit von Indikatordiagrammen vgl. S. 31.

3. λ_a: mit Temperaturen, die nach Bauart, Druckverhältnis, Drehzahl und Kühlung geschätzt sind, berechenbar.

Angenommen $\qquad\qquad T_1 = 273 + 20 = 293\,°\text{K},$

am Ende des Saughubs $\quad T_1' = T_1 + 30 = 323\,°\text{K},$

$$\lambda_a = \frac{293}{323} = 0{,}91.$$

4. λ_v: keine Kolbenringdichtung gegen einen Raum höheren Drucks. Ventile in normalem Zustand guter Wartung angenommen. Also sehr kleine Undichtigkeitsverluste, damit angenommen

$$\lambda_v = 0{,}99.$$

Daraus $\lambda_{nu} = 0{,}82 \cdot 0{,}94 \cdot 0{,}91 \cdot 0{,}99 = 0{,}69.$

Der etwas niedrige Wert ist eine Eigenschaft des einstufigen Verdichters. Das Beispiel erhebt keinen Anspruch auf rechnerische Genauigkeit, zeigt aber das Verhältnis der Einzelverluste, die hauptsächlich beim schädlichen Raum und der Aufheizung groß sind.

Man kann noch berechnen

$$\lambda_i = \lambda_s \cdot \lambda_u = 0{,}82 \cdot 0{,}94 = \text{rd. } 0{,}75,$$

womit man den Wert des Indikatordiagramms Abb. 16 vergleichen könnte:

$$\frac{s_1}{s} = \frac{48\ \text{mm}}{61\ \text{mm}} = 0{,}79;$$

ferner $\sigma = \lambda_a \cdot \lambda_v = 0{,}91 \cdot 0{,}99 = 0{,}90,$

während Abb. 19 für gleiches $\dfrac{p_2}{p_1}$ und p_0, aber $n = 1300\ \text{U/min}$ $\sigma = 0{,}88$ angibt.

Für den Entwurf eines Verdichters brauchen wir nur den gesamten Liefergrad λ_{nu}, für den Zahlentafel 5, S. 58, Erfahrungswerte angibt.

Auf den *Leistungsbedarf* hat der Nutzliefergrad wenig Einfluß. Ein größerer Zylinder mit kleinerem λ_{nu} und ein kleinerer mit besserem λ_{nu} haben bei gleicher Ansaugemenge nach Gl. (30) gleichen theoretischen Leistungsbedarf. Da aber der größere Zylinder mehr Reibungsarbeit erfordern wird, erhöht der schlechte Nutzliefergrad mittelbar doch die Antriebsleistung. Außerdem wird die größere Maschine schwerer und teurer.

3.4 Fördermenge

Bisher war nur die tatsächlich angesaugte Menge, der Nutzansaugestrom $\dot{V}_{1,nu}$ behandelt. Die tatsächlich geförderte Menge, der Nutzförderstrom $\dot{V}_{2,nu}$ (wie $\dot{V}_{1,nu}$ auf Ansaugezustand bezogen) kann durch folgende (sehr kleine) Verluste etwas kleiner als $\dot{V}_{1,nu}$ werden.

1. Undichtigkeitsverluste
Undichtigkeiten im Verdichter und den Kühlern nach *außen* verringern den Nutzförderstrom. Solche sind z. B. undichte Flanschen, Armaturen, Sicherheitsventile, und auch undichte Kolbenringe einfach wirkender Verdichter mit nach außen entlüftetem Gehäuse und undichte, nach außen entlüftete Stopfbüchsen.

Bei einer Maschine in gutem Wartungszustand können diese Verluste nur ganz unbedeutend sein. Bei Verdichtern für giftige oder explosible Gase wären nennenswerte Undichtigkeiten wegen der Gefahr für die Umgebung untragbar.

2. Bei feuchter Ansaugeluft wird, wie in Beispiel 4, S. 12, nachgewiesen, der Wasserdampf in den Kühlern fast völlig ausgeschieden, der gelieferte Gewichtsstrom $\dot{G}_{2,nu}$ ist also um diesen Betrag kleiner und auch das auf Ansaugedruck und -temperatur bezogene $\dot{V}_{2,nu}$.

Auch dieser Betrag ist aber sehr klein, z. B. bei Luft von $p_0 = 1\ \text{kp/cm}^2$ und $t_0 = 20\,°\text{C}$ und 60% Feuchtigkeit bei völliger Ausscheidung nur knapp 1 Gewichts-%, also an der Grenze normaler Meßgenauigkeit.

Deshalb ist es meistens erlaubt, $\dot{V}_{1,nu}$ und $\dot{V}_{2,nu}$ gleichzusetzen. Bei exakten Garantievorschriften ist aber anzugeben, ob die Nutzansaugemenge oder die Nutzfördermenge gemeint ist und ob auf Saugseite oder Förderseite gemessen wird. Wenn auf der entgegengesetzten Seite gemessen wird, ist nötigenfalls nach den Verlustquellen 1. und 2. zu korrigieren.

4 Energieumsatz im Kolbenverdichter

4.1 Darstellung im p-v*– und T-s*–Diagramm

4.1.1 Theoretische Leistung im p-v*–Diagramm

Nach [73] gilt

Index T　für Isotherme,

　　s　　,,　Isentrope (Adiabate),

　　pol　,,　Polytrope.

Als Grundlage der Betrachtung diene das p-v^*-Diagramm eines Kreisprozesses für Verdichter, das den theoretischen Arbeitsvorgang einer *verlustlosen* Maschine darstellt. Die Voraussetzungen dafür sind folgende:

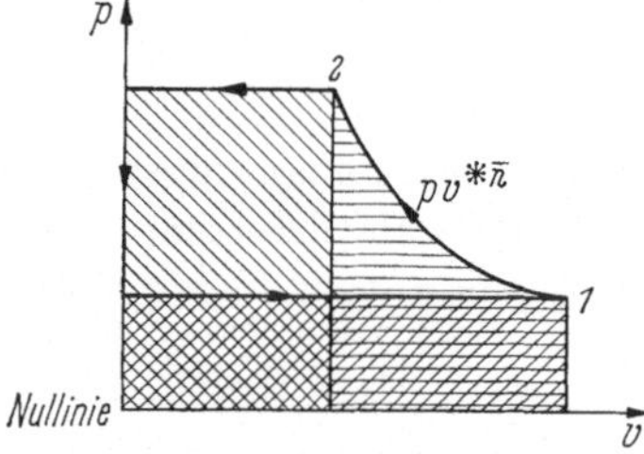

Abb. 20.　Theoretisches p-v^*–Diagramm des Kolbenverdichters.

1. Der Zylinder hat keinen schädlichen Raum, d. h. Zylinderinhalt = Hubraum.

2. Ventile, Kolben und Stopfbüchsen sind dicht.

Das theoretische Diagramm nach Abb. 20 setzt sich aus den Werten für die reine Verdichtungsarbeit (≡) + Ausschieben (\\\\) — Ansaugen (///) zusammen.

Nach den bekannten Formeln der Wärmelehre (z. B. [6]) ist *für die Gewichtseinheit des Gases* diese Arbeit bei polytroper Verdichtung

$$l_{pol}^* = \frac{p_1 v_1^*}{\bar{n} - 1} \left[\left(\frac{p_2}{p_1} \right)^{\frac{\bar{n}-1}{\bar{n}}} - 1 \right] + p_2 v_2^* - p_1 v_1^* ;$$

daraus mit

$$p_2 v_2^{*\bar{n}} = p_1 v_1^{*\bar{n}},$$

über

$$p_2 v_2^* - p_1 v_1^* = p_1 v_1^* \left(\frac{p_2 v_2^*}{p_1 v_1^*} - 1 \right) = p_1 v_1^* \left[\left(\frac{p_2}{p_1} \right)^{\frac{\bar{n}-1}{\bar{n}}} - 1 \right] \quad \text{und} \quad p_1 v_1^* = R^* T_1,$$

$$l_{pol}^* = \frac{\bar{n}}{\bar{n} - 1} p_1 v_1^* \left[\left(\frac{p_2}{p_1} \right)^{\frac{\bar{n}-1}{\bar{n}}} - 1 \right] = \frac{\bar{n}}{\bar{n} - 1} R^* T_1 \left[\left(\frac{p_2}{p_1} \right)^{\frac{\bar{n}-1}{\bar{n}}} - 1 \right] \left(\text{Einheit } \frac{\text{kpm}}{\text{kp}} \right).$$

$$(27)$$

Die Arbeit eines Arbeitsspiels im Kolbenverdichter l_{pol}^* ist also abhängig vom Anfangszustand des Gases (T_1, p_1), der Gasart (R^*), dem Druckverhältnis p_2/p_1 und der Verdichtungsart ($\bar{n}$); sie ist das $\bar{n}$-fache der reinen Verdichtungsarbeit.

Bei isentroper Verdichtung ist $\bar{n} = \varkappa$. Für isotherme Verdichtung mit $\bar{n} = 1$ vereinfacht sich die Gleichung in

$$l_T^* = p_1 v_1^* \ln \frac{p_2}{p_1} = R^* T_1 \ln \frac{p_2}{p_1}. \tag{28}$$

Hier ist die Arbeit für Ausschieben gleich derjenigen für Ansaugen.

Es bezeichne nun nach der auf S. 22 gegebenen Definition $\dot{V}_{1,nu}$ den Nutzansaugestrom vom Zustand p_1, T_1 und v_1^*. Dann ist die Arbeit in der Zeiteinheit, also die Leistung

$$P_1 = \frac{\dot{V}_{1,nu}}{v_1^*} \cdot l^*.$$

Daraus erhält man die theoretische Verdichtungsleistung der Maschine und zwar

$$\text{isentrop} \quad P_s = \frac{\varkappa}{\varkappa - 1} \, \dot{V}_{1,nu} \, p_1 \left[\left(\frac{p_2}{p_1} \right)^{\frac{\varkappa-1}{\varkappa}} - 1 \right], \tag{29}$$

$$\text{polytrop} \quad P_{pol} = \frac{\bar{n}}{\bar{n} - 1} \, \dot{V}_{1,nu} \, p_1 \left[\left(\frac{p_2}{p_1} \right)^{\frac{\bar{n}-1}{\bar{n}}} - 1 \right], \tag{30}$$

$$\text{isotherm} \quad P_T = \dot{V}_{1,nu} \, p_1 \ln \frac{p_2}{p_1}. \tag{31}$$

Diese reinen Größengleichungen gelten für beliebige Einheiten für Länge, Kraft und Zeit. Für die Einheiten m, kp und s erhält man P in kpm/s und die Leistung N in PS zu 1/75 von P.

Diese rein statische Berechnungsweise erfaßt den dynamischen Teil nicht, d. h. die Strömungsenergie des Gases vor und hinter dem Verdichter, die teils vom Verdichter aufgebracht werden muß oder bei anderweitig erzeugter Strömung in der Ansaugeleitung ihm zugute kommt. Dieser bei Kolbenverdichtern mit nennenswertem Druck sehr kleine dynamische Anteil ist bei allen folgenden Leistungsbestimmungen nicht berücksichtigt.

Für die Zahlenrechnung kann der Wert $\dfrac{\bar{n}}{\bar{n} - 1} \left[\left(\dfrac{p_2}{p_1} \right)^{\frac{\bar{n}-1}{\bar{n}}} - 1 \right]$ aus Abb. 21 entnommen werden. Für $\bar{n} = 1$ ist er $= \ln \dfrac{p_2}{p_1}$.

Der auf die Einheit des Ansaugestroms bezogene spezifische theoretische Leistungsbedarf ist nach Gl. (30)

$$\frac{P_{pol}}{\dot{V}_{1,nu}} = \frac{\bar{n}}{\bar{n} - 1} \, p_1 \left[\left(\frac{p_2}{p_1} \right)^{\frac{\bar{n}-1}{\bar{n}}} - 1 \right],$$

also ebenfalls in Abb. 21 enthalten mit dem für $p_1 = 10\,000$ kp/m² gültigen Maßstab rechts. Deutlich ist der Unterschied bei verschiedenen polytropen Exponenten in Abhängigkeit vom Druckverhältnis.

Die isotherme Verdichtung mit $\bar{n} = 1$ gibt, abgesehen von den Werten für $\bar{n} < 1$ mit Kühlung unter Raumtemperatur, den kleinsten theoretischen Arbeitsbedarf. Sie stellt den idealen, im praktischen Kolbenverdichter nicht erreichbaren Arbeitsprozeß dar. Daher wird die isotherme Verdichtungsarbeit als Vergleich zu der im wirklichen Verdichter aufgewendeten Arbeit herangezogen (η_T der S. 36).

Die Gln. (29) und (30) sagen noch aus, daß der Leistungsaufwand je m³/s bei Gasen gleicher Atomzahl, d. h. mit gleichem $\varkappa$ oder $\bar{n}$, von der Gasart unabhängig ist und bei gleichem Anfangsdruck p_1 nur vom Verdichtungsverhältnis $p_2 : p_1$ abhängt.

Wie man bei hohem $\bar{n}$ die aus Abb. 21 ersichtliche große Mehrleistung gegenüber P_T durch Aufteilung der Verdichtung auf mehrere Stufen verkleinern kann, wird in Kap. 5 gezeigt.

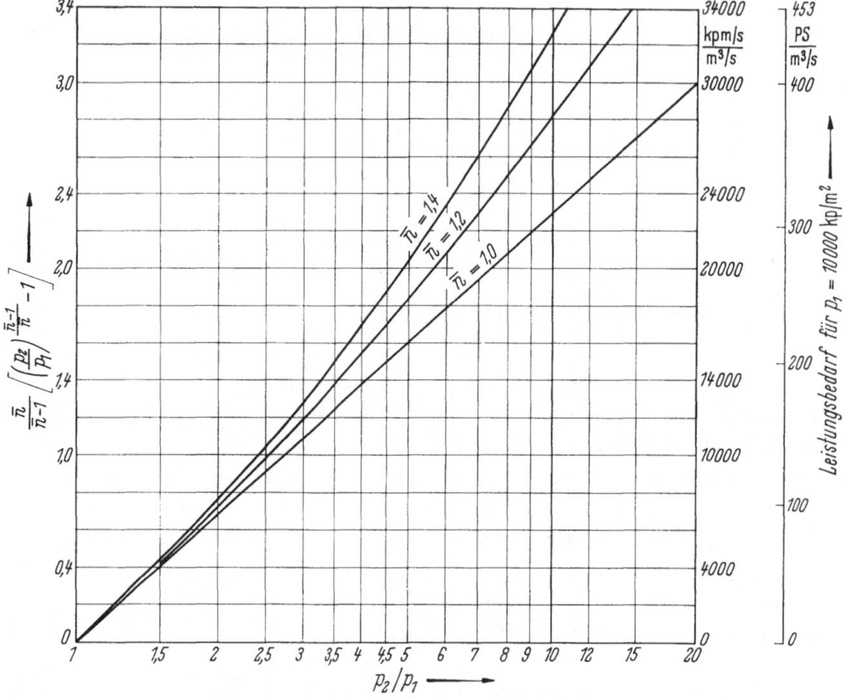

Abb. 21. Zur Bestimmung des theoretischen Leistungsbedarfs bei *einstufiger* Verdichtung mit $\bar{n} = 1$ u. 1,2 u. 1,4 für $p_1 = 10000$ kp/m².

Beispiel 6. Ein Kolbenverdichter saugt $\dot{V}_{1,nu} = 2$ m³/min $= 0{,}0333$ m³/s Luft von $p_1 = 12500$ kp/m² an und verdichtet sie auf $p_2 = 50000$ kp/m². Gesucht P_s und P_T.

Für $\dfrac{p_2}{p_1} = \dfrac{50000}{12500} = 4{,}0$ erhält man nach Abb. 21 links für $\bar{n} = 1$

$P_T = 0{,}0333 \cdot 12500 \cdot 1{,}39 = 578$ kpm/s und für $\bar{n} = 1{,}4$

$P_s = 0{,}0333 \cdot 12500 \cdot 1{,}70 = 710$ kpm/s.

P_s ist hier also etwa 23% größer als P_T.

Beispiel 7. Der gleiche Verdichter saugt ebenfalls 2 m³/min Luft an, aber von $p_1 = 10000$ kp/m² und verdichtet sie ebenfalls auf $p_2 = 50000$ kp/m². Gesucht P_s.

Für $\dfrac{p_2}{p_1} = \dfrac{50\,000}{10\,000} = 5$ erhält man einfacher nach Abb. 21 rechts

für $\bar{n} = 1{,}4$ $P_s = 20\,500 \cdot 0{,}0333 = 683$ kpm/s $= 9{,}1$ PS.

Trotz des höheren Verdichtungsverhältnisses ist P_s kleiner wegen des kleineren angesaugten Luftgewichts.

Die Temperaturerhöhung des Gases ist bei ungenügender Kühlung, also fast isentroper Verdichtung, und größeren Druckverhältnissen außerordentlich groß. Den Zusammenhang zwischen Anfangstemperatur t_1, dem Druckverhältnis $p_2 : p_1$ und der Endtemperatur t_2 gibt für mehrere polytrope Exponenten $\bar{n}$ Abb. 22 an. So wird z. B. für $t_1 = 30\,°\mathrm{C}$ und $p_2 : p_1 = 3$ und $\bar{n} = 1{,}4$ $t_2 = 143\,°\mathrm{C}$.

Nächst dem höheren Leistungsaufwand kann auch die starke Temperaturerhöhung die zulässige Höhe des Verdichtungsenddrucks bestimmen.

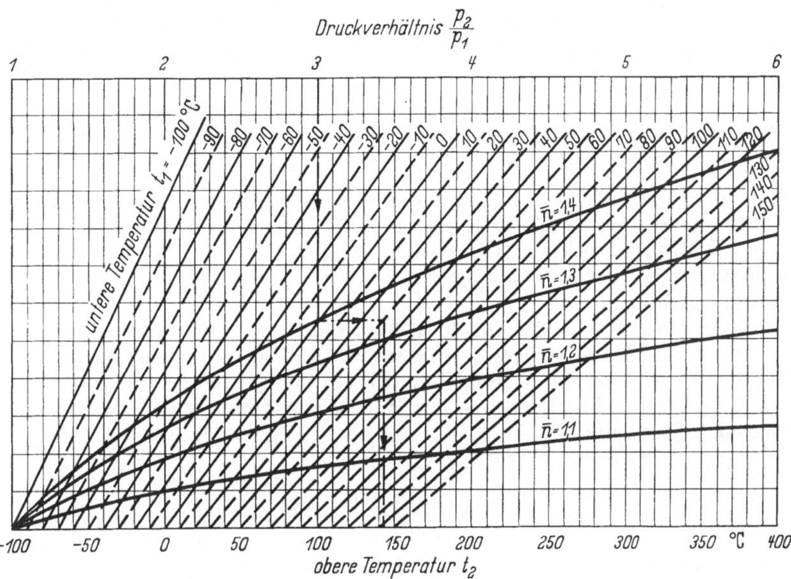

Abb. 22. Temperatursteigerung bei Verdichtung mit verschiedenem Druckverhältnis und verschiedenem polytropen Exponenten (M. E.).

4.1.2 Darstellung des wirklichen Energieumsatzes im T-s*–Diagramm

Die Darstellung des Arbeitsvorgangs eines Verdichters im T-s^*–Diagramm hat den Zweck, die thermischen Vorgänge näher zu untersuchen. Das p-v^*–Diagramm gibt naturgemäß keine unmittelbare Auskunft über die Gastemperaturen und über den Wärmeübergang vom Gas an die Wandung. Erst die Übertragung des p-v^*–Diagramms mit Hilfe der Gasgleichung $pv^* = R^*T$ in das T-s^*–Diagramm gestattet einen näheren Einblick in die verwickelten Vorgänge des Wärmeflusses in der Maschine.

Dabei ist aber wieder auf die Genauigkeitsgrenzen hinzuweisen. Diese sind durch die Unsicherheit mechanisch und elektrisch geschriebener Diagramme, durch deren zeichnerische Auswertung und auch durch Annahmen, die zur Durchführung der Berechnung erforderlich sind, bedingt. Zur Gültigkeit der Gasgleichung s. S. 8. Der Vorteil der Übertragung ins T-s^*-Diagramm ist also weniger in den Zahlenwerten als in der Anschaulichkeit zu suchen.

Beispiel 8. Auswertung eines Versuchs von KOLLMANN [23] an einem zweistufigen Luftverdichter, Hochdruckzylinder, doppeltwirkend, Hub 220 mm, Zylinderdurchmesser 120 mm, Kolbenstangendurchmesser 40 mm, auf Kurbelseite Hubvolumen 2,21 dm³, schädlicher Raum 8,9% = 0,1966 dm³, auf Deckelseite Hubvolumen 2,49 dm³, schädlicher Raum 9,81%; vorliegendes Indikatordiagramm der Kurbelseite nach Abb. 23.

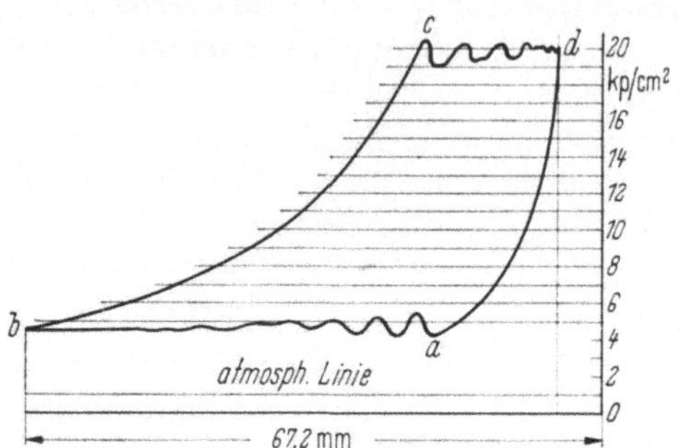

Abb. 23. Indikatordiagramm zu Beispiel 8.

Gemessen: Drehzahl 163,2 U/min, gefördertes Gesamtluftgewicht beider Kolbenseiten 175,5 kp/h, Temperaturen: Luft im Saugstutzen 22,3 °C, hinter dem Druckventil der Deckelseite 147,2 °C, Kühlwassereintritt 8,8 °C, -austritt 18,1 °C.

Berechnung der Werte für T-s^*-Diagramm:

a) Ausdehnungshub

Beginn im Punkt d in Abb. 23. Annahme: Temperatur von 147 °C hinter dem Druckventil der Deckelseite gilt auch für Kurbelseite und stimmt mit der Lufttemperatur im Zylinder im Augenblick des Ventilschlusses überein. Damit wäre die Lufttemperatur in Punkt d $T_d =$ = 273 + 147 = 420 °K. Ein Irrtum in der Höhe dieser Temperatur von 4% würde einen Fehler von nur 1% bedeuten.

Nach Diagramm ist $p_d = 20$ kp/cm².

$$v_d^* = \frac{R^* T}{p} = \frac{29{,}27 \cdot 420}{200\,000} = 0{,}0614 \text{ m}^3/\text{kp}$$

Restgewicht im schädlichen Raum

$$G_d = \frac{V_s}{v_d^*} = \frac{0{,}1966}{1000 \cdot 0{,}0614} = 0{,}00320 \text{ kp}$$

b) Verdichtungshub

Beginn in b. Das geförderte Luftgewicht von 175,5 kp/h oder $\dfrac{175{,}5}{163{,}2 \cdot 60} = 0{,}0179$ kp pro Umdrehung verteilt sich auf die beiden Kolbenseiten bei annähernd gleichem schädlichem Raum etwa im Verhältnis der Hubräume. Also von der Kolbenseite gefördert

$$G_f = 0{,}0179 \cdot \frac{2{,}21}{2{,}21 + 2{,}49} = 0{,}0084 \text{ kp.}$$

Gesamtgewicht in b $G_b = G_f + G_d = 0{,}0084 + 0{,}0032 = 0{,}0116$ kp.
Zylinderinhalt in b = 2,21 + 0,1966 = 2,407 dm³.

$$v_b^* = \frac{2{,}407}{1000 \cdot 0{,}0116} = 0{,}207 \text{ m}^3/\text{kp.}$$

Damit ist für die Ausdehnungslinie $d - a$ und für die Verdichtungslinie $b - c$ je das spezifische Volumen am Anfang, v_d^* und v_b^*, bekannt. Teilt man beide Linien nach Abb. 23

in eine Anzahl von Punkten ein, so erhält man für jeden Punkt den zugehörigen Druck durch Abgreifen, das zugehörige v^* durch Umrechnen von v_d^* oder v_b^* im Verhältnis der Hubstrecken im Diagramm einschließlich des schädlichen Raums. Das zugehörige T berechnet man nach der Formel $pv^* = R^*T$, die in diesem Druckbereich noch gültig ist.

Z. B. Ausdehnungslinie Punkt 16:

$p_{16} = 16\ \text{kp/cm}^2$; Hubmaßstab des Originaldiagramms $s_b = 67{,}2\ \text{mm}$;

$$v_{16}^* = v_d^* \, \frac{s_{16}}{s_d} = 0{,}0614 \cdot \frac{6{,}0}{5{,}5} = 0{,}0670\ \text{m}^3/\text{kp},$$

$$T_{16} = \frac{p\,v^*}{R^*} = \frac{160\,000 \cdot 0{,}067}{29{,}27} = 366\,^\circ\text{K};$$

z. B. Verdichtungslinie Punkt 10:

$$p_{10} = 10\ \text{kp/cm}^2; \quad v_{10}^* = 0{,}207 \cdot \frac{37{,}8}{67{,}2} = 0{,}116\ \text{m}^3/\text{kp};$$

$$T_{10} = \frac{100\,000 \cdot 0{,}116}{29{,}27} = 398\,^\circ\text{K}.$$

Die so erhaltenen Werte von p und T sind nun nach Abb. 24 in eine T-s^*–Tafel einzuzeichnen, z. B. aus [2]. Man erhält die beiden Kurvenzüge $d - a$ und $b - c$ und für die Ansauge- und Ausschublinie $a - b$ und $c - d$ die Kurven konstanten Drucks 4,6 und 20 kp/cm².

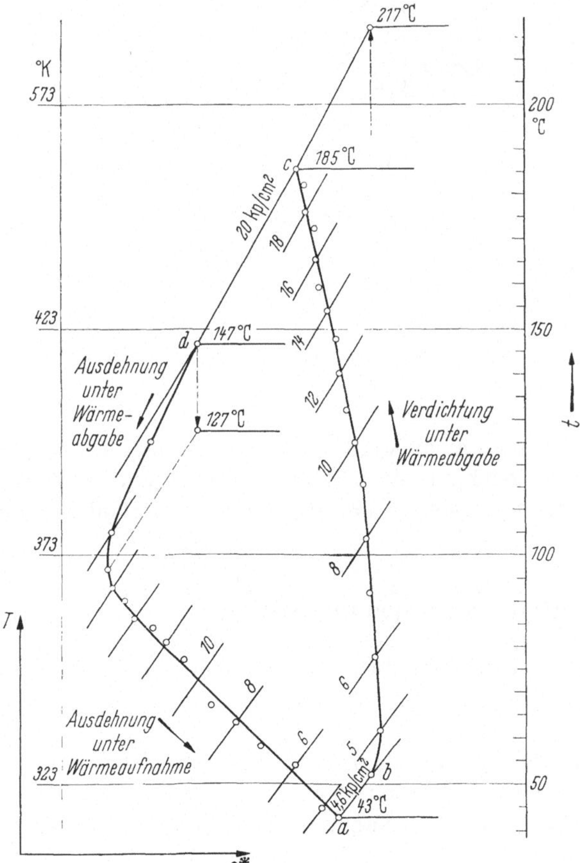

Abb. 24. Übertragung des p-v^*–Diagramms nach Abb. 23 ins T-s^*–Diagramm.

Beurteilung des *T-s**–Diagramms Abb. 24: Nach Abb. 15 bedeutet Verlauf der Kurven nach links Wärmeabgabe, nach rechts Wärmeaufnahme, senkrecht Isentrope ohne Wärmeaustausch. Während des ersten Teils der Ausdehnung von *d* an bis $p = 17$ kp/cm² gibt das Restgas viel Wärme an die kältere Wandung ab; die Gastemperatur beträgt nur noch 97 °C, während sie bei isentroper Ausdehnung 127 °C betragen würde (gestrichelt). Bei weiterer Ausdehnung nimmt die Luft Wärme von der Wandung auf bis a. Während des Ansaugens von *a* bis *b* und noch während des Verdichtens bis etwa 5 kp/cm² nimmt die Luft Wärme von der Wandung auf. Von 5 bis 9 kp/cm² fast isentrope Verdichtung. Bei vollisentroper Verdichtung von *b* an erhielte man als Schnittpunkt mit der Linie 20 kp/cm² die Verdichtungstemperatur von 217 °C. Von 9 kp/cm² an gibt die Luft mit zunehmendem Temperaturgefälle nennenswerte Beträge von Wärme ab. Während des Ausschiebens von ·c bis *d* wird der Luft von innen heraus keine Wärme zugeführt, da keine Verdichtung mehr stattfindet.

Die Luft findet Zeit, sich an den kühleren Wandungen von 185° auf 147 °C abzukühlen.

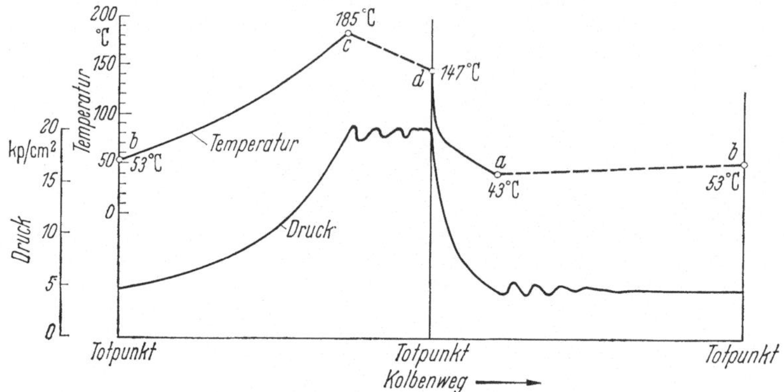

Abb. 25. Druck- und Temperaturverlauf in Abhängigkeit vom Kolbenweg.

Ein anschauliches Bild erhält man auch, wenn man die berechneten Temperaturen ins Indikatordiagramm einzeichnet, nach Abb. 25 als fortlaufendes Weg-Diagramm. Die Ausschiebe- und Ansaugelinie sind geradlinig gestrichelt angedeutet.

4.2 Indizierte und Kupplungsleistung

Die theoretisch erforderliche Antriebsleistung bei isentroper, polytroper und isothermer Verdichtung ist auf S. 29 abgeleitet und in die Gln. (29, 30 u. 31) gefaßt.

Bei der praktischen Durchführung nach dem wirklichen Indikator-Diagramm treten Energieverluste auf, so daß die Arbeitsfläche dieses Diagramms größer wird. Außerdem entstehen mechanische Reibungsverluste, die die einzuleitende Antriebsleistung weiter erhöhen.

4.2.1 Indizierte Leistung

Die vom Kolben an das Gas übertragene Leistung ist die indizierte Leistung

$$P_i = F_{Kb} \cdot p_i \cdot s \cdot n \tag{32}$$

mit dem indizierten Druck p_i nach 2.2.1.4 und Abb. 11, S. 16 und 17.

Bei mehreren Kolbenflächen (auch in „Ausgleichsräumen"), bei jeder mit einem zugehörigen p_i und bei besonderen Bauarten auch mit verschiedenem s, sind die Leistungen aller Kolbenflächen zu addieren.

4.2.2 Kupplungsleistung

Zu der indizierten Leistung kommt noch der Leistungsbedarf zur Überwindung der Reibungsverluste. Diese sind z. T. eigentliche Reibung der Lager und des Kolbens, z. T. Leistung für Hilfsgeräte, die zum Betrieb des Verdichters erforderlich sind, z. B. Schmierpumpe, Kühlgebläse, ggf. Steuerschieber und dergl.

Addiert man diese ganze Reibungsleistung P_R zu P_i, so erhält man die

Kupplungsleistung $\qquad P_{Ku} = P_i + P_R,$ (33)

die dem Verdichter an seiner Antriebswelle zugeführt werden muß.

Zur Vorausberechnung von P_{Ku} für Entwürfe muß man von den im nächsten Abschnitt behandelten Wirkungsgraden ausgehen.

4.3 Wirkungsgrade des Energieumsatzes

Die im folgenden besprochenen Wirkungsgrade werden nicht physikalisch abgeleitet, sondern stellen einfach eine Verhältniszahl der Energieverluste zwischen der empirischen Kupplungsleistung und der dem wirklichen Indikatordiagramm entsprechenden indizierten oder der theoretischen Leistung dar.

Begriffsbestimmungen und Formelzeichen nach [73], von denen aber die Praxis noch vielfach abweicht.

4.3.1 Mechanischer Wirkungsgrad

Der *mechanische* Wirkungsgrad

$$\eta_{\text{mech}} = \frac{P_i}{P_{Ku}} = 1 - \frac{P_R}{P_{Ku}} \left(= \frac{N_i}{N_{Ku}} \right) \tag{34}$$

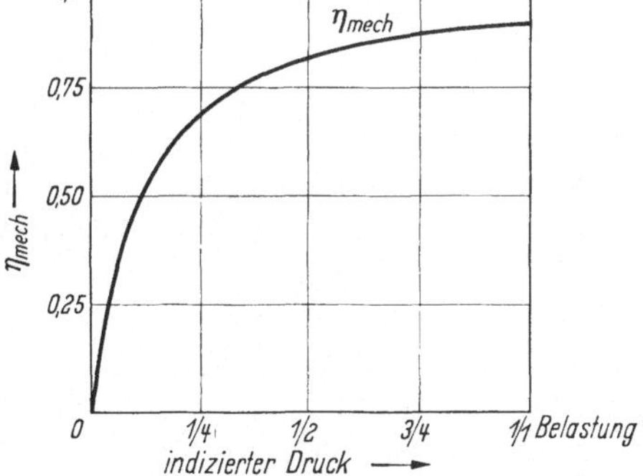

Abb. 26. Beispiel für mechanischen Wirkungsgrad in Abhängigkeit von p_i.

erfaßt die in 4.2.2 genannten Reibungsverluste. Er hängt von der Bauart, der Schmierung, der Güte der Herstellung und von der Wartung ab. Er liegt um so höher, je höher $p_i : p_{\max}$ ist, d. h. je niedriger das Druckverhältnis in jeder Stufe ist. Er wird in der Regel auf Vollast bezogen. Bei Regelverfahren, bei denen die Fördermenge mit Verkleinerung des Indikatordiagramms geregelt werden kann, nimmt P_i nicht ganz proportional mit der Fördermenge ab, während die Reibung fast konstant bleibt. Für solche Verdichter gilt eine η_{mech}-Kurve etwa nach Abb. 26.

Der mechanische Wirkungsgrad der Vollast beträgt bei guter Ausführung 0,9—0,94. Bei mehrstufigen Verdichtern kann mit 0,91—0,93 gerechnet werden. Kleine einfachwirkende Verdichter mit hohem Druckverhältnis erreichen oft nur 0,85.

4.3.2 Isothermer Wirkungsgrad

Dieser Wirkungsgrad umfaßt alle Energieverluste, also Mehrarbeit durch polytrope Verdichtung, Aufheizung, ungenügende Zwischenkühlung, Widerstände der Ventile, Kühler und Rohre, Undichtigkeiten und Reibung P_R, und vergleicht die dadurch bedingte Antriebsleistung mit der kleinsten theoretisch erforderlichen Verdichtungsleistung, also der theoretischen isothermen.

Für einfache Berechnungen nimmt man ihn als Gesamtwirkungsgrad für den ganzen Verdichter als

$$\text{isothermen Gesamtwirkungsgrad} \qquad \eta_{T,Ku} = \frac{P_T}{P_{Ku}}, \qquad (35)$$

wobei P_T die Leistung der theoretisch isothermen Verdichtung von trockenem idealem Gas in 1 Stufe von Anfangsdruck p_1 bis Enddruck p_2 nach Gl. (31) ist,

$$P_T = \dot{V}_{1,nu}\, p_1 \ln \frac{p_2}{p_1}.$$

Dieser Wirkungsgrad eignet sich wegen seiner Einfachheit sehr gut zu Näherungsberechnungen und zum Vergleich von Verdichtern beliebiger Bauart. Eine exaktere Bestimmung wird auf S. 38 beschrieben.

In $\eta_{T,Ku}$ ist η_{mech} enthalten. Zur Abtrennung der mechanischen Verluste nimmt man den

$$\text{indizierten isothermen Wirkungsgrad} \qquad \eta_{T,i} = \frac{P_T}{P_i}. \qquad (36)$$

Er ist nützlich, wenn P_{Ku} nicht gemessen werden kann, dagegen durch Indizieren P_i.

Zahlen für $\eta_{T,Ku}$ und $\eta_{T,i}$ lassen sich schlecht angeben, weil sie je nach der Aufgabe des Verdichters recht verschieden sind.

Ein Beispiel für Zahlen und die Abhängigkeit des $\eta_{T,Ku}$ vom Enddruck bei ein und demselben Verdichter gibt Abb. 27, *Kennlinien* für einen zweistufigen Schnelläufer ähnlich der Abb. 123, S. 135, bei konstanter Drehzahl. $\eta_{T,Ku}$ unterliegt 2 Einflüssen: bei hohem Enddruck wird der Wirkungsgrad durch die steigende Mehrarbeit der polytropen Verdichtung herabgedrückt; bei niedrigem $p_{2,II}$ drückt die fast konstante Reibungsleistung einschließlich Ventilwiderstand verhältnismäßig stärker nach unten. So ist $\eta_{T,Ku}$ von nennenswertem Druck an fast konstant mit einem schwach ausgeprägten Maximum bei mittlerem Verdichtungsverhältnis.

Allgemeine Gültigkeit haben diese Kennlinien auch für den Verlauf von λ_{nu} beim mehrstufigen Verdichter, hier mit Vorgriff auf die Ausführungen in Abschn. 5.1, 3., S. 43: Da bei steigendem Enddruck $p_{2,II}$ der Stufendruck $p_{2,I}$

am Ende der I. Stufe fast konstant bleibt, ist auch λ_{nu} im Gegensatz zu einstufiger Verdichtung nur ganz wenig vom Enddruck abhängig, ebenso $\dot{V}_{1,nu}$. Nur weit unterhalb des normalen Stufendrucks, in der Abb. ganz links, fallen beide Kurven bei steigendem $p_{2,I}$ stark ab.

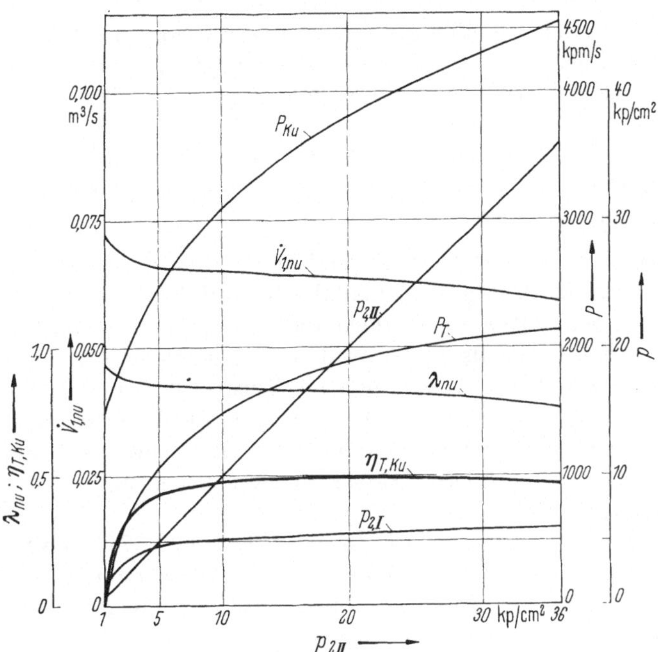

Abb. 27. Beispiel für $\eta_{T,Ku}$-Linie. Kennlinien eines zweistufigen Verdichters mit $\Pi_I = 5{,}2$ für $n = 1\,500$ U/min und $p_1 = 1$ kp/cm².

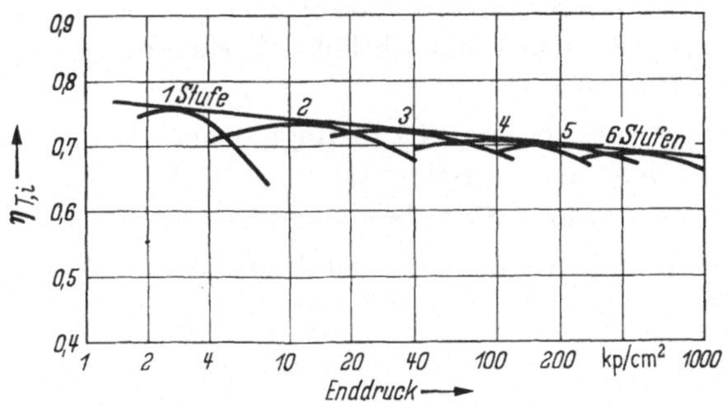

Abb. 28. Beispiel für indizierten isothermen Wirkungsgrad bei mehrstufiger Verdichtung.

Abb. 28 gibt ein Beispiel für $\eta_{T,i}$ in Abhängigkeit vom Enddruck, wobei bei steigendem Enddruck das Druckverhältnis durch Aufteilung auf eine wachsende Stufenzahl kleingehalten werden kann.

Wegen der verschiedenen Aufgaben der Verdichter darf der isotherme Wirkungsgrad nicht zu einem Wertmaßstab beim Vergleich verschiedenartiger Verdichter gemacht werden.

Zur überschläglichen Berechnung des Leistungsbedarfs P_{Ku} können die Erfahrungswerte der Zahlentafel 5, S. 58, dienen. Bei der Wahl unter diesen Zahlen ist bei gegebenem Druckverhältnis vor allem die Stufenzahl maßgebend, wie auch Abb. 28 zeigt. Hohe Drehzahl und hohe Kolbengeschwindigkeit drücken meist $\eta_{T,Ku}$ etwas nach unten, ebenso Luftkühlung wegen der Leistung des Kühlgebläses. Die Güte der Ausführung ist schon in der Gruppeneinteilung der Zahlentafel 5 berücksichtigt. Nicht übersehen werden darf, daß die erforderliche Antriebsleistung von den Lieferfirmen oft mit einem gewissen Sicherheitszuschlag angegeben wird.

Für genauere Berechnungen ist Gl. (31) für die Definition von P_T zu grob. Folgende drei Einflüsse erfordern eine Berichtigung, hauptsächlich bei mehrstufiger Verdichtung, vgl. S. 42:

1. Die erste Stufe beginnt zwar mit der Temperatur T_1; im folgenden Zwischenkühler kann aber das Gas günstigstenfalls bis auf Kühlwasser- oder Kühllufttemperatur rückgekühlt werden. Wird dadurch seine Eintrittstemperatur bei den höheren Stufen höher als T_1, so werden auch Volumen und P_T größer.

2. Die Feuchtigkeit des Gases gibt nach Beispiel 3 gegenüber trockenem Gas eine Raumvergrößerung des Gemisches aus Gas und Wasserdampf mit höherer Verdichtungsarbeit. Dies trifft die einzelnen Stufen verschieden, da nach Beispiel 4, S. 12, in den Zwischenkühlern Wasser ausgeschieden und dadurch die Verdichtungsleistung verringert wird.

Wegen 1. und 2. läßt sich das isotherme Ideal nach [24] so ausdrücken: isotherme Verdichtung der gewünschten Gasmenge in der ersten Stufe bei Ansaugetemperatur, in den übrigen bei der Kühlwasserzuflußtemperatur ohne überschüssige Feuchtigkeit.

3. Nach der auf S. 8 angegebenen Abweichung vom einfachen Gasgesetz $pv^* = ZR^*T$ wird bei technischen Gasen und hohen Drücken v^* meist größer als beim idealen Gas mit höherer isothermer Verdichtungs- und Ausschiebearbeit. Dies trifft die höheren Stufen stärker als die unteren, da bei den meisten Gasen Z erst bei hohen Drücken beträchtliche Werte erreicht. Vgl. dazu Beispiel 9 am Schluß dieses Abschnitts.

Demnach sind genaugenommen die Bedingungen für isotherme Verdichtung in jeder Stufe verschieden, man spricht von der „Stufenisotherme" [73]; P_T und auch $\eta_{T,Ku}$ wären also für jede Stufe besonders zu berechnen.

Mit Erfassung der Kühlmitteltemperatur und den Beispielen 3, 4 und 9 ist dies möglich. [73] erfaßt zur Vereinfachung der Leistungsberechnung die verhältnismäßigen Abweichungen infolge Kühlmitteltemperatur, Entfeuchtung und Realgasfaktor durch Einflußzahlen τ, ξ und ζ und gibt Kurventafeln für diese drei Verhältniszahlen.

Die Wirksamkeit des Realgasfaktors auf die Leistung zeigt **Beispiel 9** unter Verwendung von [24].

Berechnung der isothermen Verdichtungsleistung für einen Hochdruck-Wasserstoff-Verdichter mit Berücksichtigung der Realgas-Abweichung.

1. Ableitung der Formeln

Bei isothermer Verdichtung ist einstufige Betrachtungsweise nach Abb. 29 erlaubt. Es sei

Volumen des idealen Gases $= V_{id}$ und mit $pv^* = Z R^* T$

Volumen des realen Gases $= V_r = Z \cdot V_{id} = V_{id} + V_{id}\,(Z - 1)$,

Volumen bei 1 kp/cm² $= V_0$;   Ansaugestrom bei 1 kp/cm² $= \dot V_0$.

Zugrunde gelegt ist *theoretische* Leistung nach 4.1.1 mit p-v^*–Diagramm nach Abb. 20, S. 28.

Nach Abb. 29 ist die Arbeit zwischen Ansaugedruck p_1 und Ausschiebedruck p_2 für wirkliches Gas

$$L_T = \int_{p_1}^{p_2} V_{id}\,\mathrm{d}p + \int_{p_1}^{p_2} V_{id}\,(Z - 1)\,\mathrm{d}p = \text{Idealarbeit} + \text{Mehrarbeit}$$

und mit Gl. (28) und mit $V_{id} = V_0\,\dfrac{p_0}{p}$

$$L_T = V_0 p_0 \ln \frac{p_2}{p_1} + V_0 p_0 \int_{p_1}^{p_2} \frac{Z - 1}{p}\,\mathrm{d}p.$$

Aus einer vorliegenden Kurve $Z = f(p)$ für konstante Temperatur z. B. nach Abb. 4—6 kann punktweise die Kurve $y = \dfrac{Z - 1}{p}$ gezeichnet und ihre Integralkurve $C = \int \dfrac{Z - 1}{p}\,\mathrm{d}p$ bestimmt werden.

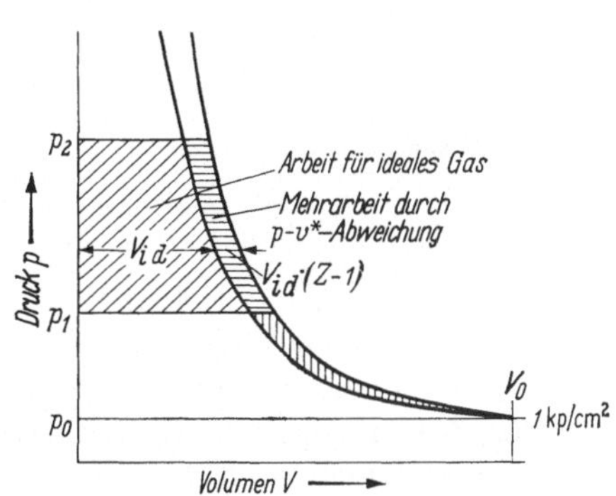

Abb. 29. Wirkung der pv^*–Abweichung [24].

Dann erhält man bei isothermer Verdichtung von p_1 auf p_2

$$L_T = V_0 p_0 \left[\ln \frac{p_2}{p_1} + (C_2 - C_1)\right],$$

und

$$P_T = \dot V_0 p_0 \left[\ln \frac{p_2}{p_1} + (C_2 - C_1)\right]. \tag{37}$$

2. Zahlenrechnung

Für Kohlehydrierung Verdichtung von 10000 Nm³/h Wasserstoff von 325 auf 750 kp/cm² bei konstanter Temperatur von 30 °C.

Für Gl. (37) sind C_1 und C_2 zu bestimmen. In Abb. 30 ist die Z-Kurve für Wasserstoff bei 30 °C nach Abb. 6 eingezeichnet, daraus aus einigen Punkten die Kurve $y = \dfrac{Z - 1}{p}$ und mit Planimetrieren einiger Flächen $f = \int_{p_1}^{p_2} y\,\mathrm{d}p$ die C-Kurve. Daß y fast konstant und deshalb C fast linear ist, gilt nur für Wasserstoff mit $Z - 1$ fast proportional p. Aus Abb. 30 erhält man $C_{325} = 0,19$ und $C_{750} = 0,45$.

Man erhält also für reales Gas

$$\dot V_0 = \frac{10000}{3600} \cdot 1,033 \cdot \frac{303}{273} = 3,2 \text{ m}^3/\text{s}$$

$$P_T = 3,2 \cdot 10000 \left[\ln \frac{750}{325} + (0,45 - 0,19)\right] = 32000\,[0,84 + 0,26] = 35200 \text{ kpm/s} = 470 \text{ PS}$$

Für Idealgas wäre $P_T = 32000 \cdot 0,84 = 26900$ kpm/s $= 358$ PS.

Das Realgas erfordert also um 31% höheres P_T.

Die Berechnung wird für die Praxis dadurch vereinfacht, daß statt der Z-Kurven unmittelbar die C-Kurven für reale Gase gegeben werden, z. B. in [73] und besonders vollständig in [4], hier aber für die Rechnung mit Zehner-Logarithmen der mit 1/2,303 multiplizierte Wert.

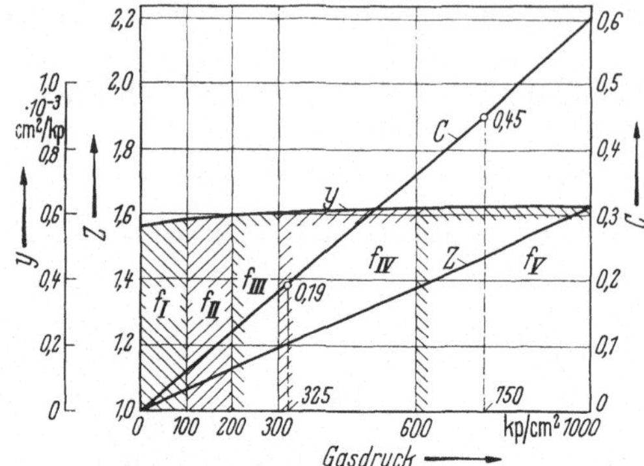

Abb. 30. Zahlenwerte von Z, y und C für Wasserstoff.

Der Unterschied zwischen Realgas und Idealgas des Beispiels 9 ist allerdings nur bei sehr hohen Drücken so groß; es sei aber wiederholt, daß man zur Bestimmung des Leistungsbedarfs nur bei einfachen Entwürfen und mäßigen Drücken von den Zahlen für $\eta_{T,Ku}$ in Zahlentafel 5 ausgehen darf, während bei wichtigen Hochdruckanlagen nach den Richtlinien der S. 38 vorzugehen ist.

4.3.3 Isentroper Wirkungsgrad

Benützt man als theoretischen Vergleichsprozeß nicht die isotherme, sondern die isentrope Verdichtung nach Gl. (29) mit

$$P_s = \frac{\varkappa}{\varkappa - 1} \dot{V}_{1,nu}\, p_1 \left[\left(\frac{p_2}{p_1} \right)^{\frac{\varkappa-1}{\varkappa}} - 1 \right],$$

so erhält man den

$$\text{isentropen Wirkungsgrad} \quad \eta_{s,Ku} = \frac{P_s}{P_{Ku}} \tag{38}$$

und den

$$\text{indizierten isentropen Wirkungsgrad} \quad \eta_{s,i} = \frac{P_s}{P_i}, \tag{39}$$

beide nach [73] auf die einstufige Isentrope bezogen.

Die isentropen Wirkungsgrade sind vorzugsweise für Verdichter von solchen Gasen oder Dämpfen anzuwenden, bei denen isotherme Verdichtung auch theoretisch nicht möglich ist, weil das Gas verflüssigt würde. Sinnvoll sind sie aber nur bei einstufigen Verdichtern.

Das Verhältnis von $\eta_{T,Ku}$ zu $\eta_{s,Ku}$

$$\omega = \frac{\eta_{T,Ku}}{\eta_{s,Ku}} = \frac{P_T}{P_s}$$

ist naturgesetzlich bedingt [26]. Daß $\eta_{s,Ku}$ größer als $\eta_{T,Ku}$ ist, hat mit der Art oder dem Wert des Verdichters nichts zu tun.

ω kann mit den vereinfachenden Annahmen der Gln. (29 u. 31) aus

$$\omega = \frac{\ln \dfrac{p_2}{p_1}}{\dfrac{\varkappa}{\varkappa-1}\left[\left(\dfrac{p_2}{p_1}\right)^{\frac{\varkappa-1}{\varkappa}}-1\right]}$$

berechnet oder aus Abb. 31 entnommen werden.

Beispiel 10. Ein Luftverdichter hat eine Liefermenge von $\dot{V}_{2,nu} = 2{,}2$ m³/min, bezogen auf den Ansaugezustand im Saugstutzen von $t_1 = 20\,°\mathrm{C}$ und 40 mm WS Unterdruck bei

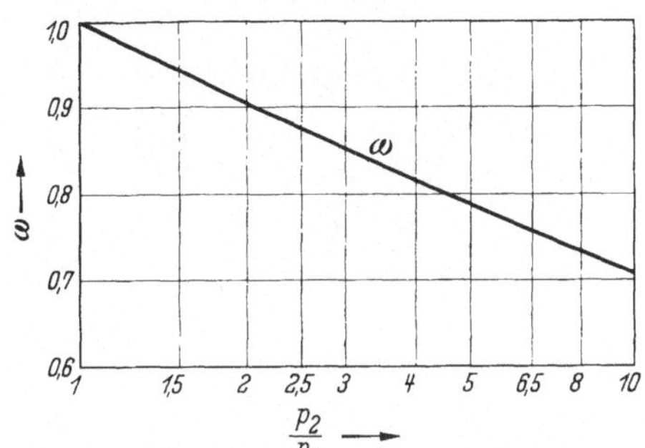

Abb. 31. Verhältnis der isothermen zur isentropen Verdichtungsarbeit.

einem Barometerstand von 755 mm QS, gemessen mit Metallbarometer, also auf $0\,°\mathrm{C}$ bezogen. Gegendruck im Druckstutzen 5 kp/cm², gemessen mit Federmanometer, also Überdruck; einstufige Verdichtung, 1000 U/min.

Zu berechnen sind N_T und N_{Ku}.

Außendruck $\quad p_0 = 10000 \cdot \dfrac{755}{735{,}5} = 10260$ kp/m², im Saugstutzen $\quad p_1 = 10260 - 40$

$= 10220$ kp/m², im Druckstutzen $p_2 = 50000 + 10260 = 60260$ kp/m². Nach S. 27 kann $\dot{V}_{2,nu} = \dot{V}_{1,nu}$ genommen werden.

Nach Gl. (31) oder mit Abb. 21 erhält man für $p_1 = 10000$ kp/m² und $\dfrac{p_2}{p_1} = 5{,}9$ bei isothermer Verdichtung $\dfrac{N_T}{\dot{V}_{1,nu}} = 237$ PS/m³/s, für $\dot{V}_{1,nu} = \dfrac{2{,}2}{60} = 0{,}0367$ m³/s und

$p_1 = 10220$ kp/m² $\quad N_T = 0{,}0367 \cdot 237 \cdot \dfrac{10220}{10000} = 8{,}9$ PS.

Berechnung von N_{Ku} mit Zahlentafel 5, S. 58. Der Verdichter gehört zur Gruppe B, zwar einstufig, aber mit mäßigem p_2/p_1 und n, also $\eta_{T,Ku}$ zu ungefähr 0,52 anzunehmen.

Daraus $\quad N_{Ku} = \dfrac{N_T}{\eta_{T,Ku}} = \dfrac{8{,}9}{0{,}52} = $ rd. 17 PS mit einer gewissen Unsicherheit wegen $\eta_{T,Ku}$.

Über isentrope Werte gerechnet wäre nach Abb. 21 $\quad \dfrac{N_s}{\dot{V}_{1,nu}} = 309$ PS/m³/s und mit

Abb. 31 $\eta_{s,Ku} = \dfrac{\eta_{T,Ku}}{\omega} = \dfrac{0{,}52}{0{,}77} = 0{,}68, \quad N_{Ku} = 0{,}0367 \cdot 309 \cdot \dfrac{10220}{10000} \cdot \dfrac{1}{0{,}68} = 17$ PS.

Die Übereinstimmung stellt keine Kontrolle dar, sondern nur eine andere Ausdrucksweise.

4.4 Energiebilanz

Der ganze Energieumsatz kann anschaulich in dem für statistische Zwecke üblichen SANKEY-Diagramm dargestellt werden. Ein Beispiel dafür gibt Abb. 32, nach unten die Aufteilung der Leistung und der Wirkungsgrade, nach oben den Verbleib der als Wärme ausgedrückten zugeführten Leistung.

Es handelt sich um einen großen liegenden sechsstufigen Verdichter in zwei-achsiger Anordnung mit einer Antriebsleistung von etwa 3000 kW. In den ersten drei doppelwirkenden Stufen werden rd. 260 m³/min (15 °C, 1 kp/cm²) Generatorgas von 1,03 auf 28 kp/cm² und in den drei letzten Stufen 181 m³/min (15 °C, 1 kp/cm²) NH₃-Synthesegas von 25 auf 325 kp/cm² verdichtet.

Abzulesen ist

$$\eta_{T,Ku} = 0{,}68, \qquad \eta_{s,Ku} = 0{,}79, \qquad \eta_{\mathrm{mech}} = 0{,}945.$$

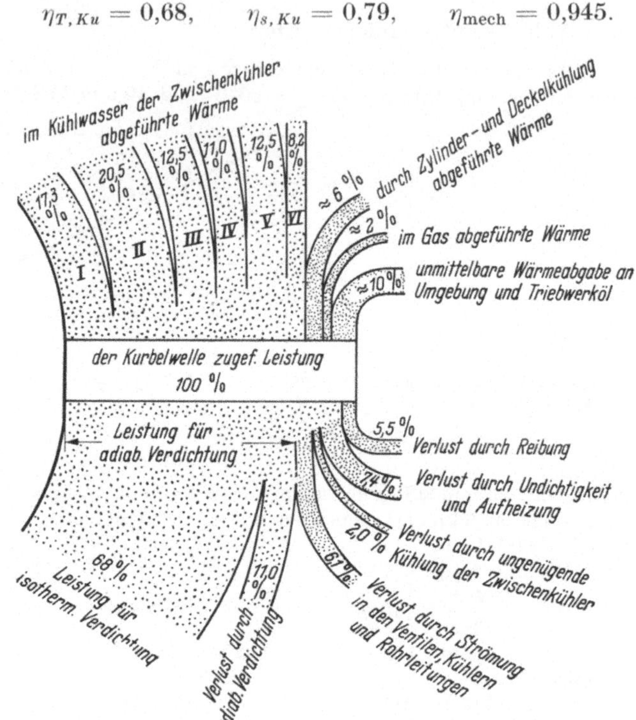

Abb. 32. Energiebilanz eines sechsstufigen Verdichters [25].

5 Mehrstufige Verdichtung

5.1 Zweck der mehrstufigen Verdichtung

Auf S. 30 wurde gezeigt, daß die Verdichtung um so günstiger wird, je mehr man sich der Isotherme nähert. Kühlung ist also vorteilhaft. Die Kühlung des Zylindermantels und -deckels allein setzt die Wandtemperatur herab. Dadurch wird der Liefergrad verbessert, weil beim Ansaugen weniger Wärme an das Gas übergeht; der polytrope Exponent wird ein wenig niedriger; die Schmierfähigkeit des Schmieröls bleibt besser erhalten, die Neigung zur Ölkohlebildung in den Kolbenringen wird herabgesetzt, die Ventile werden gekühlt und Wärmespannungen in Konstruktionsteilen bleiben geringer.

Aber zur wirkungsvollen Kühlung des Gases während der Verdichtung reicht diese Kühlung nicht aus. Eine solche ist nur möglich, wenn das Gas während der Verdichtung einmal oder mehrmals aus dem Zylinder herausgenommen und in einem besonderen Kühler möglichst bis auf die Anfangstemperatur abgekühlt wird.

Man verdichtet also in einzelnen „*Stufen*", wobei zu jeder Stufe ein besonderer Zylinder gehört, und schickt das Gas jeweils zwischen zwei Stufen durch einen „*Zwischenkühler*".

Das Verfahren hat mehrere gewichtige Vorteile:

1. Arbeitsersparnis

Abb. 33 mit theoretischem p-v^*-Diagramm. Isotherme Verdichtung gibt Linie acf, einstufige isentrope Verdichtung auf 7 kp/cm² Linie abd. Zweistufig wird das Gas im ersten Zylinder (I. Stufe) isentrop bis b auf 2,65 kp/cm² verdichtet

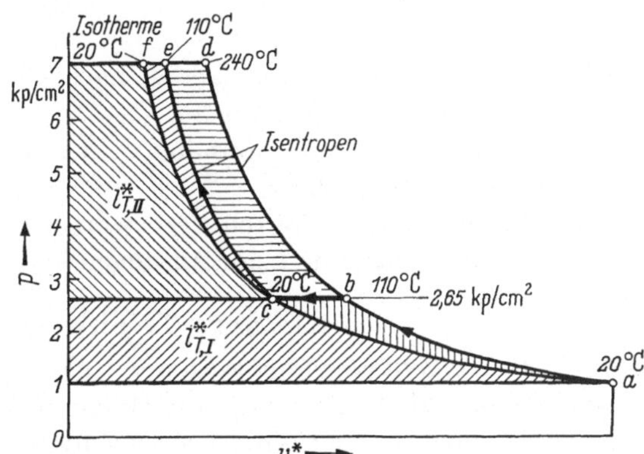

Abb. 33. Theoretisches p-v^*-Diagramm für zweistufige Verdichtung.

und im Zwischenkühler bis auf seine Anfangstemperatur von 20 °C abgekühlt, wobei sein Volumen von b auf c abnimmt. Der zweite Zylinder (II. Stufe) verdichtet von c aus isentrop bis e. Damit ist die Verdichtungsarbeit um den der Fläche $bced$ entsprechenden Teil kleiner als bei einstufiger Verdichtung. Zahlenmäßige Berechnung s. bei 5.2, S. 45.

2. Niedrigere Endtemperatur

Nach Abb. 33 ist die Endtemperatur bei isentroper Verdichtung 240 °C, bei zweistufiger mit der gewählten Stufeneinteilung in beiden Zylindern je 110 °C. Die niedrigere Temperatur ist nützlich zur Schonung der Ventilplatten und -federn, zur Verringerung der Gefahr der Schmierölexplosionen [33] u. a. m.

Bei polytroper Verdichtung sind die Vorteile von 1. und 2. ebenfalls vorhanden, nur etwas kleiner.

3. Erhöhung von λ_{nu}

Für die von außen angesaugte Menge $\dot{V}_{1,nu}$ ist nur $\dot{V}_{1,nu,I}$ der I. Stufe maßgebend, da die höheren Stufen nur den Druck erhöhen.

Nach Abb. 34 ist bei einstufiger Verdichtung wegen der stärkeren Rückexpansion des im schädlichen Raum V_s eingeschlossenen Gases beim Saughub die angesaugte Menge V_{a1} kleiner als zweistufig V_{a2}.

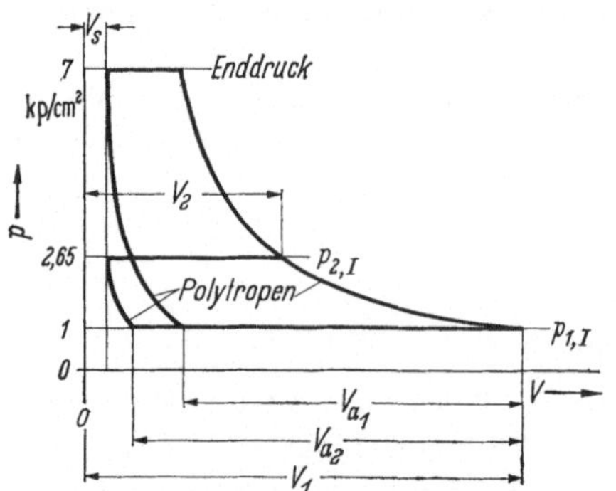

Abb. 34. Einfluß des schädlichen Raumes bei ein- und zweistufiger Verdichtung.

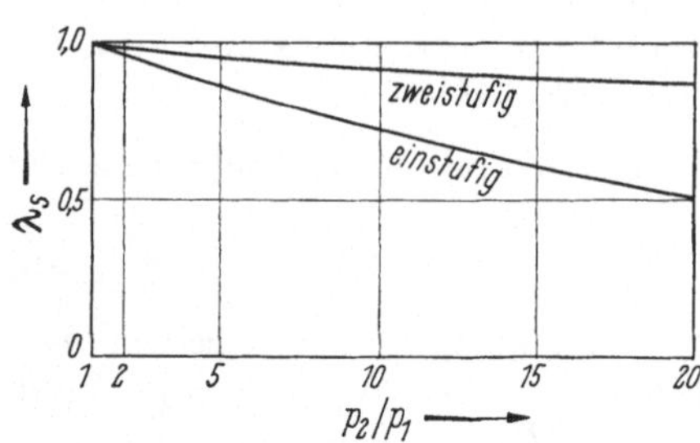

Abb. 35. Liefergrad λ_s bei ein- und zweistufiger Verdichtung bei $\mu = 0{,}06$; $\bar{n} = 1{,}35$; $\Pi_I = \sqrt{p_2/p_1}$.

Den Unterschied des Liefergrads λ_s nach Gl. (22) bei ein- und zweistufiger Verdichtung veranschaulicht Abb. 35.

Dieser Einfluß wird sehr sinnfällig in den Kennlinien des Verdichters nach Abb. 27, auf S. 37 besprochen.

λ_{nu} wird weiter noch dadurch verbessert, daß zweistufig der Zylinder kälter und dadurch die Aufheizung beim Ansaugen kleiner wird.

4. Kleinere Triebwerkskräfte

Der einstufige Zylinder muß wegen der gleichen Ansaugemengen die gleichen Abmessungen wie die I. Stufe der zweistufigen Maschine haben, wobei der Unterschied von λ_{nu} noch nicht einmal berücksichtigt ist. Der Kolben der einstufigen Maschine erhält also wegen des viel höheren Drucks viel höhere Kraft.

Der Hochdruckkolben der zweistufigen Maschine ist wegen des kleineren Gasvolumens viel kleiner und erhält bei gleichem Druck viel kleinere Kraft. Das Triebwerk der zweistufigen Maschine kann also viel leichter gebaut werden.

Diesen Vorteilen der mehrstufigen Ausführung stehen die in Abschn. 5.3 besprochenen Nachteile gegenüber.

5.2 Stufendruckverhältnis

Von dem auf S. 38 besprochenen Einfluß der unvollständigen Rückkühlung, wechselnden Feuchtigkeit und Realgasabweichung sei hier zunächst abgesehen.

Eine einfache Regel ist, daß man jeder Stufe den gleichen Leistungsbedarf und die gleiche Temperaturerhöhung zuteilt. Dies erreicht man unter der Annahme des gleichen polytropen Exponenten und gleichen Schadraumverhältnisses μ in jeder Stufe und Rückkühlung auf Anfangstemperatur in jedem Zwischenkühler dadurch, daß man das Druckverhältnis

$$\Pi = \frac{p_2}{p_1} \quad [73]$$

in jeder Stufe gleichmacht.

Gleiche Endtemperatur in jeder Stufe ergibt sich ohne weiteres aus Gl. (16), S. 15,

$$T_2 = T_1 \left(\frac{p_2}{p_1}\right)_I^{\frac{\bar{n}-1}{\bar{n}}} = T_1' \left(\frac{p_2}{p_1}\right)_{II}^{\frac{\bar{n}-1}{\bar{n}}},$$

da T_1' wegen der Rückkühlung $= T_1$ ist.

Gleiche (theoretische) Leistung in jeder Stufe ist nachweisbar durch

$$L_I = \frac{\bar{n}}{\bar{n}-1}\, p_1\, V_1 \left[\left(\frac{p_2}{p_1}\right)_I^{\frac{\bar{n}-1}{\bar{n}}} - 1\right],$$

$$L_{II} = \frac{\bar{n}}{\bar{n}-1}\, p_2\, V_2 \left[\left(\frac{p_2}{p_1}\right)_{II}^{\frac{\bar{n}-1}{\bar{n}}} - 1\right]$$

oder, da $\left(\dfrac{p_2}{p_1}\right)_{II} = \left(\dfrac{p_2}{p_1}\right)_I$ und $\dfrac{V_1}{V_2} = \dfrac{p_2}{p_1}$ (bei konstanter Anfangstemperatur), also $p_1 V_1 = p_2 V_2$ (Anfangspunkte liegen auf Isotherme),

$$L_{II} = \frac{\bar{n}}{\bar{n}-1}\, p_1\, V_1 \left[\left(\frac{p_2}{p_1}\right)^{\frac{\bar{n}-1}{\bar{n}}} - 1\right] = L_I.$$

Diese Formeln geben auch den zahlenmäßigen Unterschied der theoretischen Leistung bei ein- und zweistufiger Verdichtung, entsprechend der Fläche *bced* der Abb. 33 mit Gesamtdruckverhältnis $\left(\dfrac{p_2}{p_1}\right)_{ges}$,

$$\text{einstufig} \quad L_1 = \frac{\bar{n}}{\bar{n}-1}\, p_1\, V_1 \left[\left(\frac{p_2}{p_1}\right)_{ges}^{\frac{\bar{n}-1}{\bar{n}}} - 1\right],$$

$$\text{zweistufig mit} \quad \left(\frac{p_2}{p_1}\right)_I = \left(\frac{p_2}{p_1}\right)_{II} = \left(\frac{p_2}{p_1}\right)_{ges}^{\frac{1}{2}}$$

$$L_2 = L_I + L_{II} = 2\,\frac{\bar{n}}{\bar{n}-1}\, p_1 V_1 \left[\left(\frac{p_2}{p_1}\right)_{ges}^{\frac{1}{2}\cdot\frac{\bar{n}-1}{\bar{n}}} - 1\right],$$

$$\text{damit} \quad \frac{L_2}{L_1} = \frac{2\left[\left(\dfrac{p_2}{p_1}\right)_{ges}^{\frac{1}{2}\cdot\frac{\bar{n}-1}{\bar{n}}} - 1\right]}{\left(\dfrac{p_2}{p_1}\right)_{ges}^{\frac{\bar{n}-1}{\bar{n}}} - 1},$$

zahlenmäßig mit $\bar{n} = \varkappa = 1{,}4$ und $\left(\dfrac{p_2}{p_1}\right)_{ges} = 7$,

$$\frac{L_2}{L_1} = \frac{2\,[7^{0{,}143} - 1]}{7^{0{,}286} - 1} = \frac{0{,}642}{0{,}745} = 0{,}862,$$

also theoretische Ersparnis bei zweistufiger Verdichtung 13,8%.

Das in allen Stufen gleiche Druckverhältnis $\Pi_0 = \left(\dfrac{p_2}{p_1}\right)_I = \left(\dfrac{p_2}{p_1}\right)_{II} = \left(\dfrac{p_2}{p_1}\right)_{III} = \ldots$
erhält man bei gegebener Stufenzahl i [7, 8] aus dem Gesamtdruckverhältnis

$$\Pi_{\text{ges}} = \left(\frac{p_2}{p_1}\right)_{\text{ges}} = \left(\frac{p_2}{p_1}\right)_I \cdot \left(\frac{p_2}{p_1}\right)_{II} \cdot \left(\frac{p_2}{p_1}\right)_{III} \cdot \ldots = \Pi_0^i$$

$$\text{zu} \quad \Pi_0 = \sqrt[i]{\left(\frac{p_2}{p_1}\right)_{\text{ges}}} = \sqrt[i]{\Pi_{\text{ges}}}. \tag{40}$$

Dabei ist angenommen, daß der Enddruck der einen Stufe gleich dem Anfangsdruck der folgenden ist. Praktisch ist dies nicht ganz möglich wegen der Druckverluste in den Ventilen und den Zwischenkühlern mit ihren Rohrleitungen. Bedeutet nach Abb. 16, S. 21, p_2' den Druck im Zylinder am Ende der Verdichtung und p_2 den um die Druckverluste niedrigeren Anfangsdruck der nächsten Stufe, so wird

Druckerhöhung $\quad k = \dfrac{p_2'}{p_2}$ und

Stufendruckverhältnis $\quad \Pi = \dfrac{p_2}{p_1}$,

Druckverhältnis im Zylinder $\quad \Pi' = \dfrac{p_2'}{p_1} = k \cdot \Pi$.

Nimmt man k als Mittelwert in allen Stufen gleich an, so ist

$$\Pi_0' = k \sqrt[i]{\Pi_{\text{ges}}}. \tag{41}$$

Für mittlere Verhältnisse kann man 10% Druckverlust annehmen, also $k = 1{,}10$. Der Druckverlust ist nicht nur von der Bauart der Ventile und Kühler und der Schnelläufigkeit abhängig, sondern auch vom spezifischen Gewicht des Gases. In ungünstigen Fällen kann er 20—25% betragen. Deshalb wird bei genauer Durcharbeit jede Stufe getrennt behandelt werden müssen.

Dies gilt auch noch aus einem anderen Grund. Für die Konstruktion ist oft die Abgleichung der Kolbenkräfte wichtiger als die des Druckverhältnisses. Für das Druckverhältnis sind die absoluten Drücke maßgebend, für die Kolbenkraft aber die Druckdifferenz zwischen beiden Kolbenseiten. Dies führt oft dazu, daß man bei der Stufeneinteilung vom Grundsatz des gleichen Druckverhältnisses abweicht, vgl. Abschn. 5.4 und Beispiel 15, S. 63—65.

Ein weiterer Grund dazu sind oft die in den verschiedenen Stufen zugelassenen Höchsttemperaturen. Die HD-Stufen erhalten oft zur Entlastung niedrigeres Druckverhältnis als die ND-Stufen; bei kleinen Verdichtern zwingen konstruktive Gründe, Unterbringung der Ventile, Verwendung gleicher Pleuel u. ä. manchmal auch zum Gegenteil. Auch Vereinfachung der Regelung kann ein Grund zur Änderung des Stufenverhältnisses sein, vgl. dazu Abschn. 9.1.4, S. 95.

Die Gesamtleistungsaufnahme ändert sich durch unterschiedliche Leistungsverteilung auf die Stufen kaum, s. Abb. 36.

Wird z. B. bei einem zweistufigen Verdichter und einem Gesamtdruckverhältnis Π_{ges} von 8 die erste Stufe um 80% höher druckbelastet, als der Regel nach Gl. (40) entspricht, so ist die theoretische Mehrleistung nur etwa 5% höher.

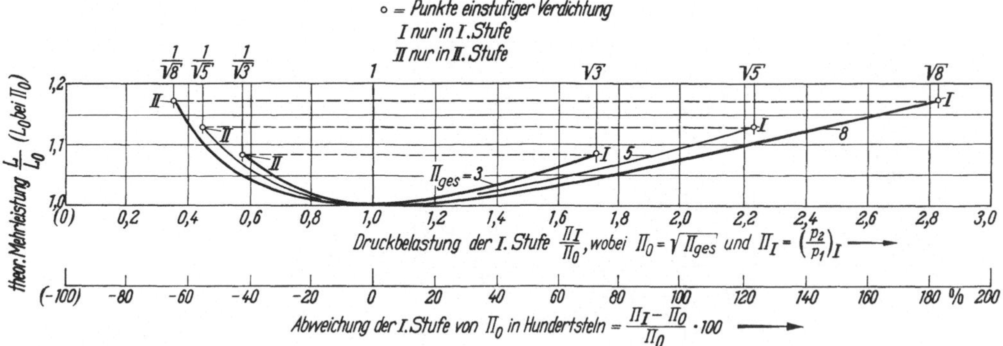

Abb. 36. Zunahme des Leistungsbedarfs bei ungleicher Stufenbelastung für *zweistufige* isentrope Verdichtung und vollkommene Rückkühlung.

5.3 Stufenzahl

Der isothermen Verdichtung kommt man um so näher, je mehr Stufen man macht. Um so höher wird der Wirkungsgrad $\eta_{T,i}$, S. 36. Andererseits wird die Bauart verwickelter, die Maschine teurer und anspruchsvoller in der Wartung. Es gibt also einen Bestwert der Stufenzahl, der je nach dem Verwendungszweck verschieden liegt. Einen möglichst billigen Kompressor, der für rauhen Betrieb bestimmt ist, nur vorübergehend voll belastet wird und häufig unbenützt dasteht, wird man also mit möglichst wenig Stufen bauen. Die Grenze nach unten ist durch die zulässige Endtemperatur bestimmt. Dagegen wird ein Hochdruckverdichter, der in der Kraftzentrale einer Fabrik im Tag- und Nacht-Dauerbetrieb unter guter Wartung arbeitet, viele Stufen erhalten müssen.

Die Grenze liegt da, wo sich die Leistungsersparnis durch den höheren Wirkungsgrad und der Kapitaldienst für die höheren Anschaffungskosten die Waage halten. Dazu kommen noch die Gesichtspunkte des Raumbedarfs, der Störanfälligkeit, der Überholungszeit u. ä. So lassen sich kaum allgemeingültige Stufenzahlen angeben.

Für die Höchsttemperatur bestehen z. T. gesetzliche Vorschriften, z. B. für Druckluftanlagen *mit Nachkühler* am Druckstutzen des HD-Zylinders 160 °C, bei einstufigen Luftverdichtern oder bei zweistufigen unter gewissen Betriebsbedingungen jedoch bis zu 200 (und 220) °C, *ohne* Nachkühler nur 60—100 °C, [77]. Für Maschinen im Bergbau am Verdichter nur 140 °C.

Abb. 37 zeigt die einfache rechnerische Abhängigkeit des erreichten Gesamtdruckverhältnisses (oder des Enddrucks bei 1 kp/cm² Anfangsdruck) vom Stufendruckverhältnis (in allen Stufen gleich). Es sind zwei praktische Grenzkurven üblicher Ausführungen eingezeichnet, die eine für die höchste, wegen der Wirkungsgraderhöhung noch sinnvolle Stufenzahl, also für besonders anspruchsvolle und in der Regel größere Anlagen, und die andere für die niedrigste, wegen Temperatursteigerung und Leistungserhöhung noch zu verantwortende Stufenzahl, also für derbe und in der Regel kleinere Maschinen.

Für die Verwendung der Abbildung zur Wahl der Stufenzahl ist ein Beispiel für den Enddruck von 40 kp/cm² (bei Ansaugedruck 1 kp/cm²) eingezeichnet. Hier wären 2 Stufen etwas
zu knapp, 3 sind guter Mittelwert mit $\Pi_0 = 3,4$, 4 Stufen für anspruchsvolle Maschine mit
$\Pi_0 = 2,5$, 5 Stufen wären unnötiger Aufwand.

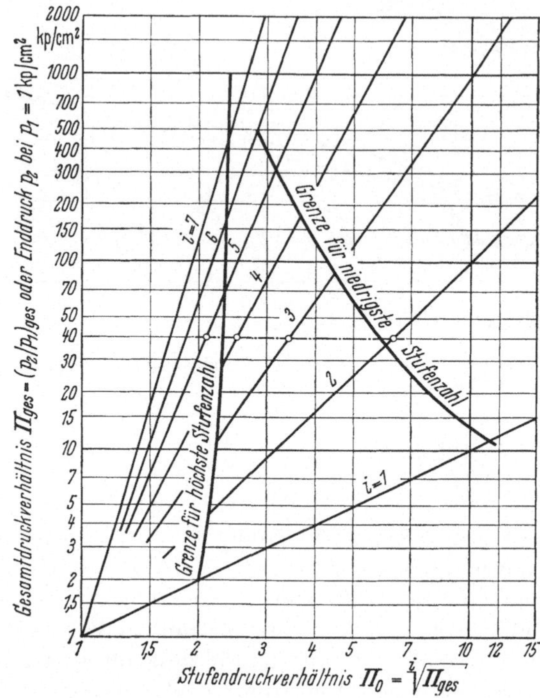

Abb. 37. Zusammenhang von Stufenzahl i, Gesamtdruckverhältnis
Π_{ges} und Stufendruckverhältnis Π_0.

Wegen der genannten vielfältigen Einflüsse wird man aber für besondere Zwecke
oft Ausführungen jenseits der beiden Grenzen finden, z. B. für besondere Gase.
Zur Aufteilung der Stufen auf die Zylinder s. Abschn. 7.2, S. 70.

5.4 Hubvolumen der einzelnen Stufen

Unter der Voraussetzung der Gültigkeit von $v^* = R^* \cdot T/p$ (also ohne Berücksichtigung von Z) und der Zwischenkühlung bis auf Anfangstemperatur ist mit
den Bezeichnungen der Abb. 34

$$p_1 V_1 = p_2 V_2.$$

Für das Hubvolumen V_h gilt nach S. 21

$$V_h = V - V_s = \frac{V}{1 + \mu}.$$

Mit der Annahme gleichen verhältnismäßigen schädlichen Raums μ in jeder
Stufe ist also

$$p_1 V_{h,I} = p_2 V_{h,II},$$

$$\frac{V_{h,I}}{V_{h,II}} = \frac{p_2}{p_1}.$$

Bei Aufteilung einer Stufe auf mehrere Hubräume ist V_h die Summe von diesen. Der Konstrukteur kann also durch das Verhältnis der Hubräume zweier aufeinanderfolgenden Stufen das Druckverhältnis der ersten der beiden Stufen bestimmen. Soll es in allen Stufen gleich sein, so gilt

$$\frac{V_{h,I}}{V_{h,II}} = \frac{V_{h,II}}{V_{h,III}} = \frac{V_{h,III}}{V_{h,IV}} = \cdots = \Pi_0 \quad \text{(Gesetz der geometrischen Reihe).} \tag{42}$$

Bei verschiedenem Hubraumverhältnis wird auch das Druckverhältnis verschieden, z. B.

$$\frac{V_{h,I}}{V_{h,II}} = \Pi_I = \left(\frac{p_2}{p_1}\right)_I ; \qquad \frac{V_{h,II}}{V_{h,III}} = \Pi_{II} = \left(\frac{p_2}{p_1}\right)_{II} . \tag{43}$$

Bei i Stufen ist die gesamte Drucksteigerung

$$\Pi_{\text{ges}} = \Pi_I \cdot \Pi_{II} \cdot \cdots \Pi_{i-1} \cdot \Pi_i = \frac{V_{h,I}}{V_{h,II}} \cdot \frac{V_{h,II}}{V_{h,III}} \cdot \cdots \frac{V_{h,i-1}}{V_{h,i}} \cdot \Pi_i ,$$

also
$$\Pi_i = \frac{\Pi_{\text{ges}}}{\Pi_I \cdot \Pi_{II} \cdots \Pi_{i-1}} . \tag{44}$$

Im Betrieb stellt sich in allen Stufen die durch das Hubraumverhältnis bestimmte Druckerhöhung von selbst ein. Nur in der obersten Stufe hängt die Druckerhöhung Π_i nach Gl. (44) von den tatsächlichen Betriebsdrücken ab.

Beispiel 11. Druckverteilung bei vierstufigem Verdichter mit gleichem Druckverhältnis in allen Stufen und mit Zwischenkühlung bis auf Anfangstemperatur.

Gegeben: Stufenzahl $i = 4$, Ansaugedruck 1 kp/cm², Enddruck 90 kp/cm², $t_1 = 15\,°C$, Druckerhöhung in allen Stufen nach S. 46 $k = 1{,}10$.

Damit wird
$$\Pi_0 = \sqrt[4]{\frac{90}{1}} = 3{,}08,$$

$$\Pi_0' = k \cdot \Pi_0 = 1{,}1 \cdot 3{,}08 = 3{,}39,$$

$$R^*T = 29{,}27\,(273 + 15) = 8430 \text{ m const,}$$

$$v^* = \frac{R^*T}{p} = \frac{8430}{p \text{ (in kp/m²)}} .$$

Ansaugedrücke mit Π_0 berechnet, Enddrücke mit Π_0'.

Damit erhält man die gesuchte Druckverteilung nach folgender Übersicht:

Stufe	I	II	III	IV	Behälter
Ansaugedruck bei Beginn der Verdichtung kp/cm²	$p_{1,I} = 1{,}0$	$p_{1,II} = 3{,}08$	$p_{1,III} = 9{,}49$	$p_{1,IV} = 29{,}2$	$p_{2,IV} = 90$
Enddruck der Verdichtung kp/cm²	$p_{2,I}' = 3{,}39$	$p_{2,II}' = 10{,}44$	$p_{2,III}' = 32{,}14$	$p_{2,IV}' = 99{,}0$	
Druckverhältnis Π'	3,39	3,39	3,39	3,39	
Spez. Vol. bei Beginn der Verdichtung m³/kp	0,843	0,274	0,089	0,029	0,0094

Steigt nun im Betrieb der Enddruck z. B. durch verringerte Entnahme von Druckluft auf 100 kp/cm², so bleiben die Drücke bis Stufe III unverändert, Stufe IV erhält aber

$$\Pi'_{IV} = \frac{110}{29,2} = 3,78.$$

Ähnlich bei Herabsetzung des Ansaugedrucks z. B. durch ein verstopftes Filter oder Drosselregelung auf $p_{1,I} = 0,8$ kp/cm². Dabei wird $p_{1,IV} = 0,8 \cdot 3,08^3 = 0,8 \cdot 29,2 = 23,4$ kp/cm² und

$$\Pi'_{IV} = \frac{99}{23,4} = 4,24.$$

Bei Überschreitung des Enddrucks oder Drosselung des Ansaugedrucks im Betrieb erhält also die Endstufe allein die volle Drucküberlastung. Deshalb wird oft vorsorglich die Endstufe von vornherein durch etwas größeres Hubraumverhältnis der übrigen Stufen etwas entlastet.

Hervorgehoben seien nochmals die Voraussetzungen für diese Berechnungsweise:

1. Gültigkeit der Gasgleichung $v^* = R^*T/p$. Bei hohen Drücken ist der Hubraum der höheren Stufe zu korrigieren nach $v^* = ZR^*T/p$ nach Gl. (3), S. 8.

2. Rückkühlung auf Anfangstemperatur T_1. Reicht dazu der Zwischenkühler nicht aus, so ist ebenfalls der Hubraum der höheren Stufe dem größeren Volumen anzupassen.

3. Gleicher verhältnismäßiger schädlicher Raum. Ist μ in der höheren Stufe größer, so ist wegen des niedrigeren Liefergrads deren Hubraum zu vergrößern. Ist andererseits deren Hubraum aus konstruktiven Gründen zu groß, z. B. zur Verwendung gleicher Pleuelstangen in beiden Zylindern, so kann dies durch größeres μ ausgeglichen werden.

Bestimmung der Kolbenflächen

Ist der Kolbenhub in mehreren Stufen gleich, z. B. bei Stufenkolben oder bei mehreren Zylindern mit der gleichen Kurbel, so erhält man aus Gl. (42) für die wirksamen Kolbenflächen

$$\frac{F_{Kb,I}}{F_{Kb,II}} = \Pi_I \quad \text{usw.} \tag{45}$$

Bei Aufteilung einer Stufe auf mehrere Räume gilt F_{Kb} für die Summe von diesen. Macht man das Verhältnis der Kolbenflächen in allen Stufen gleich, so erhält man überall gleiches Druckverhältnis. Es ist aber schon in Abschn. 5.2 ausgeführt, daß oft der Grundsatz gleicher Kolbenkraft den Vorrang vor gleichem Druckverhältnis hat.

5.5 Darstellung im T-s^*–Diagramm

In besonderer Art anschaulich wird die Stufenaufteilung im T-s^*–Diagramm.

Dies soll an einem **Beispiel 12** gezeigt werden durch Eintragen der Zahlen aus Beispiel 11 in ein theoretisches T-s^*–Diagramm. Zugrundegelegt werden die Ausführungen auf S. 19, Abb. 14 und die Entropietafel für Luft nach [2]. Für Abb. 38 kann der Entropiewert für die

Strecke AD' (für ein ideales Gas) berechnet werden zu

$$A R^* \ln \frac{p'_{2,IV}}{p_{1,I}} = \frac{29{,}27 \cdot 4{,}595}{427} = 0{,}315$$

und für die Strecke AE zu

$$A R^* \ln \frac{p_{2,IV}}{p_{1,I}} = \frac{29{,}27 \cdot 4{,}499}{427} = 0{,}308.$$

Die Strecke AE wird in 4 gleiche Teile, entsprechend der Stufenzahl, geteilt. Weiter ist

$$A'B = B'C = C'D = D'E = A R^* \ln \frac{p'_2}{p_2} = \frac{29{,}27 \cdot 0{,}095}{427} = 0{,}007.$$

Diese Strecken entsprechen dem in allen 4 Stufen gleichbleibend angenommenen Druckverlust von 10%.

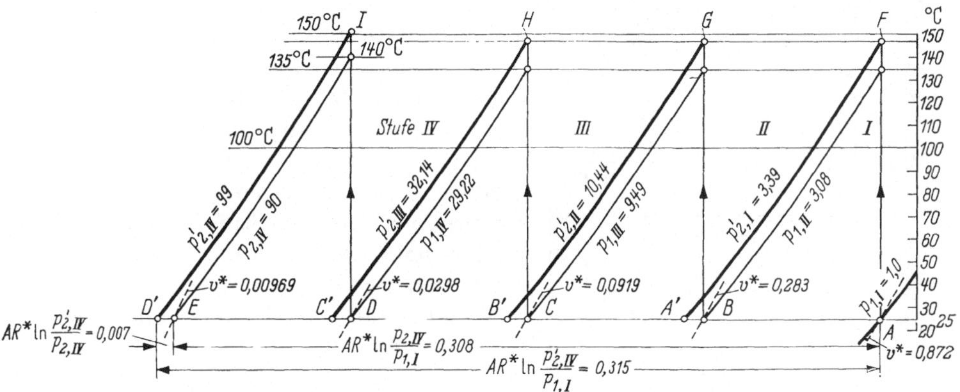

Abb. 38. Theoretisches $T\text{-}s^*$–Diagramm für den vierstufigen Verdichter des Beispiels 11.

Wird isentrope Verdichtung in allen Stufen angenommen, so sind die Verdichtungslinien durch Senkrechte in den Punkten A, B, C und D bis zu den Schnittpunkten F, G, H und I mit den entsprechenden Drucklinien dargestellt; die Verdichtungsendtemperatur beträgt bei den ersten 3 Stufen 147 °C, bei der vierten Stufe 151 °C. Im Gebiet des hohen Drucks macht sich bereits die Abweichung der Entropietafel für Luft gegenüber einem idealen Gas bemerkbar.

5.6 Anfahrvorgang bei mehrstufigen Verdichtern

Beim Aufladen eines zuerst drucklosen Windkessels steigt beim einstufigen Verdichter der Druck im Zylinder und im Kessel gleichmäßig an.

Beim mehrstufigen Verdichter erreichen die unteren Stufen rasch fast ihren vollen Druck, die Endstufe dagegen erreicht ihn erst bei voll aufgeladenem Kessel.

Beispiel 13. Zweistufiger Luftverdichter $V_{h,I} : V_{h,II} = 6$, Enddruck des geladenen Kessels 30 kp/cm². Bei jedem Hub schiebt der Kolben der I. Stufe die Luft durch den Zwischenkühler und durch die II. Stufe in den geschlossenen Kessel. Da die II. Stufe immer nur den 6. Teil des von der I. Stufe angesaugten Volumens aufnehmen kann, steigert sich der Druck in der I. anfangs etwa auf das 5fache (etwas verschleppt durch das Volumen des Zwischenkühlers). In der II. Stufe entspricht er aber nur dem langsam ansteigenden Ladedruck des Behälters, vermehrt um den Drosselwiderstand des Druckventils.

Die Drücke sind in der folgenden Übersicht in 6 aufeinanderfolgenden Zeitpunkten bis zur vollen Aufladung des Kessels auf 30 kp/cm² zusammengestellt.

Zeitpunkt	1	2	3	4	5	6
Ansaugedruck der I. Stufe $p_{1,I}$ kp/cm²	1	1	1	1	1	1
Enddruck der I. Stufe $p'_{2,I}$	5,0	5,3	5,5	5,8	5,9	6,0
Ansaugedruck der II. Stufe $p_{1,II}$	4,6	4,8	5,0	5,3	5,3	5,4
Enddruck der II. Stufe $p'_{2,II}$	6,1	10,2	17,0	21,5	29,2	32,7
Druckverhältnis der I. Stufe Π'_I	5,0	5,3	5,5	5,8	5,9	6,0
Druckverhältnis der II. Stufe Π'_{II}	1,3	2,1	3,3	4,1	5,5	6,1

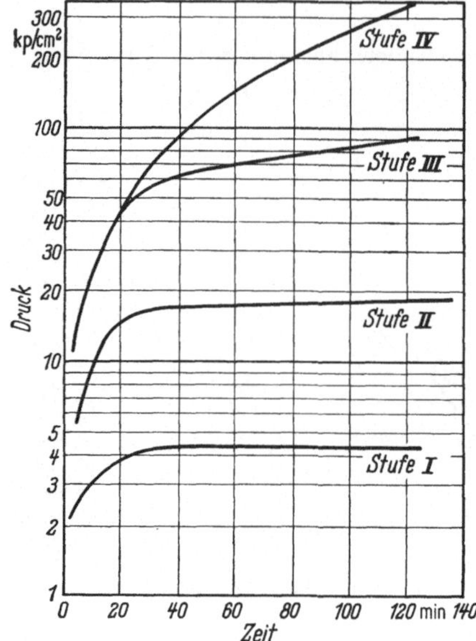

In der I. Stufe steigt der Druck rasch auf 5 und langsam vollends auf den Enddruck von 6 kp/cm², während er in der II. Stufe allmählich mit dem Ladedruck des Kessels ansteigt. Erst im Zeitpunkt 6 entspricht die Druckverteilung dem Hubraumverhältnis der Stufen.

Den gleichen Zusammenhang zeigt in graphischer Form Abb. 39 für das Aufladen eines Hochdruckgasspeichers durch einen vierstufigen Verdichter. Der Enddruck von 350 kp/cm² ist erst nach 2 Stunden erreicht. Stufe I—III arbeiten schon bald annähernd mit ihren normalen Drücken, Stufe IV kommt erst von 50 kp/cm² an zur Wirkung und arbeitet erst zuletzt voll.

Abb. 39. Druckverlauf in einem vierstufigen Verdichter beim Aufladen eines Gasspeichers (aus Z. VDI 1938, S. 586).

6 Berechnung der Hauptabmessungen

6.1 Berechnungsverfahren

Die Hauptabmessungen sind die Größen, die den Ausgangspunkt für den Entwurf eines Verdichters bilden, Stufenzahl und -anordnung, Drehzahl, Zylinderzahl, Zylinderdurchmesser und Hub.

Sie können für einen Einzelfall so festgelegt werden, daß der Entwurf den gestellten Bedingungen am besten entspricht.

In der Industrie wird aber oft ein ganzes Typenprogramm aufzustellen sein, oder man ist an vorhandene Typen oder Einzelteile oder Vorrichtungen gebunden, so daß ein Kompromiß zwischen den technischen Bedingungen und den Anforderungen des Vertriebs und der Serienfabrikation herauskommt.

Ein Beispiel für Serienberechnung bringt S. 66. Zunächst sei aber der Einzelentwurf gewählt, weil er die technischen Zusammenhänge klarer zeigt.

Vorgeschrieben sind Art des zu fördernden Gases, z. B. Luft, Fördermenge $\dot{V}_{2\,nu}$, Enddruck p_2, Verwendungszweck, z. B. für Baustellenaggregat, für eine Fabrikzentrale mit Dauerbetrieb usw.

Gesucht sind Stufenzahl, Bauart, Drehzahl, Zylinderabmessungen.

6.1.1 Rechnungsgang

Zuerst ist eine wenigstens vorläufige Entscheidung über die Stufenzahl (s. S. 47) und die Bauart (Einfach- oder Doppeltwirkung s. S. 70, einfacher oder Stufenkolben s. S. 71), dem Verwendungszweck entsprechend zu treffen.

Die vorgeschriebene Fördermenge $\dot{V}_{2,nu}$ (nach S. 27 gleichgesetzt mit $\dot{V}_{1,nu}$) ist jetzt der Ausgangspunkt für die Bestimmung der I. Stufe, der geforderte Enddruck für die weiteren Stufen.

Nach Abschn. 3.2 und 3.3 ist

$$\dot{V}_{1,nu} = V_{H,I} \cdot n \cdot \lambda_{nu}, \tag{46}$$

also
$$V_{H,I} = \frac{\dot{V}_{1,nu}}{n\,\lambda_{nu}}. \tag{47}$$

Die Bestimmung der Drehzahl n wird im folgenden Abschnitt gezeigt. Für λ_{nu} ist für die Entwurfsrechnung ein für die geplante Maschinenart passender Erfahrungswert zu nehmen, z. B. aus Zahlentafel 5, S. 58 mit Berücksichtigung der Richtlinien S. 59.

Das jetzt nach Gl. (47) berechnete $V_{H,I}$ ist die Summe aller Arbeitsräume der I. Stufe. Es ist also für die geplante Bauart die Anzahl der Zylinder, einfach- oder doppeltwirkend, der I. Stufe mit z_I arbeitenden Zylinderseiten vorläufig zu wählen. Bei fortschreitender Berechnung kann z_I noch korrigiert werden.

Damit erhält man das Hubvolumen einer Zylinderseite

$$V_{h,I} = \frac{V_{H,I}}{z_I} = \frac{\pi D_I^2}{4} \cdot s$$

und daraus Zylinderdurchmesser D_I und Hub s mit einem gewählten Verhältnis s/D_I.

Dabei ist ein einfacher Zylinder mit Durchmesser D_I angenommen, während beim Stufenkolben und bei durchlaufender Kolbenstange V_h als Ringraum zu berechnen ist.

Die Berechnung der Abmessungen der höheren Stufen wird im folgenden Abschn. 6.2 gezeigt,

Bei den Zylinderdurchmessern ist man wegen der Bearbeitungs- und Meßwerkzeuge und wegen der Kolbenringe in der Regel an Normzahlen nach DIN 3 gebunden, d. h. für Durchmesser unter 100 mm an die Endziffern 0, 2, 5, 8, für 100—200 mm an 0 und 5 und für über 200 mm an 0 allein.

6.1.2 Kennwerte

Die weitere Berechnung geht von Kennwerten aus, die für die Eigenart eines Verdichters kennzeichnend sind und für die bewährte Erfahrungswerte vorliegen.

Wir haben also zuerst die Art dieser Kennwerte und die Richtlinien zu ihrer Anwendung kennenzulernen.

6.1.2.1 Mittlere Kolbengeschwindigkeit c_m

Sie ist der Mittelwert des Kolbenwegs in der Zeiteinheit, also

$$c_m = 2sn \tag{48}$$

mit Hub s und Drehzahl n, vgl. dazu 6.1.2.4, ersten Abschn.

c_m ist ein Maß für die Schnelläufigkeit und Beanspruchung. Hohe Zahlen bedeuten leichte, hochausgenützte Maschine. Eine Schranke bilden die Lebensdauer und Schwierigkeiten mit den Ventilen, auch das Geräusch. Der moderne Zug zur hohen Kolbengeschwindigkeit hat deshalb neuerdings gerade bei Schnelläufern z. T. ein Umschwenken zu niedrigem c_m bei sehr tiefem s/D erfahren.

6.1.2.2 Hubverhältnis s/D

Mit s/D läßt sich c_m etwas korrigieren. Kleines s/D hält c_m bei hoher Drehzahl in mäßigen Grenzen und schafft durch das große D reichlicheren Platz für die Ventile. Das kleine s ermäßigt bei gleicher Drehzahl die Beschleunigung der Triebwerksmassen. Die kurzhubige Maschine liegt also im Zug der heutigen Drehzahlsteigerung.

Andererseits gibt die große Kolbenfläche große Triebwerkskräfte, also in allen Teilen stärker zu bauende Maschinen, größere bewegte Massen und größeren Raumbedarf im Grundriß.

6.1.2.3 Zylinderzahl z

Abgesehen von der etwaigen Aufteilung der Stufen auf einzelne Zylinder haben wenig Zylinder den Vorteil der Einfachheit für Bau und Bedienung und des niedrigeren Preises.

Mehr Zylinder geben kleinere Abmessungen, dadurch sicherere Beherrschung der Kräfte und der Kühlung und besseren Massenausgleich, also bessere Eignung für höhere Drehzahl, gleichförmigeres Drehmoment, Beherrschung verschiedener Förderleistung mit gleichen Zylindern verschiedener Anzahl, also günstig für Serienbau.

Es sind ähnliche Gesichtspunkte wie beim Verbrennungsmotor; der Verdichter folgt diesem aber nur in weitem Abstand, da die Nachteile, verwickeltere und teurere Bauweise mit mehr Wartungsteilen, hier wichtiger sind und die Standruhe beim Verdichter weniger Bedeutung hat. Der Verdichter macht deshalb oft von einem anderen Mittel zur Erhöhung der Zylinderzahl Gebrauch, der Mehrfachanlage, d. h. der Aufstellung von 2 oder mehr gleichen, parallel arbeitenden Verdichtern.

Zum Massenausgleich s. S. 74.

6.1.2.4 Drehzahl n

Die Definition der Drehzahl ist $n =$ Umdrehungszahl in der Zeiteinheit. Im Maschinenbau ist es noch durchaus üblich, die Drehzahl in Umdrehungen pro Minute anzugeben. In den in diesem Buch allgemein verwendeten reinen Größengleichungen, die der moderneren Auffassung entsprechen, kann für n jede beliebige, aber für alle in der Gleichung enthaltenen Größen *gleiche* Zeiteinheit verwendet werden. Dies erklärt Unterschiede zu Formeln aus älterer Literatur.

Die Entwicklungsrichtung geht wie fast überall in der Technik auch beim Verdichter zur Drehzahlsteigerung. Der Vorteil dabei ist höhere Förderleistung bei gleicher Größe oder nach Raum und Gewicht kleinere und deshalb oft billigere Maschine bei gleicher Leistung.

Die ungünstigen Wirkungen bei der Kolbenmaschine sind höhere Beschleunigung (wachsend mit n^2), zunächst fürs Triebwerk, also höhere Massenkräfte und bei unausgeglichenen Maschinen größere Erschütterungen der Umgebung, aber auch für die Ventilplatten; kleinere Lebensdauer; Schwierigkeit, genügende Querschnitte für das strömende Gas in den Ventilen und Kanälen unterzubringen; größere Wärmebelastung der Kühlflächen; Resonanzen verschiedenartiger mechanischer Schwingungen rücken mehr in den Betriebsbereich; meist stärkeres Geräusch; höherer Preis für die Gewichtseinheit.

Die Höhe der Drehzahl hängt sehr stark von Größe und Verwendungszweck des Verdichters ab, auch die Begriffe Langsam- und Schnelläufer sind deshalb relativ.

Ein viel sichereres Maß für die Schnelläufigkeit ist die Kolbengeschwindigkeit. Ein guter Weg zur Bestimmung der Drehzahl ist also, zuerst c_m, s/D und z für die I. Stufe nach ihrer Eignung für den Verwendungszweck zu wählen und dann *die* Drehzahl zu berechnen, die diese Kennwerte erfüllt. Folgende Formel dafür beruht auf einfacher algebraischer Umformung der Gl. (46).

Mit

$$s = \frac{c_m}{2n}; \qquad D = \frac{s}{s/D}; \qquad V_{H,I} = z_I \frac{\pi D^2}{4} s = \frac{\pi}{32} \cdot \frac{c_m^3}{n^3} \cdot \frac{z_I}{(s/D)^2} \qquad \text{wird}$$

$$\dot{V}_{1,nu} = V_{H,I}\, n\, \lambda_{nu} = \frac{\pi}{32} \cdot \frac{c_m^3}{n^3} \cdot \frac{z_I}{(s/D)^2} \cdot n \cdot \lambda_{nu},$$

$$n = \sqrt{\frac{\pi}{32} \cdot \frac{\lambda_{nu}}{\dot{V}_{1,nu}} \cdot \frac{c_m^{3/2} \cdot z_I^{1/2}}{(s/D)}} \tag{49}$$

als reine Größengleichung gültig für z_I arbeitende Zylinderseiten der I. Stufe.

Bei doppeltwirkenden Zylindern mit durchgeführter Kolbenstange ist die Formel nicht mehr ganz exakt, weil V_H durch die Stange ein wenig verkleinert wird. Da dieser Fehler aber nur etwa 2% beträgt und die Formel nur einen ersten Anhalt geben soll, ist sie auch für doppeltwirkende Maschinen völlig ausreichend.

Die Formel leistet mehr als nur die Berechnung von n. Sie zeigt den Einfluß der Kennwerte auf n und damit die Mittel zum Variieren der Drehzahl. Oft muß eine bestimmte Drehzahl eingehalten werden, z. B. bei Antrieb durch direkt gekuppelten Drehstrommotor. Dann stehen nur die Synchrondrehzahlen zur Verfügung, bei Schnellauf mit sehr weiten Stufen, z. B. bei der europäischen Stromfrequenz 50 Hz nur $n = 3\,000, 1\,500, 1\,000, 750$ U/min usw. Zur Anpassung von n ist zwar c_m wegen der Potenz 3/2 sehr wirksam, für eine bestimmte Verdichterart sind aber der Änderung von c_m enge Grenzen gesetzt, vgl. 6.1.2.1 und 6.2.2,2. s/D gibt gute Möglichkeiten mit Beschränkung nach 6.1.2.2. z_I geht zwar nur mit der Potenz 1/2 ein, ist aber durch seine großen Stufen sehr wirksam mit Erhöhung der Zylinderzahl oder Übergang zur Doppeltwirkung. Die Ausführungsbeispiele des Kap. 13 zeigen, daß die Aufteilung der I. Stufe auf mehrere, oft doppeltwirkende Zylinder (neben den Vorteilen nach Abschn. 6.1.2.3) ein vielbenütztes Mittel zur Erhöhung der Drehzahl ist.

6.2 Erfahrungswerte

6.2.1 Unterlagen

Für das bei 6.1.1 beschriebene Berechnungsverfahren sind gute Erfahrungswerte entscheidend wichtig. Wie werden am sichersten aus den Zahlen bewährter Verdichtertypen abgeleitet.

Hierbei ist es aber schwierig, allgemeingültige Werte aufzustellen. Sie hängen in enger Verkettung ab vom Verwendungszweck, von der Bauart, vom Druckverhältnis, von der Kühlung, von Forderungen der Serienfabrikation, von der zeitlichen Entwicklungsstufe, von Gesichtspunkten des Verkaufs, auch von Tradition und einer gewissen Mode.

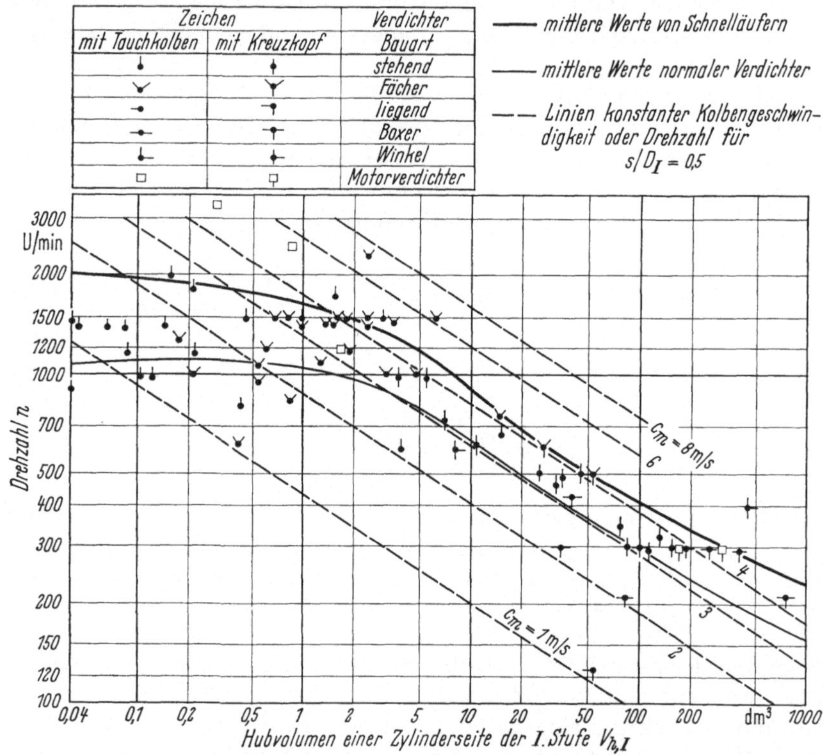

Abb. 40. Drehzahlen moderner Verdichter in Abhängigkeit von ihrer Größe.

Ein Versuch, in der daraus entstehenden Vielfalt eine gewisse Gesetzmäßigkeit zu finden, ist in den Abb. 40, 41 und 42 für n und c_m gemacht. Sie enthalten die Werte einer großen Zahl der heute auf dem Markt befindlichen Verdichter zahlreicher deutscher und einiger ausländischer Firmen für ganz verschiedene Verwendungszwecke.

n und c_m sind über dem Hubvolumen und der Fördermenge *einer* Zylinderseite der I. Stufe aufgetragen, da dies den klarsten Zusammenhang der Größen gibt. $\dot{V}_{1,nu,I}$ ist in Nm³/min eingesetzt, denn bei Vordrücken über 1 kp/cm² muß die

I. Stufe so viel stärker gebaut werden, daß die Maschine zum Größenvergleich besser ohne erhöhten Vordruck eingereiht wird.

Der weite Sternenhimmel aller Abbildungen bestätigt die Verschiedenheit der Auffassungen. Eine gewisse Ordnung läßt sich aber durch die vollen Kurven schaffen, die gute Mittelwerte für normale und für höher entwickelte Maschinen abgreifen lassen. Die Gabelung der c_m-Kurve entspricht dem besprochenen Auseinandergehen der modernen Richtungen. Die Punkte der verschiedenen Bau-

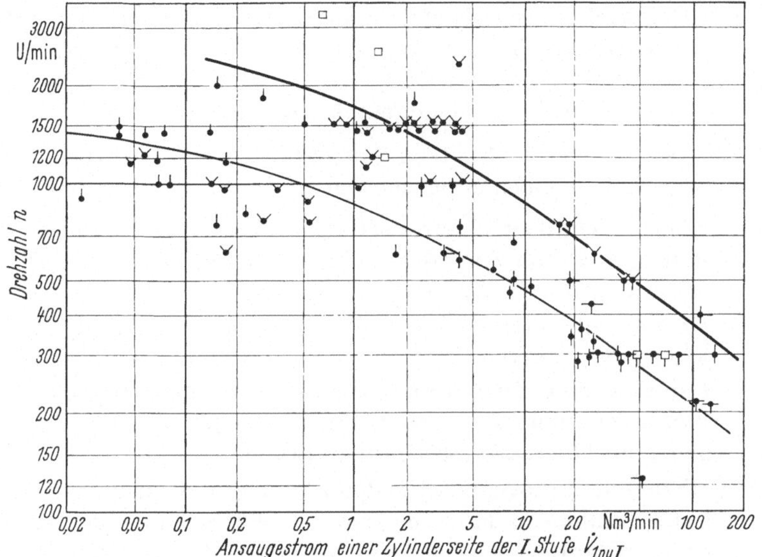

Abb. 41. Drehzahlen moderner Verdichter in Abhängigkeit von ihrer Fördermenge.

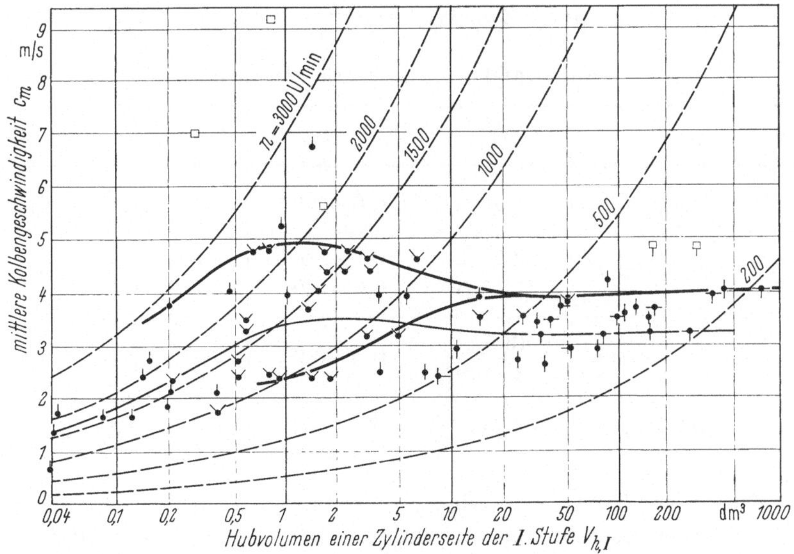

Abb. 42. Kolbengeschwindigkeit moderner Verdichter in Abhängigkeit von ihrer Größe.

arten, an den Symbolen erkennbar, liegen auf überraschend gleicher Höhe. Die Motorverdichter liegen hoch, weil dabei der Verdichter den Motorwerten angenähert ist, vgl. Abschn. 13.6, S. 170. Die Häufung hoher Werte bei $1-5$ dm³ Hubvolumen fällt in das Gebiet der fahrbaren Anlagen, wo der Leichtbau besonders wichtig ist. Nach oben herausfallende Punkte reiner, in der Serie bestens bewährter Verdichter deuten künftige Entwicklungsmöglichkeiten an mit den mehrfach genannten Einschränkungen.

In Abb. 40 und 42 sind rechnerische Kurven gleicher Kolbengeschwindigkeit und gleicher Drehzahl eingezeichnet. Sie gelten nur für $s/D = 0,5$, geben aber trotzdem einen deutlichen Eindruck von den Zusammenhängen.

6.2.2 Zahlentafel mit Anwendung

Aus dem Material von 6.2.1 entstand die Zahlentafel 5. Darin sind nach dem Verwendungszweck 4 Gruppen unterschieden:

Gruppe A   Kleinste Verdichter, nur einstufig, stehend, für Farbspritzen, Tankstellen, Kraftfahrzeugbremsen u. ä., Liefermenge $0,05-0,5$ m³/min, meist nicht für Dauerbetrieb.

Gruppe B   Kleine und mittlere, ein- und zweistufig, stehend, wozu auch die Fächer-Form gerechnet ist, für ortsfeste Druckluftanlagen in Gewerbe, Industrie und Laboratorien, für fahrbare Aggregate (Leichtbau) für Baustellen und dergl., auch für Bordaggregate, $1-10$ m³/min, oft nicht für dauernden, aber rauhen Betrieb.

Gruppe C   Mittlere und große, meist mehrstufig und in allen Bauarten, für ortsfesten Einbau in Fabriken usw., $5-400$ m³/min, für Dauerbetrieb, auch im Bordbetrieb für Anlaßluft und Hilfsmaschinen.

Gruppe D   Verdichter für besondere Zwecke, z. B. Hoch- und Höchstdruck mit $3-6$ Stufen, liegend, stehend, Boxer- und Winkelform, für industrielle oder kommunale Zwecke, häufig für besondere Gase, $3-200$ m³/min.

Zahlentafel 5. *Mittlere Erfahrungswerte*

Gruppe	λ_{nu}	c_m m/s	s/D_I	n U/min	$\eta_{T,Ku}$
A	$0,65-0,8$	$1,5-4$	$0,6-0,9$	$750-2000$	$0,35-0,5$
B	$0,7-0,87$	$2,5-3$ $4-5,5$	$0,25-0,45$ $0,5-0,9$	$1000-1500$ (2500)	$0,45-0,62$
C	$0,7-0,85$	$(2,5)$ $3,2-4,2$	$0,4-0,6$	$220-1000$	$0,55-0,7$
D	$0,7-0,85$	$2,5-4$	$0,4-0,8$	$150-750$	—

Die Zahlen der Tafel lassen sich nur mit ziemlich großem Streubereich angeben, sie können aber für die Anwendung nach folgenden Richtlinien genauer eingegrenzt werden.

1. Nutzliefergrad λ_{nu}

Es handelt sich hier nicht eigentlich um Streuung. Nach S. 23 sind die Zahlen von λ_{nu} in erster Linie vom Druckverhältnis der Saugstufe abhängig, ferner etwas vom Ventilwiderstand, also von n, c_m und s/D, etwas auch von der Kühlung. Sie sind für die Entwurfsrechnung danach abzuschätzen, aber bei fortschreitender Konstruktion nachzurechnen, vgl. Beispiel 5, S. 25. Es empfiehlt sich also, beim ersten Entwurf λ_{nu} vorsichtig anzunehmen.

2. Mittlere Kolbengeschwindigkeit c_m

In Gruppe A ergeben sich die kleinen Zahlen einfach aus den kleinen Abmessungen, so daß bei kleinsten Maschinen c_m bis herab zu 1 m/s noch als normal gelten kann.

Bei den anderen Gruppen nimmt man hohe Zahlen, wo kleines Gewicht den Ausschlag geben soll; niedrige für überragende Lebensdauer und reichliche Ventile. Für Leichtbau kann man bei dem hohen Stand der heutigen Konstruktion und Fabrikation unbedenklich bis 5 m/s gehen — der Dieselmotor gleicher Größe ist für ortsfesten Dauerbetrieb schon lange beim doppelten Wert —; andererseits ist in den letzten Jahren niedrige Kolbengeschwindigkeit wegen des Vorrangs der Lebensdauer geradezu zu einem Werbebegriff geworden. Die Drehzahl kann durch Verkleinern von s/D trotzdem hoch bleiben.

3. Hubverhältnis s/D_I

Kleine Werte hauptsächlich für Schnelläufer.

Wenn bei Maschinen mit Niederdruck- und Hochdruckzylindern der Hub bei beiden aus konstruktiven Gründen gleich sein soll, wählt man s/D_I besonders niedrig, damit s/D_{II} nicht zu hoch wird. Beim Entwurf ist konstruktiv möglichst bald zu untersuchen, ob bei dem gewählten s/D noch ausreichende Ventile untergebracht werden können. Die auf S. 82 genannten konzentrischen Ventile erleichtern dies.

4. Drehzahl n

Die Zahlen der Tafel geben die heute üblichen, noch sicher beherrschbaren Grenzen an. Sie verschieben sich von Jahr zu Jahr nach oben. Dies deuten eingeklammerte Werte an. Grenzen anzugeben ist in der Technik nicht ratsam. Für elektrischen Antrieb ist eine solche aber durch den heutigen Drehstrommotor gegeben, dessen höchste Drehzahl bei der europäischen Frequenz von 50 Hz 3000 U/min und bei der amerikanischen von 60 Hz 3600 U/min beträgt.

In jeder Gruppe der Tafel gelten die höheren Zahlen für die kleineren Abmessungen des einzelnen Zylinders. Ein Maß für die Grenze gibt c_m. Mehrere Zylinder, z. B. die moderne V- oder W-Bauart, lassen höhere Drehzahlen zu. Oft schreibt auch die Antriebsmaschine die Drehzahl vor, wenn man als einfachste Ausführung direkt kuppeln will, wie das Beispiel des Drehstrommotors mit seinen festen Synchrondrehzahlen zeigt.

Bei Gruppe A sind mitunter allzu kleine Abmessungen wegen der Störanfälligkeit unerwünscht; man findet aus diesem Grund bei Kleinstverdichtern oft Drehzahlen von nur 500—1000 U/min mit Keilriemenantrieb.

Im ganzen ist die große Streuung der Drehzahlen hauptsächlich durch die verschiedene Beurteilung der in 6.1.2.4 angegebenen Nachteile bedingt, z. B. bezüglich der Lebensdauer.

5. Isothermer Wirkungsgrad $\eta_{T,Ku}$

Man braucht $\eta_{T,Ku}$ zwar nicht zur Berechnung der Hauptabmessungen, aber zu der ebenfalls zum Entwurf gehörigen Bestimmung der Antriebsleistung. Er ist deshalb zur Vervollständigung der Tabelle der Erfahrungswerte hier aufgenommen. Für die Wahl der Zahlen sind die Gesichtspunkte des Abschn. 4.3.2 auf S. 38 anzuwenden. Die höheren Zahlen gelten für niedrigere Werte des Stufen-Druckverhältnisses, also verhältnismäßig viele Stufen, ferner für niedrige Drehzahl und für hochwertige Bauart. Die Zahlen sind nur zur überschläglichen Berechnung von P_{Ku} nach Gl. (35), S. 36, zu verwenden. Für genaue Leistungsberechnung ist Abschn. 4.3.2 mit den Richtlinien der S. 38 anzuwenden, hauptsächlich für vielstufige Verdichter für Gase mit hoher Realgasabweichung. Deshalb sind in Zahlentafel 5 für Gruppe D keine Zahlen für $\eta_{T,Ku}$ angegeben.

6.3 Höhere Stufen

Für die Berechnung der Abmessungen der I. Stufe nach 6.1 und 6.2 war die Ansaugmenge $\dot{V}_{1,nu}$ maßgebend. Ausgangspunkt für die Berechnung der höheren Stufen ist jetzt das Druckverhältnis Π jeder Stufe. Dafür werden zwei Wege gezeigt:

6.3.1 Grobe Berechnung

Es werden folgende vereinfachenden Annahmen nach Abschn. 5.4, S. 50 gemacht:

1. Idealgas (trocken) mit $v^* = \dfrac{R^*T}{p}$;
2. Rückkühlung auf Anfangstemperatur T_1;
3. Gleiches μ des schädlichen Raums in allen Stufen.

Dann gilt nach Gl. (43) für das Hubvolumen der höheren Stufen

$$V_{H,II} = V_{H,I} \cdot \frac{1}{\Pi_I} \quad \text{usw. bis} \quad V_{H,i} = V_{H,i-1} \cdot \frac{1}{\Pi_{i-1}}.$$

Für die Abstimmung von Π in den einzelnen Stufen gelten die Richtlinien von 5.2 mit Abb. 36, S. 47, und 5.4 mit Beispiel 11, S. 49.

Gleiches Π für alle Stufen gibt Gl. (40) $\Pi_0 = \sqrt[i]{\left(\dfrac{p_2}{p_1}\right)_{ges}}$. Von diesem Wert weicht man z. B. zur Entlastung der Endstufe nach S. 50 oder zur Abgleichung der Kolbenkräfte nach Beispiel 15 ab oder auch aus rein konstruktiven Gründen. Schon die Einhaltung der genormten Zylinderdurchmesser gibt Unterschiede für Π, besonders bei Stufenkolben.

6.3.2 Feinere Berechnung

Die absolute Ansauge- und Fördermenge jeder Stufe (auf Anfangszustand der Stufe bezogen) ist aus den in Abschn. 4.3.2, S. 38, angegebenen Gründen (unvollständige Rückkühlung, wechselnde Feuchtigkeit, Realgas-Abweichung) und wegen unterschiedlichen Liefergrads nicht ganz proportional dem Hubvolumen jeder Stufe. Die im folgenden für die Stufen I und II angeschriebenen Regeln gelten *sinngemäß für alle Stufen.*

1. Ist wegen unvollkommener Rückkühlung die Ansaugetemperatur $T_{1,II}$ höher als $T_{1,I}$, so ist $V_{H,II}$ im Verhältnis $T_{1,II}/T_{1,I}$ zu vergrößern. Bei guten Zwischenkühlern kann $T_{1,II}$ $10-15°$ höher als die Kühlwasser- bzw. Kühlluft-Eintrittstemperatur angenommen werden.

2. In Beispiel 3, S. 12, ist gezeigt, daß feuchte Luft ein größeres Ansaugevolumen erfordert, wenn eine bestimmte Menge trockener Luft vorgeschrieben ist, und zwar im Verhältnis $\dfrac{p_0}{p_0 - p'_D}$. Es ist also p'_D aus der vorgeschriebenen Feuchtigkeit und Temperatur der Außenluft zu bestimmen und $V_{H,I}$ in diesem Verhältnis zu vergrößern. Die höheren Stufen trifft dies viel weniger, da nach Beispiel 4, S. 12, in den Zwischenkühlern viel Wasser ausgeschieden wird.

3. Der Unterschied des Liefergrads nach Abschn. 3.3 ist unter Vernachlässigung von *Unterschieden* der Aufheizung und des Saugventilwiderstands durch den verhältnismäßigen schädlichen Raum bestimmt. Weicht also μ_{II} beträchtlich von μ_I ab, so ist $V_{H,II}$ im Verhältnis der nach Gl. (22), S. 23, berechneten Liefergrade $\lambda_{s,I}/\lambda_{s,II}$ zu korrigieren.

4. Für ein Realgas mit $pv^* = ZR^*T$ (3) vergrößert sich das Volumen gegenüber Idealgas um den Faktor Z. Das Hubvolumen jeder Stufe ist also mit dem ihr zugehörigen Wert von Z zu multiplizieren. Dieser ist als Mittelwert für den Druckbereich der betreffenden Stufe z. B. aus den Abb. 4—6 zu bestimmen. Für die üblichen technischen Gase hat diese Korrektur nur bei Drücken über 100 kp/cm² praktische Bedeutung.

Werden die Korrekturen 1.—4. nicht durchgeführt, so ändern sich das Druckverhältnis und die Stufenbelastung automatisch im Verhältnis der ziemlich kleinen Abweichungen. Für kleinere Verdichter und mäßige Drücke ist also die einfache Berechnungsweise nach 6.3.1 ausreichend.

6.4 Beispiele für Einzelberechnung

Für alle Beispiele ist das einfache Verfahren nach 6.3.1 verwendet, das die Berechnung durchsichtiger und leichter verständlich macht.

Beispiel 14. Verdichter für fahrbare Druckluftanlage für Baustellen und dgl. für 7 m³/min und 7 kp/cm². Antrieb durch Dieselmotor. Die Maschine soll leicht und einfach werden. Deshalb nach Abb. 37 einstufig, einfachwirkend und verhältnismäßig hohe Drehzahl, möglichst direkte Kupplung mit Motor. Kennwerte nach Zahlentafel 5, Gruppe B.

Gerechnet mit den Einheiten kp, m, s.

λ_{nu} wegen des ziemlich hohen Druckverhältnisses und der hohen Drehzahl mit 0,7 angenommen. Für c_m sei als obere Grenze 5 m/s festgesetzt. s/D etwa 0,6.

Zylinderzahl: wegen der Standruhe mindestens 2, wegen der Einfachheit nicht mehr als 3.

Daraus mit $\dot{V}_{1,nu} = \dfrac{7}{60} = 0{,}117$ m³/s als Vorschlag nach Gl. (49)

$$n = \sqrt{\frac{\pi}{32} \cdot \frac{0{,}7}{0{,}117} \cdot \frac{5^{3/2} \cdot \sqrt{2}\ (\text{bzw. } \sqrt{3})}{0{,}6}} = 20{,}3 \text{ U/s bzw. } 24{,}9 \text{ U/s.}$$

Für den Dieselmotor wären 1 800—2 000 U/min = 30—33 U/s erwünscht, also muß der Verdichter mindestens 3 Zylinder erhalten, in Reihe oder W.

Zur Annäherung an die Motordrehzahl soll c_m nicht gesteigert werden, dagegen kann mit etwas kleinerem s/D n erhöht werden auf 26,7 U/s (1600 U/min).

Damit nach Gl. (47)

$$V_h = \frac{1}{3} \cdot \frac{0{,}117}{26{,}7 \cdot 0{,}7} = 0{,}00209 \text{ m}^3$$

und ungefährer Wert für den Hub nach Gl. (48)

$$s = \frac{5}{2 \cdot 26{,}7} = 0{,}094 \text{ m}.$$

Lösungen als Tabelle mit Normzahlen für D

Type	D m	s m	V_h m³	c_m m/s	s/D
a)	0,170	0,092	0,00209	4,9	0,54
b)	0,165	0,098	0,00209	5,2	0,59
c)	0,170	0,094	0,00213	5,0	0,55

s/D bleibt in allen Fällen wegen der hohen Drehzahl wie erwartet unter 0,6.

Type b) besticht als leichteste Maschine, überschreitet bei c_m aber etwas die geplante Grenze, ist auch für die Ventile am knappsten.

a) erfüllt die Voraussetzungen, nützt aber c_m nicht ganz aus.

c) hat mit $c_m = 5$ m/s etwas größeres V_h und damit eine kleine Reserve für $\dot{V}_{1,nu}$, wenn z. B. λ_{nu} mit 0,7 nicht ganz erreicht wird. Die gleiche Reserve läßt sich aber nötigenfalls auch durch eine kleine Erhöhung der Drehzahl erreichen, die beim Dieselmotor ohne weiteres möglich ist. Deshalb wird Type a) gewählt.

Solche Aggregate werden von den Lieferfirmen gerne für Antrieb wahlweise durch Diesel- oder Drehstrommotor angeboten. Aus Gründen des Vertriebs könnte deshalb der Verdichter für die asynchrone Vollastdrehzahl von $n = 1450$ U/min ausgelegt werden mit umgekehrt proportional vergrößertem Hub und V_h,

z. B. mit $\qquad D = 0{,}170$ m, $\quad s = 0{,}102$ m, $\quad c_m = 4{,}9$ m/s, $\quad s/D = 0{,}60$,

also nur etwas höher als Type a).

Zur Bestimmung der Antriebsleistung wählt man $\eta_{T,Ku}$ für die einstufige (mit $\varPi = 7$) und etwas schnellaufende Maschine zu 0,45—0,5.

Damit nach Gln. (31) und (35)

$$P_{Ku} = \frac{\dot{V}_{1,nu}\, p_1 \ln \dfrac{p_2}{p_1}}{\eta_{T,Ku}} = \frac{0{,}117 \cdot 10000 \cdot \ln \dfrac{7}{1}}{0{,}48} = 4750 \text{ kpm/s} \; (= 63 \text{ PS})$$

mit der Unsicherheit des $\eta_{T,Ku}$.

Rechnungsgang bei doppeltwirkenden und bei Stufenkolbenmaschinen

Beim *doppeltwirkenden Zylinder* ist das durch die Kolbenstange verdrängte Volumen zu berücksichtigen. Bei der I. Stufe aber ist erfahrungsgemäß der Kolbenstangen-Durchmesser nur 12—15% des Zylinderdurchmessers. Die Stange verringert den Hubraum also nur um etwa 2%. Beim Entwurf ist ein dementsprechender Zuschlag zu machen, der nach Vorliegen der Konstruktion noch zu prüfen ist.

Bei *Stufenkolben* ist zunächst die Stufenanordnung festzulegen. Dann sind die erforderlichen Kolbenflächen aller Stufen und daraus die Durchmesser der Ringräume zu berechnen.

Beispiel 15. Luftverdichter mit Stufenkolben, bestimmt für die Kraftzentrale einer Fabrik, für 310 m³/h und 66 kp/cm² (absolut). Antrieb durch Drehstrommotor.

Stufenzahl und Bauart: Für $\Pi_{\mathrm{ges}} = 66$ nach Abb. 37 3 Stufen mit $\Pi_0 = 4{,}04$ gewählt. Stufenkolben vorgeschrieben, am einfachsten mit 1 Kolben, wegen der Zugänglichkeit liegend. Stufenanordnung nach Abb. 43a oder b. a wird zwar wegen ihrer Einfachheit — auch ohne Kreuzkopf möglich — und wegen der günstigen Lage der Zwischenkühler (vgl. S. 111) öfters ausgeführt; sie bedingt aber sehr ungleichmäßige Kolbenkräfte bei Hin- und Rückgang, hohe Ungleichförmigkeit. Deshalb hier Aufteilung der I. Stufe nach b gewählt. Dadurch auch höhere Drehzahl, gibt kleineren Antriebsmotor.

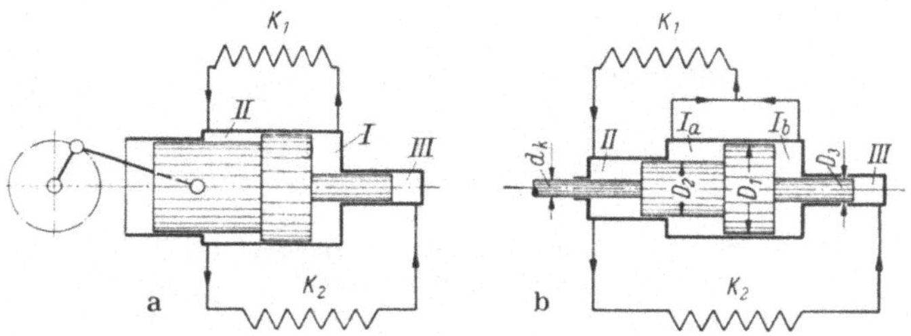

Abb. 43. Stufenanordnungen zum Beispiel 15.

Kennwerte: Der Verdichter gehört zur Gruppe C der Zahlentafel 5. λ_{nu} bei mäßigem Stufendruckverhältnis zu 0,8 angenommen. c_m wegen des Stufenkolbens etwas niedrig, etwa 3,6 m/s.

Für die Bestimmung der Drehzahl ist Gl. (49) hier nicht recht geeignet, da bei dieser Stufenaufteilung s/D_I und z_I unsicher sind. Wir wählen deshalb in Gruppe C für die verhältnismäßig kleine, aber als liegender Stufenkolben-Einzylinder nicht schnell laufende Maschine mit Hilfe der Abb. 41 eine mittlere Drehstromdrehzahl, z. B. 12,5 U/s, und *versuchen*, ob sich damit brauchbare Verhältnisse erreichen lassen.

Mit $\dot{V}_{1,nu} = \dfrac{310}{3600} = 0{,}0862$ m³/s und der Vollastdrehzahl $n = 0{,}97 \cdot 12{,}5 = 12{,}1$ U/s wird

$$V_{H,I} = \frac{\dot{V}_{1,nu}}{n\,\lambda_{nu}} = \frac{0{,}0862}{12{,}1 \cdot 0{,}8} = 0{,}00892 \ \mathrm{m^3},$$

$$s = \frac{c_m}{2n} = \frac{3{,}6}{2 \cdot 12{,}1} = 0{,}149 = \sim 0{,}15 \ \mathrm{m}.$$

Dies würde für einen einfachen, doppeltwirkenden Zylinder ohne Berücksichtigung der Kolbenstange

$$F_{Kb,I} = \frac{0{,}00892}{2 \cdot 0{,}15} = 0{,}0297 \ \mathrm{m^2} \quad \text{und} \quad D_I = 0{,}195 \ \mathrm{m}$$

mit $\quad s/D_I = \dfrac{0{,}15}{0{,}195} = 0{,}77 \quad$ geben; der Wert erscheint etwas hoch, ist aber im Interesse eines leichten Stufenkolbens günstig, wir bleiben also bei $n = 12{,}1$ U/s.

Berechnung der Ringflächen, zuerst zum Zeigen des Zusammenhangs exakt ohne Abrunden, zur größeren Anschaulichkeit alles in cm gerechnet:

$$F_I = \frac{V_{H,I}}{s} = \frac{8920}{15} = 595 \ \mathrm{cm^2} \quad \text{insgesamt,}$$

$$F_{II} = \frac{F_I}{\Pi_0} = \frac{595}{4{,}04} = 147 \ \mathrm{cm^2},$$

$$F_{III} = \frac{F_{II}}{\Pi_0} = \frac{147}{4{,}04} = 36{,}4 \ \mathrm{cm^2} = \frac{\pi D_3^2}{4}, \quad \text{damit} \quad D_3 = 6{,}8 \ \mathrm{cm}.$$

d_K erhält man aus der Konstruktion der Kolbenstange mit Druckbeanspruchung durch Stufe I_b und III zu etwa 4,5 cm

mit $F_K = 16$ cm².

Daraus II. Stufe

$$\frac{\pi D_2^2}{4} = 16 + 147 = 163 \text{ cm}^2, \quad \text{damit} \quad D_2 = 14,4 \text{ cm}.$$

I. Stufe aus der Summe aller Flächen

$$2\,\frac{\pi D_1^2}{4} = 163 + 595 + 36 = 794 \text{ cm}^2, \quad \text{damit} \quad D_1 = 22,5 \text{ cm}$$

mit $\qquad F_{I,a} = 397 - 163 = 234$ cm² und $F_{I,b} = 397 - 36 = 361$ cm².

Daraus Berechnung der Druckverteilung wie in Beispiel 11, S. 49, wobei die Ansaugedrücke mit $\Pi_0 = F_2/F_1 = 4{,}04$ und die Enddrücke mit $k = 1{,}1$, also mit $\Pi_0' = 1{,}1 \cdot 4{,}04 = 4{,}45$ berechnet sind.

Stufe	I a	I b	II	III	Behälter
Kolbenfläche F cm²	234	361	147	36,4	
Stufenverhältnis Π	$\dfrac{595}{147} = 4{,}04$		$\dfrac{147}{36{,}4} = 4{,}04$	$\dfrac{66}{4{,}04\,\cdot\,4{,}04} = 4{,}04$	
Ansaugedruck p_1 kp/cm²	1		4,04	16,3	66
Ausschiebedruck p_2' kp/cm²	4,45		18,0	72,6	

Daraus Kraft auf Kolbenstange bei vollem Druck nach rechts (Druck)

$$F_d = +36{,}4 \cdot 72{,}6 + 361 \cdot 4{,}45 - 234 \cdot 1 - 147 \cdot 4{,}04 - 16 \cdot 1 = 3410 \text{ kp,}$$

nach links (Zug)

$$F_z = -36{,}4 \cdot 16{,}3 - 361 \cdot 1 + 234 \cdot 4{,}45 + 147 \cdot 18 + 16 \cdot 1 = 2760 \text{ kp.}$$

Der Unterschied zwischen Rechts- und Linksgang ist wegen der Aufteilung von I nicht allzu groß. Der Rest rührt hauptsächlich davon her, daß $F_{I,a}$ größer als $F_{I,b}$ sein muß. Einen Ausgleich der Kräfte wird man durch Vergrößern von F_{II} und Verkleinern von F_{III} erreichen können. Dadurch wird gleichzeitig die empfindliche Endstufe etwas entlastet. Außerdem müssen alle Durchmesser Normzahlen erhalten. Dabei ist D_1 nach oben abzurunden, wenn man bei λ_{nu} nach der sicheren Seite gehen will.

Nach diesen Richtlinien erhält man beispielsweise

$$D_1 = 23{,}0 \text{ cm} \qquad D_2 = 14{,}5 \text{ cm} \qquad D_3 = 6{,}5 \text{ cm}$$

$$F_{III} = 33{,}2 \text{ cm}^2 \qquad F_{II} = 145 - 16 = 149 \text{ cm}^2$$

$$F_{I,b} = 415 - 33 = 382 \text{ cm}^2 \qquad F_{I,a} = 415 - 165 = 250 \text{ cm}^2 \qquad F_I = 382 + 250 = 632 \text{ cm}^2.$$

Stufe	I		II	III	Behälter
	a	b			
F cm²	250	382	149	33,2	
Π		$\dfrac{632}{149} = 4,24$	$\dfrac{149}{33,2} = 4,49$	$\dfrac{66}{4,42 \cdot 4,49} = 3,46$	
p_1 kp/cm²		1	4,24	19,0	66
p_2' kp/cm²		4,67	20,9	72,6	
Druck im Zwischenkühler u. Behälter p_2 kp/cm²		4,24		19,0	66

$$F_d = +33,2 \cdot 72,6 + 382 \cdot 4,67 - 250 \cdot 1 - 149 \cdot 4,24 - 16 \cdot 1 = 3290 \text{ kp}$$

$$F_z = -33,2 \cdot 19 - 382 \cdot 1 + 250 \cdot 4,67 + 149 \cdot 20,9 + 16 \cdot 1 = 3280 \text{ kp}.$$

Der Ausgleich der Kräfte ist etwas zufällig fast vollständig gelungen. Durch die Bindung an Normdurchmesser entstehen oft größere Abweichungen, außerdem beruhen die Drücke etwas auf Schätzung; auch gilt das verwendete Gesetz der idealen Gase nicht ganz. Die Entlastung der III. Stufe auf Kosten der beiden anderen ist deutlich. Das etwa 4% größere F_I gibt erhöhte Sicherheit bezüglich des geschätzten λ_{nu}, z. B. bei der Konstruktion des schädlichen Raums; oder aber könnte der Hub etwas verkleinert werden.

Die zweite Tabelle enthält noch den Druck in den Zwischenkühlern, der für das Beispiel 4, S. 12, gebraucht wird.

6.5 Serienberechnung

6.5.1 Aufstellung von Typenreihen

Gilt die Berechnung der Hauptabmessungen nicht für einen Einzelfall, sondern für die Größenreihe eines Fabrikationsprogramms, so kann man für diese Reihe zur bestmöglichen Erfüllung der Kundenwünsche gleichmäßig fortschreitende Ansaugemenge $\dot{V}_{1,nu}$ vorschreiben.

Bei Anwachsen von $\dot{V}_{1,nu}$ nach einer geometrischen Reihe wird erfahrungsgemäß bei den kleinen Modellen der Unterschied zu klein, bei den großen zu groß. Günstiger ist Aufteilung nach einer arithmetischen Reihe zweiter Ordnung, bei der der Unterschied $\Delta V_{1,nu}$ nach einer arithmetischen Reihe wächst.

Handelt es sich bei der Größenreihe um gleichartige Maschinen für gleichen Förderdruck, so können die Kenngrößen λ_{nu}, c_m und s/D für alle gleich angenommen werden. Dann wird mit

$$n = \frac{c_m}{2\,s} \quad \text{und} \quad z_I = \text{Anzahl der Zylinderseiten der I. Stufe}$$

$$\dot{V}_{1,nu} = \lambda_{nu}\, n\, V_{H,I} = \lambda_{nu} \cdot \frac{c_m}{2\,s} \cdot z_I \cdot \frac{\pi D^2}{4} \cdot s,$$

also $\qquad D = C \sqrt{\dot{V}_{1,nu}}$ mit der Konstanten $C = \sqrt{\dfrac{8}{\pi\, \lambda_{nu}\, c_m\, z_I}}.$

Beispiel 16. Es soll eine Typenreihe für einstufige, doppeltwirkende Luftverdichter für eine Liefermenge von 5—40 m³/min bei 6 kp/cm² in 7 Größen aufgestellt werden.

Um die Brauchbarkeit der Größengleichungen für alle Einheiten zu zeigen, wird die in der Praxis noch vielfach übliche Zeiteinheit min verwendet.

Festgelegt wird alle Typen: $\lambda_{nu} = 0{,}75$; $c_m = 4 \cdot 60 = 240$ m/min; $s/D = 0{,}8$; $z_I = 2$ (Kolbenstange nicht berücksichtigt).

Mit diesen Festwerten wird für die Tabellenrechnung

$$C = \sqrt{\frac{8}{\pi \cdot 0{,}75 \cdot 240 \cdot 2}} = 0{,}084 \quad \text{für die Einheiten m und min.}$$

Zur Bestimmung der Größen Aufteilung von $\dot V_{1,nu}$ entweder nach einer geometrischen Reihe mit Stufensprung $\sqrt[7-1]{\frac{40}{5}} = \sqrt[6]{8} = 1{,}41$ oder nach einer arithmetischen Reihe zweiter Ordnung mit einer Stufendifferenz von 4, 5, 6 usw.

Ergebnis der Berechnung nach folgender Zusammenstellung:

geometrische Reihe

$\dot V_{1,nu}$ m³/min	5	7	10	14	20	28	40
$\Delta \dot V_{1,nu}$		2	3	4	6	8	12	

arithmetische Reihe zweiter Ordnung

$\dot V_{1,nu}$ m³/min	5	9	14	20	27	35	44
$\Delta \dot V_{1,nu}$		4	5	6	7	8	9	
D m	0,188	0,252	0,314	0,375	0,436	0,496	0,557
s m	0,150	0,201	0,251	0,300	0,348	0,396	0,445
n U/min	800	597	478	400	345	303	270

Für die gleichmäßiger ansteigenden Werte der arithmetischen Reihe zweiter Ordnung sind die Zahlen für D, s und n berechnet. Sie müßten noch nach Normzahlen abgerundet werden mit leichten Abweichungen von c_m, s/D und vielleicht auch $\dot V_{1,nu}$. Zwischengrößen können durch die nächstgrößere Type mit herabgesetzter Drehzahl gedeckt werden, z. B. 12 m³/min durch die 14er-Type mit $n = 410$ U/min. Jedoch ist die Maschine dadurch verhältnismäßig teuer. Andererseits wäre stärkere Unterteilung der Typen für die Serienfabrikation ungünstig.

6.5.2 Variation der Zylinderzahl

Eine ähnliche Wirkung wie durch Abstufen der Zylindergröße erreicht man durch Abstufen der Zylinderzahl mit dem Vorteil viel mehr gleicher Teile, also größerer Serien. Zur Aufstellung eines möglichst lückenlosen Fabrikationsprogramms ist es deshalb für eine Firma am vorteilhaftesten, verhältnismäßig wenig Typen, aber mit verschiedenen Zylinderzahlen zu bauen. Im Motorenbau wird davon sehr weitgehend Gebrauch gemacht. Dieses Prinzip ist aber auch im Verdichterbau mit kleinerer Spanne der Zylinderzahl üblich. Es soll an einem sehr vereinfachenden Beispiel gezeigt werden.

Beispiel 17. Aufstellung eines graphischen Bauprogramms für Luftverdichter für den ganzen Bereich von $\dot V_{1,nu} = 0{,}1 - 100$ m³/min, zur besseren Übersicht aber nur für einstufige Maschinen. Die Drehzahl soll zur Anpassung der Förderleistung bei jeder Type um 1/3 herabgesetzt werden dürfen (wobei λ_{nu} als konstant angenommen wird). Zeiteinheit min wie in Beispiel 16.

Typenliste (Zahlen gelten für höchste Drehzahl)

Type	$\dot{V}_{1,un}$ pro Zylinder m³/min	n_{max} U/min	Zylinder-zahl	$\dot{V}_{1,un}$ m³/min
A	0,15	2000	1 2 3	0,15 0,3 0,45
B	0,35	1700	1 2 3 4	0,35 0,7 1,05 1,4
C	1,0	1500	2 3 4	2 3 4
D	3	1000	2 3 4	6 9 12
E	9	600	2 3 4	18 27 36
F	27	375	2 3 4	54 81 108
AL	0,2	1200	1 2	0,2 0,4

Ausführung

Type	e = einfach- d = doppelt- wirkend	D m	s m	s/D	c_m bei n_{max} m/min	λ_{nu}
A	e	0,070	0,040	0,57	160	0,49
B	e	0,088	0,055	0,63	187	0,61
C	e	0,130	0,080	0,62	240	0,63
D	e	0,195	0,150	0,77	300	0,67
E	d	0,290	0,170	0,59	204	0,70
F	d	0,490	0,280	0,57	210	0,71
AL	e	0,075	0,054	0,72	132	0,70

Das graphische Programm ist in Abb. 44 dargestellt. Mit nur 6 Zylindergrößen ist der große Leistungsbereich gedeckt. Für jede gewünschte Leistung läßt sich die passende Type und Drehzahl abgreifen. Durch den gleichen (logarithmischen) Maßstab für $\dot{V}_{1,nu}$ und n wird die Drehzahlabhängigkeit zu einer Geraden unter 45°.

5*

Die Lücke zwischen A_1 und A_2 kann durch Zulassung von A_2 bis zu halber Drehzahl oder durch eine oft erwünschte langsamer laufende Type AL geschlossen werden.

In der Praxis wird das Programm dadurch verwickelter, daß mehrstufige Maschinen hinzukommen und mit den Zylindergrößen und -zahlen abgestimmt werden müssen. In Gebieten viel gebrauchter Leistung wird für verschiedene Ver-

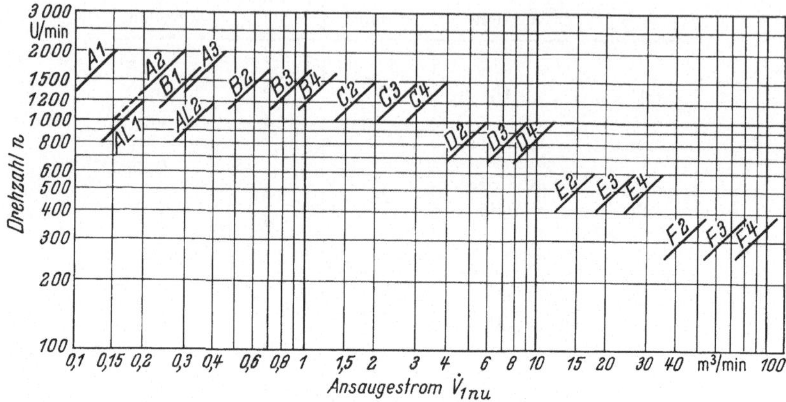

Abb. 44. Graphisches Bauprogramm

wendungszwecke und Kundenwünsche Überdeckung mit weiteren Typen nötig werden. Andererseits beschränken sich viele Firmen auf einen kleineren Leistungsbereich.

Eine Darstellung nach Abb. 44 ist auch für den Verkäufer nützlich, weil sie einen besseren Überblick als die Zahlen eines Katalogs gibt. Sie kann aber auch für Entwürfe verwendet werden, weil man für Maschinen ähnlicher Bauart für ein gegebenes $\dot{V}_{1,nu}$ rasch die passende Drehzahl und Zylinderzahl finden kann.

Bei dieser Art der Serienbildung wird der Bereich jeder Type vervielfacht, wenn man Mehrfachanlagen bildet, d. h. 2 oder mehr gleichartige Verdichter nebeneinander. Davon machen z. B. die Anlagen nach Abb. 115, aber auch in der Art der Abb. 110, S. 128 und 123, Gebrauch.

7 Bauarten der Kolbenverdichter

7.1 Bauform

Die Form der Kolbenmaschine wurde lange Zeit von der Dampfmaschine her entwickelt. Später übernahm der aufkommende Verbrennungsmotor zum großen Teil die Weiterbildung. Der Verdichter folgte diesen Vorbildern, hat aber doch in einigen Punkten seine Eigengesetzlichkeit, [49, 50, 51], auch zahlreiche Firmen-Fachhefte.

Es entstanden 3 grundsätzliche Unterschiede:

7.1.1 Liegend oder stehend

Die *liegende Form* ist die ältere, von der Dampfmaschine abgeleitet. Sie hat den Vorteil kleiner Bauhöhe, z. B. unter Tage, und der bequemen Zugänglichkeit der Ventile und Stopfbüchsen; die Zwischenkühler und Abscheider können mit kurzen Leitungen im Keller untergebracht werden. Im ganzen ist die einfache liegende Maschine aber etwas schwerfällig durch großen Raumbedarf im Grundriß, offene Bauweise und ungünstige Art der Massenkräfte.

Die einfache liegende Maschine wird deshalb heute seltener gebaut; hauptsächlich für Sonderzwecke ist sie noch zeitgemäß, z. B. nach Abb. 134, S. 145, als Hochdruck-Synthesegasverdichter.

Die liegende Bauart hat im *Boxer* eine moderne Fortsetzung gefunden, die sich für große und größte Maschinen immer mehr durchsetzt. Neben den genannten Vorteilen der liegenden Maschine nützt sie den Raum besser aus, baut geschlossener mit mehr Zylindern und erfüllt auch bei höherer Drehzahl durch die Gegenläufigkeit die Forderungen nach Laufruhe und geringer Fundamentbeanspruchung viel besser. Sie ist daher in Abschn. 13.4, S. 143 ff., in vielen Abbildungen vertreten, z. B. 135—144.

Die *stehende Form* folgte der Entwicklung im Klein- und Großmotorenbau (dieser nach Vorbildern des Schiffs- und Kriegsschiffsdampfmaschinenbaus) mit steifer Blockbauart, mit den Vorteilen der besseren Eignung für Mehrzylinderbauart, Schnellauf, Massenausgleich, Umlaufschmierung bei Tauchkolben, Serienbau und kleinerem Grundriß, Kolbenausbau in Richtung der Schwerkraft.

Diese Vorteile haben sich hauptsächlich bei kleinen bis mittleren Maschinen ausgewirkt. Trockenlaufverdichter bis zu großer Leistung werden heute meist stehend gebaut. Auch bei den übrigen Verdichtern findet man heute vielfach die große stehende Mehrzylindermaschine, z. B. nach der Abb. 149 und 150, S. 159, hauptsächlich dort, wo der Platz im Grundriß beschränkt ist.

Andererseits bringt diese Bauart beim Zug zu höheren Drehzahlen erhebliche Schwingungsprobleme und Schwierigkeiten für die Zwischenkühler entweder in der Höhe oder mit langen Leitungen. Deshalb zeigt sich hier der Übergang zum liegenden Boxer.

Zu den stehenden Verdichtern können auch die Maschinen mit schrägen Zylinderachsen gerechnet werden, also V- und W-Form mit 2, 3 und auch 4 Zylindern auf einer Kurbel. Man erhält dadurch sehr gedrängte Bauform und guten Massenausgleich, vgl. S. 75. Man findet sie deshalb sehr häufig bei Schnelläufern kleiner und mäßiger Leistung, vgl. Abb. 112—120, S. 126, auch 132 und 133. Mit 2 und 3 Zylindern ist hierbei der Verdichter dem Motor schon vorausgeeilt.

Eine Vereinigung von liegend und stehend stellt die L- oder Winkelmaschine dar mit waagrechten *und* senkrechten Zylindern, die also die Vorteile beider Bauarten vereinigt, aber z. T. auch die Nachteile.

Für große Leistung ist diese Bauart durchaus modern, wird gegenüber dem Boxer aber nur da bevorzugt, wo spezielle betriebliche Gegebenheiten maßgebend sind, hauptsächlich Raumbeschränkung und trotzdem gute Zugänglichkeit von allen Seiten und keine Beeinträchtigung der Bedienung und Übersichtlichkeit, vgl. Abb. 145—148, S. 155.

Bei der L- und V-Form lassen sich die Zwischenkühler raumsparend zwischen den Zylindern unterbringen.

Der Motorverdichter nach Abb. 166, S. 174, schafft mit dem L die Trennung von Motor- und Verdichterebene.

7.1.2 Einfach- oder doppeltwirkend

Beim Motor hat sich wegen der einfacheren Bauart und Wartung die einfach-wirkende Maschine fast überall durchgesetzt und verdrängt die doppeltwirkende jetzt auch im Großschiffsmaschinenbau.

Beim Verdichter ist dieser Zug weniger stark. Der Hauptunterschied liegt in der Stopfbüchse, die beim Verdichter viel weniger Schwierigkeiten macht, da die Temperaturen und meist auch die Drücke viel niedriger sind und kein Verschleiß durch Verbrennungsprodukte zu befürchten ist; auch die Kolbenkühlung fällt weg.

Deshalb kommen die Vorteile der doppeltwirkenden Maschine mehr zur Geltung: höhere Zylinderleistung, bessere Triebwerksausnützung, gleichmäßigere Drehkraft und Förderung, höhere Drehzahl bei niedrigem c_m.

Die Druckentlastung bei der Vakuumpumpe (Abb. 80, S. 89) läßt sich nur beim doppeltwirkenden Zylinder auf einfache Art durchführen. Gewisse Formen des Stufenkolbens stellen auch eine Art von Doppeltwirkung dar, vgl. Abb. 50, S. 72.

7.1.3 Tauchkolben oder Kreuzkopf

Beim Motor hat sich der Tauchkolben wegen seiner Einfachheit, kleineren Bau-länge, kleineren Masse und niedrigeren Preises bei allen kleinen und mittleren Typen durchgesetzt. Beim Verdichter gelten diese Gründe ebenfalls. Hier ist aber die Forderung nach Leichtbau (Gewicht, Raumbedarf, Massenkräfte) bei weitem nicht so stark wie z. B. beim Fahrzeugmotor, dagegen spielen die Betriebssicher-heit und die Lebensdauer eine größere Rolle. Deshalb erhält der Verdichter den soliden Kreuzkopf noch häufiger als der Motor.

Nötig ist er bei Doppeltwirkung und bei schweren liegenden Kolben, die z. T. sogar als Schwebekolben mit Geradführungen an beiden Seiten ausgeführt wer-den, s. Abb. 143, S. 154. Ein weiterer Vorteil des Kreuzkopfs ist die Ermöglichung einer Vor- oder Zwischenstopfbüchse. Beim Großmotor ist diese sehr geschätzt zur Trennung des schmutzigen Zylinderöls und Wassers vom Triebwerksöl. Beim Luftverdichter ist dies von untergeordneter Bedeutung, dagegen ist bei gewissen Gasen die Fernhaltung vom Triebwerk unbedingt erforderlich. Die ölfreien Kolben der auf S. 114 und 161 beschriebenen Trockenlaufverdichter bedingen den Kreuz-kopf bei normaler Triebwerksausführung, vgl. Abb. 154—160, S. 162; eine mög-liche Ausnahme jedoch zeigt Abb. 159.

7.2 Stufenanordnung

Mehrstufige Verdichter sind in 3 Gruppen einzuteilen:

7.2.1 Verteilung auf mehrere Zylinder

Am einfachsten ist es, jeder Stufe einen Zylinder mit dem ihr zugehörenden Hubvolumen zu geben, also mit verschiedenen Kolbendurchmessern, nötigenfalls auch mit verschiedenem Hub, ähnlich der Verbunddampfmaschine. Bei kleinen Maschinen mit wenig Stufen ist dies üblich, vgl. Abb. 116 und 129, S. 129 und 140.

Bei größerer Leistung und größerer Stufenzahl führt dies aber zu sehr großen ND-Stufen mit niedriger Drehzahl, z. T. auch schlechtem Massenausgleich. Man teilt deshalb oft die ND-Stufen auf mehrere Zylinder auf, einfach- oder doppelt-wirkend. Beispielsweise erhält man mit 4 gleichen Zylindern, davon 3 parallel geschaltet als I. Stufe, der 4. als II. Stufe, einen zweistufigen Verdichter mit $\Pi = 3$, gut geeignet für Serienbau und hohe Drehzahl. Gibt man dem 4. Zylinder bei sonst gleicher Ausführung etwas kleineren Durchmesser, so läßt sich Π beliebig erhöhen, Beispiel Abb. 114, S. 128.

Beispiele für die Aufteilung der unteren Stufen geben fast alle Abbildungen der großen Maschinen von Abschn. 13.4.

7.2.2 Stufenkolben

Stufenkolben haben den Vorteil des einfacheren Triebwerks und der Ermöglichung des Kräfteausgleichs, aber den Nachteil der schwierigen Abdichtung der Ringräume und der großen bewegten Massen. Für die Anordnung der Ringräume gelten folgende Gesichtspunkte:

a) Kolbenkräfte bei Hin- und Rückgang möglichst gleich, damit das Triebwerk möglichst leicht und das Drehmoment möglichst gleichmäßig werden.

b) Stufendruckverhältnis möglichst gleich, aber mit Abstimmung auf Ausgleich der Kolbenkräfte.

c) Hochdruckstufe am besten als Vollzylinder mit kleinen Kolbenringen auf *einem* Durchmesser; schlechter ist Ringraum mit Abdichtung auf 2 möglichst kleinen Durchmessern.

d) Stopfbüchsen möglichst nicht in HD-Stufe und mit kleinem Durchmesser wegen Dichtung und Reibung.

e) Wenn untere Stufe drückt, soll nächstfolgende möglichst saugen, damit der Druck im Zwischenkühler nicht zu sehr schwankt.

f) Die I. Stufe, die allein Unterdruck hat, soll nicht an Triebwerksraum angrenzen, damit sie kein Schmieröl ansaugt.

g) Konstruktive Gesichtspunkte wie Kolbenausbau, Unterbringung der Ventile usw.

Diese Forderungen stoßen großenteils aufeinander, so daß man auf Kompromisse angewiesen ist und für verschiedene Zwecke verschiedene Wege geht.

Beispiele

1. Zweistufige Verdichter

Zum Beispiel Abb. 45: Forderung c) gut erfüllt; a) nicht erfüllt, Kolbenkraft aufwärts doppelt, abwärts nur Ansaugdruck von II; e) nicht erfüllt, da I und II gleichzeitig drücken und saugen; f) nicht erfüllt, großer Schmierölverbrauch und ölhaltige Druckluft. Der Kurbelhub und damit $\dot{V}_{1,nu}$ können mit Austausch des Pleuels einfach variiert werden, günstig für Serienbau.

Zum Beispiel Abb. 46: Forderung a) gut erfüllt, aber c) schlecht.

Die Vorteile der beiden Beispiele ohne ihre Nachteile erreicht die Bauart Abb. 47, aber mit erhöhtem Bauaufwand durch den Kreuzkopf, die Stopfbüchse B und den nach außen offenen „Ausgleichsraum" A, vgl. Abb. 128, S. 139.

Einen besonderen Vorteil erreicht die Drei-Raum-Ausführung nach Abb. 48. Durch Aufteilung der I. Stufe wird nicht nur bei gleichem Zylinderdurchmesser die Fördermenge erhöht, sondern auch der Druckwechsel im Gestänge vom Totpunkt wegverlegt, wodurch das Triebwerk geschont werden kann.

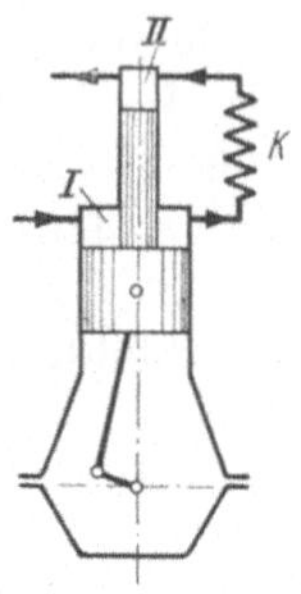

Abb. 45. Zweistufig, einfache HD-Stufe.

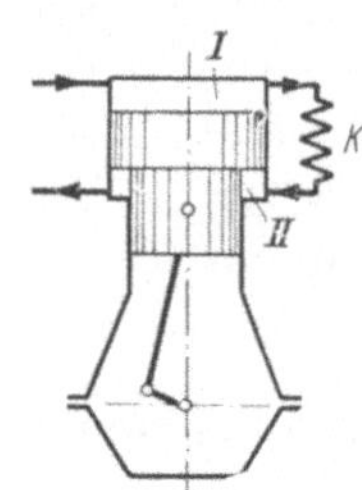

Abb. 46. Zweistufig, HD-Stufe als Ringraum.

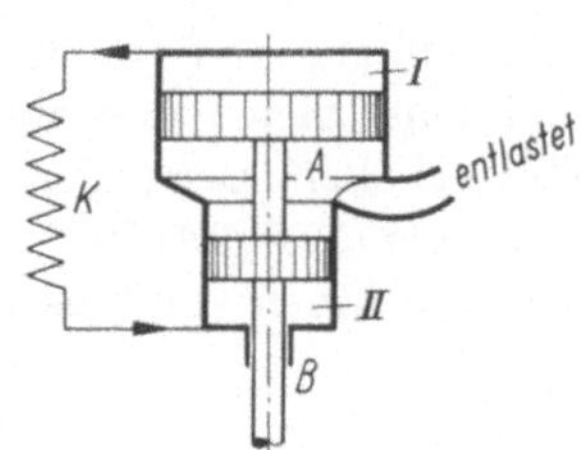

Abb. 47. 2 Stufen, jede einfachwirkend.

2. Dreistufige Verdichter

Abb. 49 zeigt die einfachste Anordnung. Sie war die gebräuchlichste Bauart für die Einblaseluftverdichter der alten Dieselmaschinen; c), e) und andere Forderungen gut erfüllt, aber a) schlecht, beim Hingang etwa doppelt so große Kraft

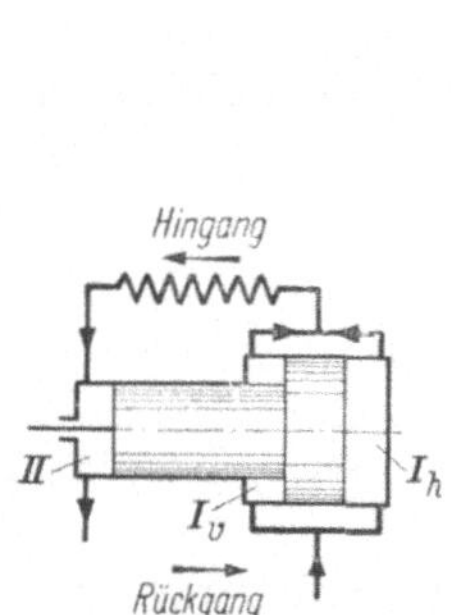

Abb. 48. 2 Stufen, ND-Stufe aufgeteilt.

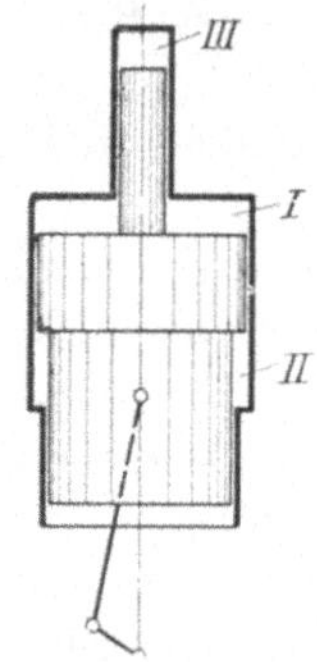

Abb. 49. 3 Stufen, einfachste Anordnung.

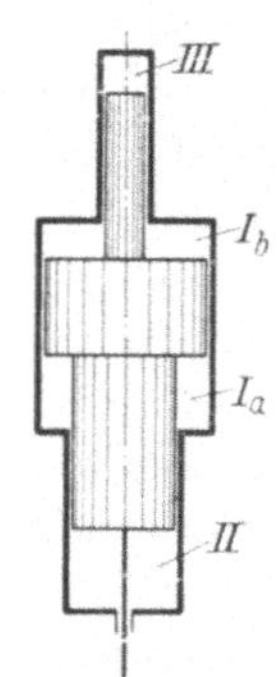

Abb. 50. 3 Stufen, ND-Stufe aufgeteilt.

wie beim Rückgang. In Beispiel 15. S. 63, ist durchgerechnet, wie man bei Aufteilung der I. Stufe nach Abb. 50 Forderung a) voll erfüllen und damit die Triebwerkskräfte bedeutend herabsetzen kann, allerdings mit verwickelterer Bauart.

3. Mehr als 3 Stufen

Mit steigender Stufenzahl sind immer mehr Variationen möglich, wodurch sich auch die Forderungen a) bis g) eher vereinigen lassen.

4 Stufen z. B. nach Abb. 51, d) schlecht; Abb. 52, a) schlecht; Abb. 53, mehr Aufwand. Bei allen ist e) nicht ganz erfüllt.

5 und mehr Stufen sind zwar noch mit 1 Kolben denkbar, z. B. nach Abb. 54, doch geht man dann meist zur Aufteilung auf mehrere Kolben über.

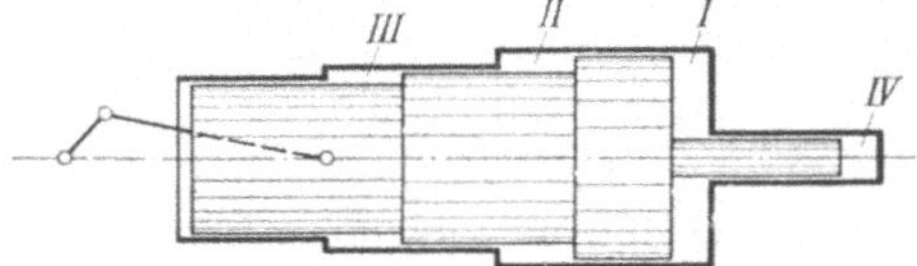

Abb. 51. 4 Stufen, einfachste Aufteilung.

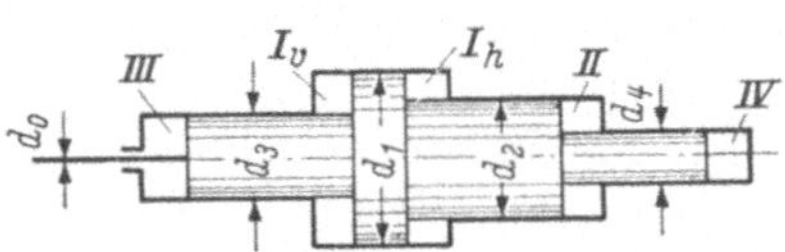

Abb. 52. 4 Stufen, ND-Stufe aufgeteilt.

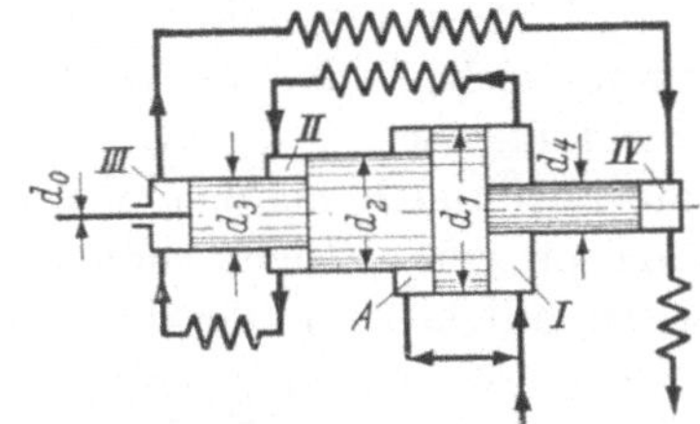

Abb. 53. 4 Stufen, Raum A entlastet.

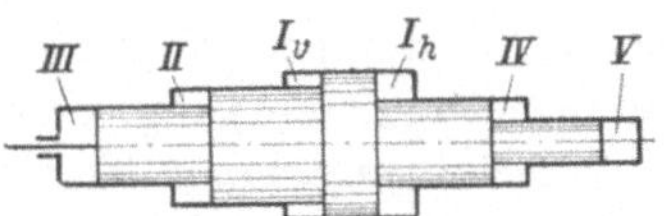

Abb. 54. 5 Stufen, gleichmäßig aufgeteilt.

7.2.3 Kombination von 7.2.1 und 7.2.2

Zur Vermeidung zu komplizierter Bauweise und zum Ausgleich des Drehmoments und der Massenkräfte teilt man bei großen Maschinen die Verdichtung auf mehrere Stufenkolben auf, z. B.

Abb. 55, 2 Kolben, 3 Stufen;

Abb. 56, 2 Kolben, 4 Stufen;

Abb. 57, 2 Kolben, 6 Stufen.

2 gleiche Stufenkolben z. B. für zweistufige Verdichtung bedeuten scheinbar zu großen Aufwand gegenüber 1 Zylinder mit 1 Zweistufenkolben oder 2 Zylindern mit je einer Stufe. Trotzdem hat diese Bauart ihre Berechtigung in der

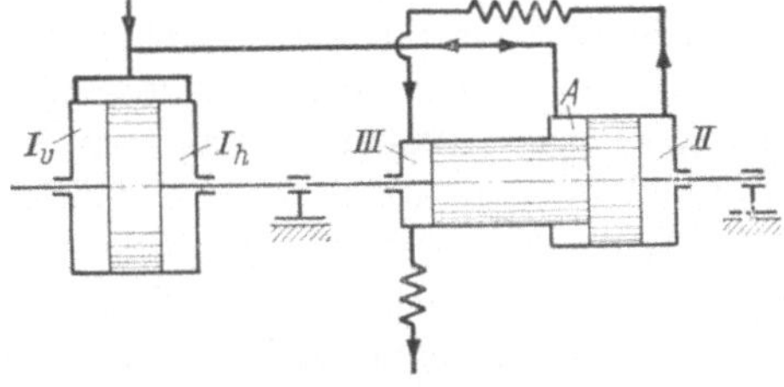

Abb. 55. Dreistufiger Verdichter, 2 Kolben in Tandemanordnung.

Serienfabrikation für einfache und doppelte Leistung mit 1 Modell, in besserem Massenausgleich und höherer Drehzahl; vgl. Abb. 122 und 123, S. 135.

Weitere Beispiele für Bauarten enthält Kap. 13, S. 125ff.

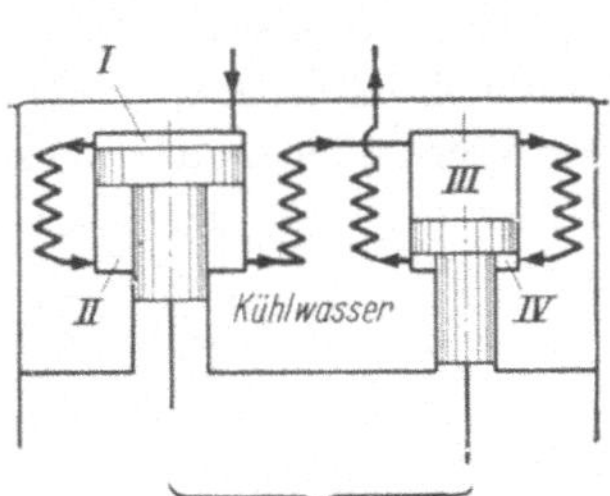

Abb. 56. Vierstufiger Verdichter, 2 Kurbeln.

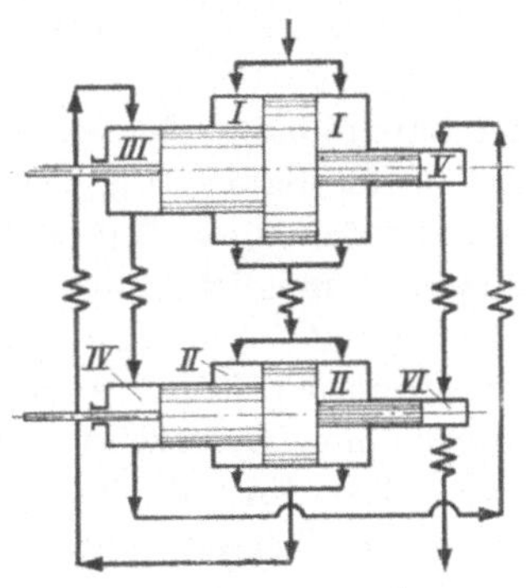

Abb. 57. Sechsstufiger Verdichter, 2 Kurbeln.

7.3 Kombinierte Verdichter

Für große Mengen bei kleinen Drücken ist der Turboverdichter überlegen, während bei hohen Drücken der Kolbenverdichter im Vorteil ist. Bei der kombinierten Bauart vereinigt man beide Vorteile, untere Stufen im Turboverdichter, höhere im Kolbenverdichter.

Die wichtigste Frage ist dabei, von welcher Größe an sich eine Turbostufe lohnt und auf welches Druckverhältnis die Trennung der beiden Maschinenarten zu legen ist. Eine feste Regel dafür läßt sich nicht angeben, da die Einzelfälle zu verschiedenartig sind. Entscheidend ist eine alle Gesichtspunkte umfassende Wirtschaftlichkeitsrechnung. Dabei sind ziemlich sicher erfaßbar die Betriebswirkungsgrade beider Maschinen und der Kapitaldienst für die Anschaffungskosten einschließlich des Antriebs, auch Raumbedarf und Fundamente. Schwieriger, aber nicht weniger wichtig ist die Kalkulation von zeitlicher und mengenmäßiger Belastung, Wartung, Überholung, Störanfälligkeit und dergl.

Die Vorschaltung einer Turbomaschine wird erst bei einer beträchtlichen Größe in Frage kommen. Deshalb kann die Kombination *eines* Turboverdichters mit 2 Kolbenverdichtern sinnvoll sein, die auch Vorteile für den Teillastbetrieb hat. In anderen Fällen ist eine Niederdruckanlage vorhanden, aus der ein Kolbenverdichter einen Teil entnimmt. Bei schweren Gasen kann man in der Turbomaschine einen höheren Zwischendruck verwirklichen als bei leichten; mit den Mengen verhält es sich umgekehrt. Dient eine Anlage verschiedenen Zwecken, so kann wahlweise mit und ohne Turbovorstufe gefahren werden.

So findet man für kombinierte Anlagen recht verschiedene Werte. Der Größe nach liegt die untere Grenze heute ungefähr bei 5000 Nm³/h, die meisten Anlagen sind aber größer, 20000—30000 Nm³/h, auch 60000 Nm³/h.

Dem Zwischendruck nach wird sich ein Turbogebläse erst lohnen, wenn es auf 1,5—2 kp/cm² verdichtet, also mit mehreren Stufen. Häufig findet man 5—7 kp/cm², bei Synthesegas auch 12 und mehr, z. T. mit Trennung der Gaskomponenten.

Im ganzen zeichnet sich bei Großverdichtern die Entwicklung dahin ab, daß die ND-Stufen durch Turboverdichter ersetzt werden. Beispiele in Kap. 13., Abb. 151—153. Auch die in 11.2 beschriebenen Trockenläufer werden schon mit Turbovorstufe ausgeführt, z. B. Abb. 157.

7.4 Massenausgleich

Mit der Bauart hängt der Massenausgleich zusammen. Man versteht darunter den Ausgleich der Kräfte, die aus Masse mal Beschleunigung der hin- und hergehenden und rotierenden Teile entstehen. Ein Ausgleich ist selten ganz, oft aber zum Teil dadurch möglich, daß man der Massenkraft eines oder mehrerer Zylinder die entgegengesetzt wirkenden anderer Zylinder oder umlaufender Massen entgegensetzt, oft als Kräftepaare, also Massenmomente.

Die allgemeinen Gesetze des Massenausgleichs sollen hier nicht behandelt werden, sie gelten für alle Kolbenmaschinen und sind besonders für Dampfmaschinen und Kolbenmotoren sehr weit entwickelt und bekannt, z. B. [14, 7, 8, 13, 6].

Hier nur einige besondere Merkmale des Verdichters. Sein Ausgleich wird gegenüber dem Vielzylindermotor dadurch schwieriger, daß die Kolben oft nicht gleich sind, daß mehr als 4 Zylinder meist zu viel Aufwand bedeuten und daß auch 6 Zylinder mit Rücksicht auf die Gleichförmigkeit nicht wie beim Viertaktmotor mit symmetrischer Kurbelwelle, sondern etwa wie beim Zweitaktmotor mit unvollkommenem Massenausgleich angeordnet werden müßten. Dagegen kann der Verdichter eher vom Hilfsmittel verschiedenen Hubs und Werkstoffs Gebrauch machen.

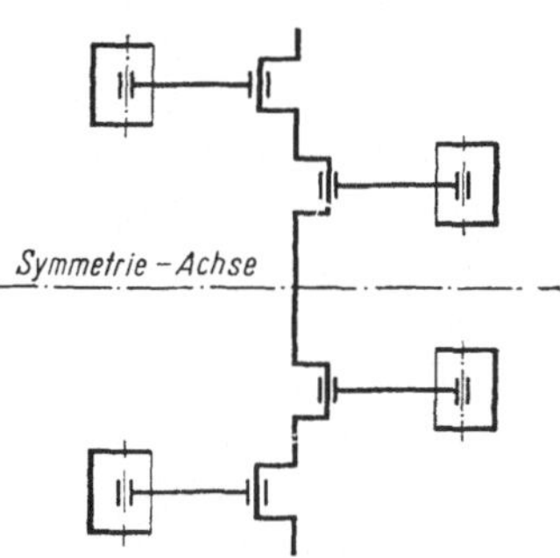

Abb. 58. 4-Zylinder-Boxer, ganz symmetrisch, mit vollkommenem Massenausgleich.

Die beim Großverdichter heute bevorzugte Boxer-Form ermöglicht durch die gegenläufigen Kolben guten Ausgleich I. und auch II. Ordnung. Durch die um 180° versetzten, also nebeneinander liegenden Kurbeln entstehen aber Massenmomente. Sie können zwar ebenfalls ausgeglichen werden durch symmetrische Anordnung der Achsen nach Abb. 58; solche spiegelbildliche Ausführung ist aber aus fabrikatorischen Gründen und wegen der großen Ungleichförmigkeit des Drehmoments nicht erwünscht.

Die beim kleinen und mittelgroßen Verdichter häufige Fächerbauart ermöglicht einen sehr einfachen und guten Ausgleich I. Ordnung. Wenn die Massen aller Zylinder gleich sind, so setzen sich bei V-Bauart mit 2 Zylindern unter 90° deren nach Richtung und Zeit um 90° versetzte harmonischen Massenkräfte I. Ordnung zu einer mit der Kurbel umlaufenden konstanten Kraft gleich dem Größtwert der Massenkraft *eines* Zylinders zusammen, die durch ein umlaufendes Gegengewicht voll ausgeglichen werden kann, vgl. Abb. 112, S. 126. Ebenso beim Dreizylinder mit je 60° Versetzung umlaufende Resultierende gleich dem 1,5fachen Größtwert, beim Vierzylinder mit je 45° Versetzung gleich dem 2fachen Größtwert eines Zylinders. Sind die Pleuel nicht gegabelt, sondern liegen sie einfach nebeneinander, so liegen die Massenkräfte nicht ganz in einer Ebene, und es bleibt ein kleines Massenmoment übrig. Lassen sich die Achsenwinkel von 90, 60 oder 45° aus konstruktiven Gründen nicht ganz einhalten, so erhält man den vorteilhaften Ausgleich wenigstens angenähert, vgl. Abb. 114. Die Gewichte ungleich großer Kolben können z. B. durch verschiedenen Werkstoff — Aluminium und Gußeisen — angeglichen werden, vgl. Abb. 109. Bei Mehrkurbelmaschinen kann die Massenkraft des kleinen Kolbens auch durch größeren Hub gesteigert werden, vgl. Abb. 156.

Auf den Ausgleich II. Ordnung wird beim Verdichter in der Regel verzichtet.

Bei den Ausführungsbeispielen des Kap. 13, S. 125 ff., ist auf den Massenausgleich eingegangen, grundlegend bei der Besprechung der Gruppen 13.1 bis 4, im einzelnen bei zahlreichen Abbildungen.

Im Normalfall, z. B. bei Reihenanordnung der Zylinder, liegen die *nach außen* ausgeglichenen Massenkräfte in ganz verschiedenen Ebenen, beanspruchen die Maschine *im Innern* also voll. Deshalb können Gegengewichte zum inneren Ausgleich sinnvoll sein.

Der nach außen nicht ausgeglichene Teil der Massenkräfte, die „freien" Kräfte und Momente, wirken als Erschütterungen auf die Umgebung.

Nicht zum Massenausgleich gehören die *Kolbenseitendrücke*; sie sind aber hier anzuführen, da sie ganz ähnliche Erschütterungen nach außen bewirken. Es sind die bei Schräglage der Pleuelstange entstehenden Komponenten der Gaskraft senkrecht zur Zylinderachse, die dem pulsierenden Drehmoment an der Kurbelwelle entsprechen und auf die Maschine wechselnde Kippmomente um eine Achse parallel zur Kurbelwelle ausüben. Sie sind mit einfachen Mitteln nicht ausgleichbar und deshalb voll vom Fundament aufzunehmen.

Die Beherrschung all dieser unausgeglichenen Kräfte und Momente ist die Aufgabe der Fundamentierung. Sie ist beim Kolbenverdichter in der Regel einfacher als z. B. bei Kolbenmotoren, weil die Drehzahl meist konstant und verhältnismäßig niedrig ist, so daß die von der Drehzahl quadratisch abhängigen Massenkräfte nicht sehr hoch werden, und weil es sich oft um ortsfeste Anlagen mit wenig Beschränkungen fürs Fundament handelt. Am wichtigsten ist die Vermeidung von Resonanzen zwischen den vom Maschinensatz ausgehenden Erregungen und der Eigenschwingungszahl des stets etwas elastischen Fundaments einschließlich der Maschine und des ganzen Baugrunds, in ungünstigen Fällen bis auf weite Entfernung hin. Es handelt sich also um Schwingungsprobleme, die ausführlich in Abschn. 12.2., S. 116, behandelt sind.

8 Steuerung

Die Steuerung hat die Aufgabe, den rechtzeitigen und sicheren Ein- und Austritt der Gase zu ermöglichen. Heute werden dazu mit wenigen Ausnahmen selbsttätige Ventile verwendet. Bei sehr kleinen, einfachen Maschinen, besonders Kälteverdichtern, findet man auch vom Kolben gesteuerte Schlitze; dagegen sind die von der Dampfmaschine übernommenen Steuerschieber nur noch für Spezialzwecke im Gebrauch.

8.1 Selbsttätige Ventile

Beim Kolbenverdichter tritt — im Gegensatz zum Verbrennungsmotor — ein Wechsel des Gasdrucks in dem Augenblick ein, in dem ein Ventil geöffnet oder geschlossen werden soll. Dieser Druckwechsel kann daher zur Bewegung des Ventils ohne mechanischen Antrieb ausgenützt werden.

8.1.1 Normale Bauart

Den grundsätlichen Aufbau des Ventils zeigt Abb. 59. Es besteht aus Ventilsitz, -platte, -feder und -fänger.

Die Anforderungen an ein Ventil sind: Großer Durchschnittsquerschnitt für geringe Drosselung; kleine Masse der bewegten Teile zur Erreichung kleiner Beschleunigungskräfte, also kleiner Druckverluste zur Einleitung der Ventilbewegung und kleiner Schlagarbeit beim Auftreffen der Platte auf Sitz und Fänger; leichtes Öffnen bei ganz geringem Überdruck; kleine Einbaumaße zur Unterbringung im Zylinderkopf usw.; kleiner schädlicher Raum für hohes λ_{nu}; hohe Betriebssicherheit und Lebensdauer.

Die räumlichen Bedingungen werden durch Anordnung mehrerer Ringspalten, hauptsächlich für größere Ventile, besser erfüllt, z. B. mit 3 ringförmigen Sitzen nach Abb. 60. Die Ventilplatten werden bei Mehrringventilen heute meist einteilig als Schlitzplatten ausgeführt, wie in Abb. 60. Man gibt aber neuerdings und zwar gerade bei sehr hoher Beanspruchung oft den früher üblichen Einzelringen wieder den Vorzug, weil sie kleinere Masse besitzen, besser geschliffen werden können und besonders betriebssicher sind, z. B. bei den Druckventilringen nach Abb. 65. Wichtig ist eine sichere, aber klemmungsfreie Führung. Zwischen Ventilplatte und -feder

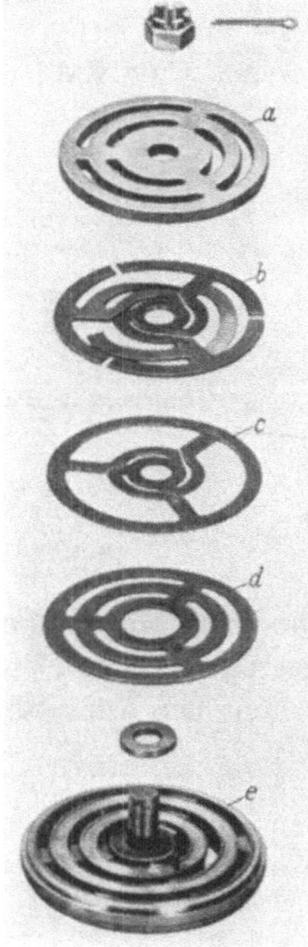

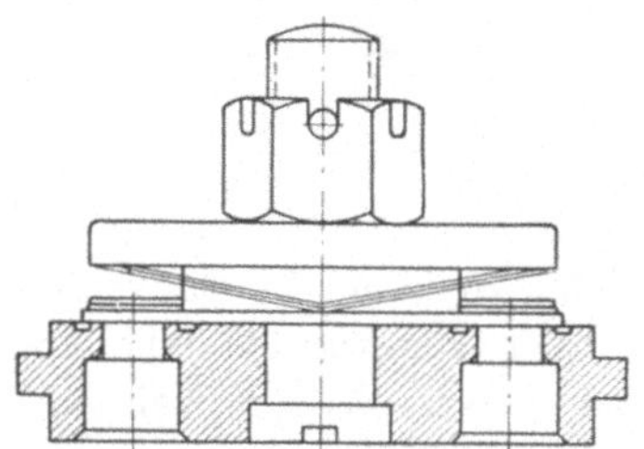

Abb. 59. Selbsttätiges Platten-Ringventil.

Abb. 60. Einzelteile eines Dreiringventils (Ibach).
a Ventilfänger, *b* Federpaket, *c* Dämpferplatte, *d* Ventilplatte, *e* Ventilsitz.

werden oft noch eine oder mehrere Dämpferplatten eingeschaltet wie in Abb. 60 und 74, die hartes Anschlagen verhindern.

Die Ventilfeder ist zum schnellen und sicheren Schließen des Ventils nötig, andererseits darf sie nicht viel Druckverlust beim Öffnen verursachen. Am häufigsten ist heute die einfache oder mehrfache Plattenfeder wie in Abb. 60. Auf den Umfang verteilte kleine Schraubenfederchen werden vorzugsweise nur noch bei reibungsfreien Ventilen mit Schlitzplatten verwendet, vgl. Abb. 73.

Der Ventilfänger fängt die Ventilplatte auf und schreibt ihr den erforderlichen Hub vor.

Als Werkstoff verwendet man für Ventilsitze und Hubfänger Stahl oder auch dichtes Gußeisen, für die bewegten Platten Spezialkohlenstoffstahl und legierte Stähle großer Zähigkeit mit Vanadium, Molybdän, Chrom-Nickel u. ä., für die Federn hochwertigen Federstahl.

8.1.2 Berechnung

Bezeichnungen nach Abb. 61. Zur Bestimmung der Ventilgröße wird die Stetigkeitsgleichung

$$F_{Kb} \cdot c_m = F_s \cdot c_s \tag{50}$$

(F_{Kb} = Kolbenquerschnitt, F_s = Spaltquerschnitt, c_m = mittlere Kolbengeschwindigkeit, c_s = *mittlere* Spaltgeschwindigkeit) verwendet, wobei die Zusammendrückbarkeit des Gases für die mittlere Geschwindigkeit unberücksichtigt bleibt.

Man geht von bewährten Werten für c_s aus, bei denen erfahrungsgemäß einerseits die Ventile nicht zu groß und andererseits die Drosselverluste erträglich werden. Die Zahlen sind vom Stoff und der Dichte abhängig. Abb. 62 gibt für

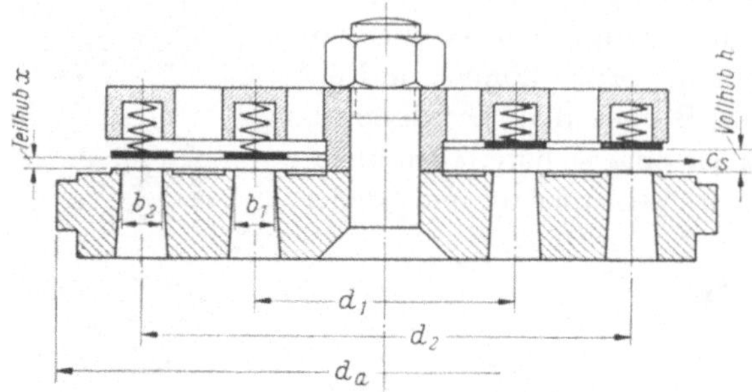

Abb. 61. Schematische Ventilzeichnung.

moderne Maschinen eine graphische Tafel, die von der Industrie zur Verfügung gestellt wurde. Dem verantwortlichen Konstrukteur ist dabei aber folgendes zu sagen: Die Auffassungen über „zulässige" Gasgeschwindigkeit gehen auseinander.

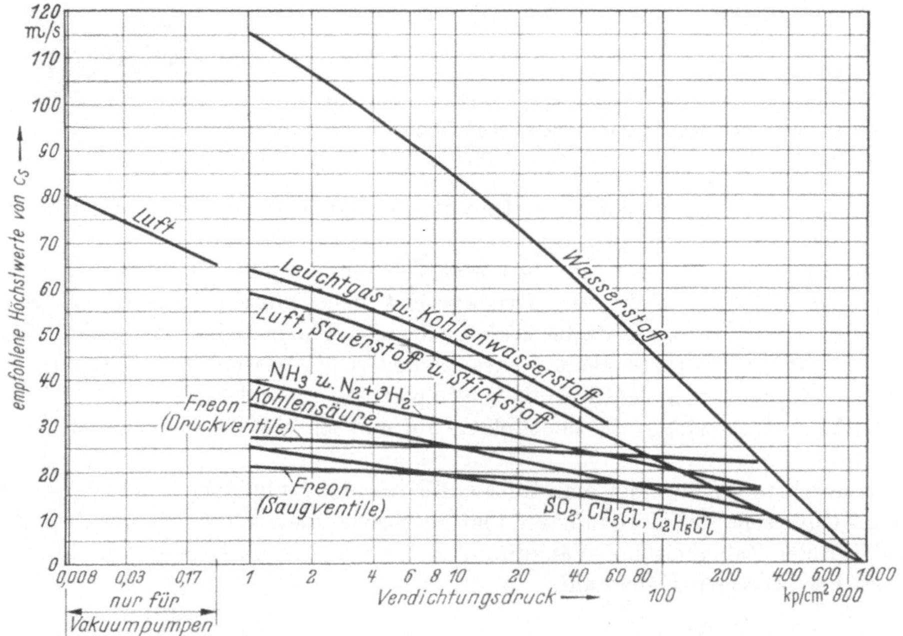

Abb. 62. Empfohlene Höchstwerte der mittleren Spaltgeschwindigkeit in Verdichterventilen (Dienes).

Hier ist c_s ein rechnerischer Mittelwert, keine wirkliche Höchstgeschwindigkeit. Hohe Werte von c_s erlauben elegante Konstruktion, bedeuten aber erhöhte Mengen- und Leistungsverluste und Erwärmung. Man findet deshalb in einfachen, ortsbeweglichen Verdichtern oft beträchtlich höhere Werte als in Abb. 62, andererseits aber für ortsfeste große Anlagen viel niedrigere. Andernorts werden Werte für Schnelläufer und Langsamläufer unterschieden, wobei aber der Unterschied zwischen beiden in der Praxis recht fließend ist. Als Richtlinie gilt also, daß eine Überschreitung der Zahlen von Abb. 62 mit beträchtlichen Verlusten verbunden ist, daß ungefähre Einhaltung hauptsächlich im Bereich höherer Drehzahlen für

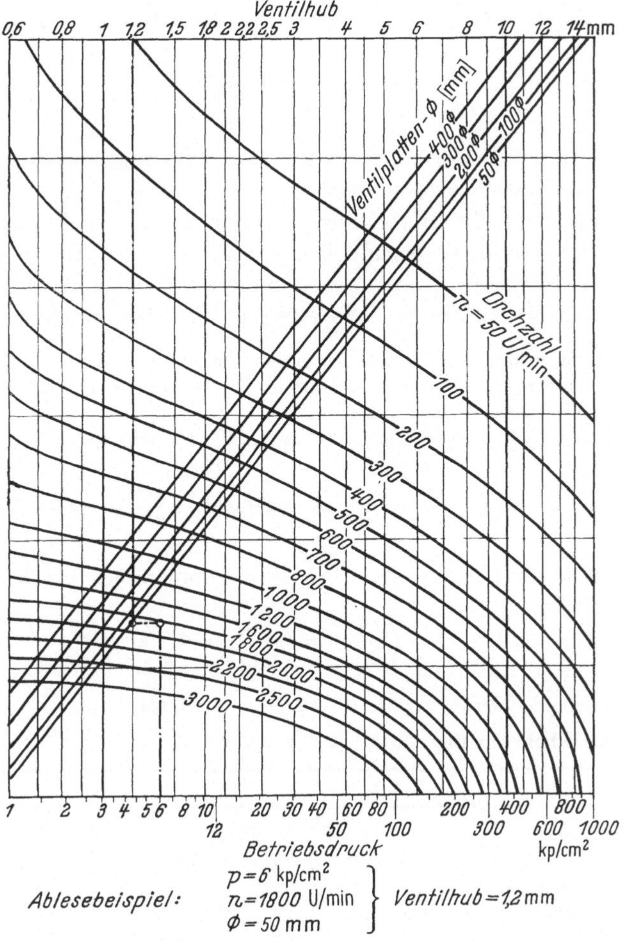

Abb. 63. Zulässiger Ventilhub h in Abhängigkeit von Betriebsdruck, Drehzahl und Plattendurchmesser (Dienes).

die Konstruktion und für den Betrieb erträgliche Verhältnisse gibt, daß man aber hauptsächlich bei großen Maschinen niedriger Drehzahl 20—30% niedrigere Werte verwenden soll und auch kann. Ein gutes Mittel zur Herabsetzung des c_s sind die konzentrischen Saug- und Druckventile nach Abb. 65, die auch bei Schnellläufern oft leicht eine Unterschreitung der Werte der Abb. 62 erlauben.

Zur Berechnung des Spaltquerschnitts im ganzen und seiner Unterteilung in mehrere Ringe ist der zulässige Hub der Ventilplatte maßgebend. Er hängt von der Ventilbauart und -größe, der Drehzahl, dem Betriebsdruck und der Lebensdauer ab. Abb. 63 gibt eine Tafel mit Erfahrungswerten aus der Industrie für moderne normale Verdichter und Ventile mit Schlitzplatten. Bei Einzelringen sind 20—30% höhere Hübe möglich. Bei modernen Drehzahlen macht die Ventilplatte stets den vollen Hub h bis zum Fänger.

Die Fläche aller Spalten ist $F_s = 2\pi \cdot h \cdot (d_1 + d_2 + \ldots)$; die Durchgangsfläche im Ventilsitz ist $F_v = \pi \cdot (d_1 b_1 + d_2 b_2 + \ldots)$, wobei die Brücken zwischen den Sitzringen vernachlässigt sind.

Um die Drosselverluste klein zu halten, macht man

$$F_v = \text{rund } \frac{4}{3}\, F_s.$$

Mit diesen 3 Gleichungen läßt sich die Ringzahl und -breite bestimmen, die das kleinste Einbaumaß d_a gibt.

Diese rein geometrische Berechnung nimmt die oft nicht erreichte Gleichwertigkeit aller Querschnitte bezüglich der Strömung an. Der Strömungswiderstand ist durch den Erfahrungswert c_s schon erfaßt. Verfeinerung der Berechnung und Gestaltung der Querschnitte ist in Abschn. 8.1.3 behandelt.

Beispiel 18. Bestimmung der Ventile für einen zweistufigen Luftverdichter mit 2 einfachwirkenden Zylindern, ND-Zylinder 180 mm, HD-Zylinder 90 mm Durchmesser, 90 mm Hub, 1450 U/min, Enddruck 16 kp/cm².

Den erforderlichen Spaltquerschnitt erhält man nach Gl. (50) zu

$$F_s = F_{Kb} \cdot \frac{c_m}{c_s} \quad \text{mit} \quad c_m = 2sn = 2 \cdot 0{,}09 \cdot \frac{1450}{60} = 4{,}35 \text{ m/s};$$

c_s ist aus Abb. 62 für Luft abzulesen. Die dazu erforderlichen Drücke erhält man aus

$$\Pi = \left(\frac{D_I}{D_{II}}\right)^2 = \left(\frac{180}{90}\right)^2 = 4$$

und einem angenommenen Druckverlust $k = 1{,}1$ nach Gl. (41).

Rechenergebnis tabellenmäßig

Stufe	I		II	
Kolbenfläche F_{Kb} cm²	254,5		63,6	
Ventilart	Saug-	Druck-	Saug-	Druck-
Druck beim Ansaugen kp/cm²	1	—	4	—
Druck beim Ausschieben kp/cm²	—	$1{,}1 \cdot 4 = 4{,}4$	—	$1{,}1 \cdot 16 = 17{,}6$
Spaltgeschwindigkeit c_s m/s	59	50	51	38
erforderlicher Spaltquerschnitt F_s cm²	18,8	22,1	5,4	7,3

Die Verwirklichung des Spaltquerschnitts F_s in mehreren Ringen mit den oben angegebenen 3 Gleichungen für F_s ist Sache des Konstrukteurs. Dabei wird er meist auf normale Ventile der Spezialfirmen zurückgreifen. Ihre Größe ist nach dem in den Ventillisten angegebenen F_s auszusuchen. Beim Ventilentwurf oder bei Verwendung normaler Ventile ist noch der Ventilhub nach Abb. 63 zu kontrollieren. Man erhält z. B. für das Saugventil der Stufe II für $F_s = 5{,}4$ cm² ein Zweiringventil mit $F_s = 5{,}5$ cm² und einem Plattendurchmesser von 55 mm. Nach Abb. 63 ist für 4 kp/cm², 1500 U/min und 50 mm Durchmesser der zulässige Hub rund 1,4 mm. Ist er beim entworfenen oder beim Listenventil größer, so muß ein etwas größeres Ventil mit verkleinertem Hub gewählt werden. Reicht der Platz für ein solches Ventil nicht aus, bringt vielleicht ein konzentrisches Ventil die Lösung.

Wird das Druckventil mit der mittleren Kolbengeschwindigkeit c_m berechnet — wie auch im Beispiel 18 —, so erhält es nach Abb. 62 etwas größeren Querschnitt als das Saugventil. Dies stimmt insofern nicht, als bei normalem Druckverhältnis das ganze Ausschieben erst nach Überschreiten der höchsten Kolbengeschwindigkeit stattfindet. F_s müßte also aus der Kolbengeschwindigkeit während des Ausschiebens berechnet werden. Wichtiger für die Bemessung beider Ventile, vor allem der I. Stufe, ist, daß Verluste im Druckventil nur die Antriebsleistung, solche im Saugventil aber die Fördermenge betreffen. Aus Gründen der Fabrikation und Ersatzteilhaltung macht man deshalb gern beide Ventilarten gleich, in Zwangsfällen sogar die Druckventile kleiner.

Die *Ventilfedern* hängen sehr stark von der Ventilbauart und den Betriebsbedingungen ab. Die Ventilplatte muß dem Druckwechsel sicher folgen, bei allen Einbaurichtungen des Ventils und auch beim Anfahren ohne Gegendruck. Die Schließbewegung muß in einem bestimmten kleinen Kurbelwinkel, dem „Schlußzeitwinkel", möglich sein. Andererseits bedeutet starke Feder großen Druckverlust und hartes Aufsetzen.

Die Federn müssen also nach Fördermittel, Druckdifferenz, Gasgeschwindigkeit, bewegter Masse, Ventilhub und Drehzahl abgestimmt sein. Man arbeitet in der Regel mit Erfahrungswerten für die Flächenbelastung, die aus praktischen Versuchen gewonnen sind und für die sich wegen der vielseitigen Einflüsse keine allgemeingültigen Zahlen angeben lassen.

Sowohl zu starke als zu schwache Feder kann ein Flattern der Platte zur Folge haben mit Beeinträchtigung der Liefermenge und mit Verschleiß der Ventilplatten. Die Drehzahl sollte deshalb um nicht mehr als $\pm 20\%$ von der Drehzahl abweichen, für die die Feder abgestimmt ist.

Messungen über Art und Einfluß der Bewegung der Ventilplatte [27, 28, 29, 30] hatten das Ergebnis, daß die Ventilplatte mit Ausnahme extrem niedriger Drehzahl sofort den vollen Hub macht und dann stets mehr oder weniger flattert, daß aber Befederung und Flattern wenig Einfluß auf den Liefergrad haben, mehr dagegen auf die mechanische Beanspruchung des Ventils. Für die Lebensdauer der Ventilplatten ist das Taumeln schädlich, d. i. Schrägstellung mit verkantetem Aufsetzen, hervorgerufen durch ungleiche Federn oder ungleiche Anströmung des Ventils [30].

8.1.3 Verfeinerung der Bauart

Die Weiterentwicklung der einfachen Bauart nach Abb. 59 ging in drei Richtungen: Verringerung des Strömungswiderstands; Schaffung großer Querschnitte auf kleinem Raum; Führung und Dämpfung der Ventilplatte.

Theoretische und hauptsächlich auf Versuche gestützte Untersuchungen über den *Strömungswiderstand* und den Hub der Ventilplatte, z. B. [29, 4], gaben Erkenntnisse über die Widerstandsbeiwerte verschiedener Ventilformen und -hübe, für verschiedene Reynolds-Zahlen, für den Plattenhub auch bei verschiedenen Drehzahlen. Die meist in stationärer Strömung gemessenen Widerstandszahlen dürfen zwar nicht ohne weiteres absolut verwendet werden, sie sind aber nützlich für den Vergleich verschiedener Formen.

Der große Anteil des Spaltquerschnitts am Widerstand ist beim Plattenventil Änderungen schwer zugänglich. Die Kanäle erhielten günstigere Formen, z. B. durch Stege nach Abb. 64. Fortführung bis zur Diffusorart im Fänger und Sitz etwa nach Abb. 68 brachte keinen neben dem Querschnittsverlust gerechtfertigten Gewinn. Ähnlich beim Brechen der Kanten der Sitzflächen und ähnlichen Strömungshilfen. Im ganzen scheinen hier die kleinen erreichbaren Vorteile den Bauaufwand nicht zu lohnen. Strömungsgünstiger Einbau des Ventils ist auf Zylinderseite durch die Forderung nach kleinem schädlichem Raum sehr eingeengt.

Erfolgreicher war die Entwicklung auf *größere Querschnitte*. Zur Vergrößerung des Spaltquerschnitts bietet sich zunächst einfach Erhöhung des Plattenhubs an.

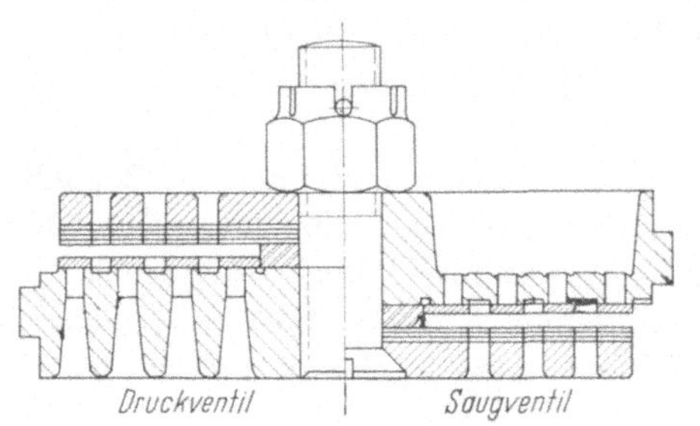

Abb. 64. Plattenventil mit verbesserten Kanälen (Ibach).

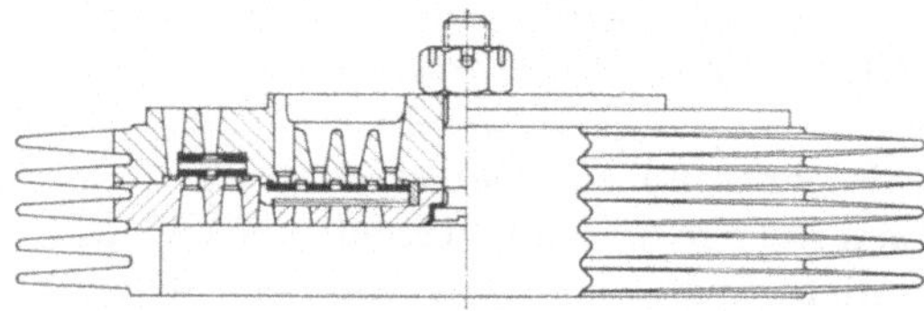

Abb. 65. Konzentrisches Saug- und Druckventil für luftgekühlten Zylinder (Dienes).

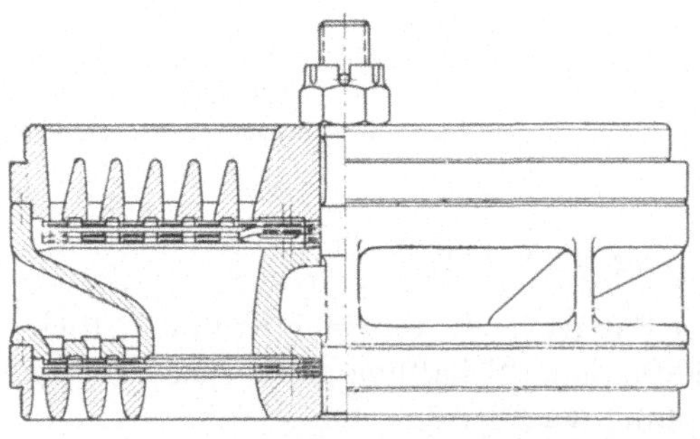

Abb. 66. Stockwerksanordnung zweier parallel arbeitender Saugventile (Hoerbiger).

Die Industrie hat sogen. „Hochhubventile" entwickelt, ermöglicht durch die später besprochenen reibungsfreien Lenkerplatten, z. B. Abb. 74. Andererseits begünstigt kleiner Hub kurze Öffnungs- und Schließzeiten, hohe Drehzahl und nach [29] und [4] auch die Durchflußzahl. Der Hubvergrößerung sind also gerade bei den Schnelläufern, wo es auf große Querschnitte ankommt, enge Grenzen gesetzt.

Für sehr große Maschinen erhält man großen Querschnitt ohne zu große Ventile durch Zusammenfassung mehrerer gleichartiger Ventile auf gemeinsamer Sitzplatte, sogen. „Gruppenventile", vgl. Abbildung 138, S. 149.

Sehr großen Ventilquerschnitt im Vergleich zum Kolbenquerschnitt erreicht die konzentrische Bauart, die Saug- und Druckventil vereinigt, nach Abb. 65. Das Ventil nützt den ganzen Zylinderdurchmesser aus. Wegen seiner großen Querschnitte eignet es sich bestens für Schnellläufer, in Abb. 65 zwischen Zylinder und Zylinderkopf einer luftgekühlten Maschine eingebaut, mit eigenen Kühlrippen. Wichtig ist dabei, daß das Druckventil außen liegt mit direkter Wärmeableitung nicht über das Saugventil.

Eine andere Lösung der Querschnittssteigerung zeigt Abb. 66, zwei stockwerksartig übereinander angeordnete gleichartige Ventile, noch weiter getrieben im „Turmventil" nach Abb. 67 mit zahlreichen parallel geschalteten Einzelventilen übereinander, links gezeichnet als Saugventil, rechts als Druckventil. Als Verbesserung gegenüber älteren Ausführungen besitzen die gleichartigen Sitzkörper an beiden Stirnseiten Dichtflächen für je 1 Ventilplatte, für je 2 Platten dient ein gemeinsamer Fänger. Der hohle kegelige Einsatz in der Mitte nimmt Kühl-

wasser auf und hält den schädlichen Raum in mäßigen Grenzen. Dem Vorteil des
großen Ventilquerschnitts steht der hohe Preis gegenüber.

2 interessante Bauarten von konzentrischen Stockwerksventilen für einen
Höchstdruckverdichter bringt Abb. 140, S. 151.

Das Ventil nach Abb. 68 ist in doppelter Hinsicht bemerkenswert: Die diffusorartigen Kanäle des Druckventils wurden schon oben genannt. Zur Vergrößerung
des Querschnitts zieht das Saugventil den Wulst der Zylinderbüchse heran, der
Kolbenboden wird zur Verkleinerung des schädlichen Raums der Ventilform angepaßt. Die Bauart wird vorzugsweise für Kälteverdichter verwendet.

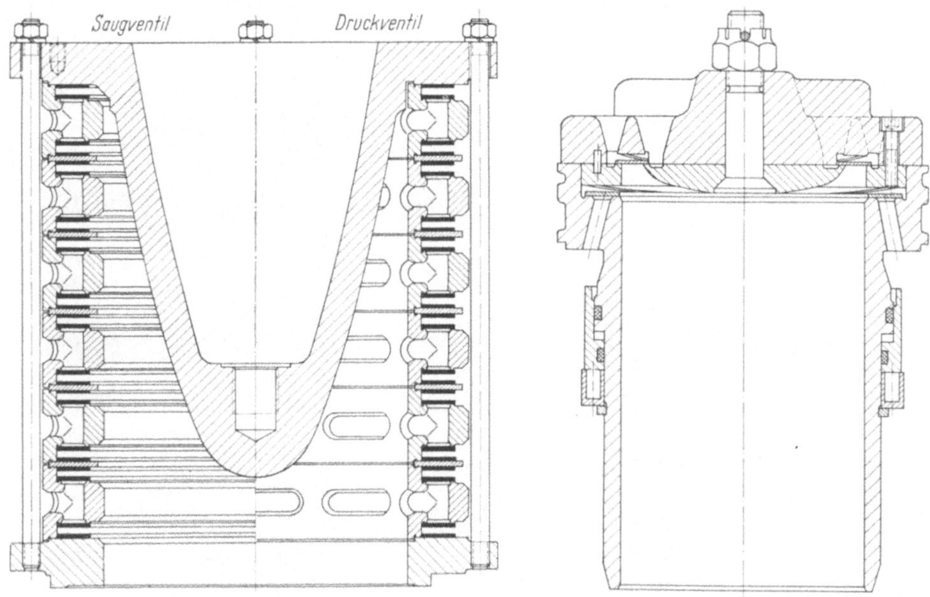

Abb. 67. Turmventil (Hoerbiger).　　　Abb. 68. Ausnützung des Wulsts der Zylinder
　　　　　　　　　　　　　　　　　　　　büchse für Saugventil (Ibach).

Die Parallelschaltung zahlreicher Einzelventile zu großem Querschnitt verwirklicht auch das sogen. „Etagenventil" nach Abb. 69, das allerdings schon zur
Bauart der „Zungenventile" gehört. Sie haben den Vorteil großer Einfachheit, des
Fehlens von besonderen Belastungsfedern und geringen Öffnungswiderstandes.
Der Strömungswiderstand wird klein, weil die Zungen den Gasstrom viel weniger
ablenken als querliegende Ventilplatten, daher „Gleichstromventile". Nachteilig ist,
daß sie für hohe Drücke nicht geeignet und nicht regelbar sind. Bei uns werden
diese Ventile vorzugsweise für Spülpumpen von Zweitakt-Dieselmotoren verwendet. Für Kolbenverdichter berichtet [31] über gute Bewährung ähnlicher
Ventile, doch gehen hier die Ansichten auseinander.

Wir sind damit bei den „Zungenventilen", die wegen ihrer Einfachheit auch
im Verdichterbau steigende Bedeutung gewinnen und hier kurz beschrieben werden
sollen. Ein Beispiel zeigt Abb. 70 mit 6 Saug- und 6 Druck-Zungen. Die Zungen
bestehen aus dünnem Bandstahl. Den Vorteilen: einfach, billig, kleiner schädlicher
Raum, günstige Strömungsverhältnisse, geringer Öffnungswiderstand, geräusch

6*

arm, betriebssicher, stehen die Nachteile gegenüber: ungeeignet für hohe Drücke, schwierige Regelung, wenig beeinflußbare Schließzeiten. Diese Ventile, die früher den Kälteverdichtern vorbehalten waren, führen sich jetzt hauptsächlich auch bei kleinen bis mittelgroßen Luftverdichtern niedrigen Drucks ein.

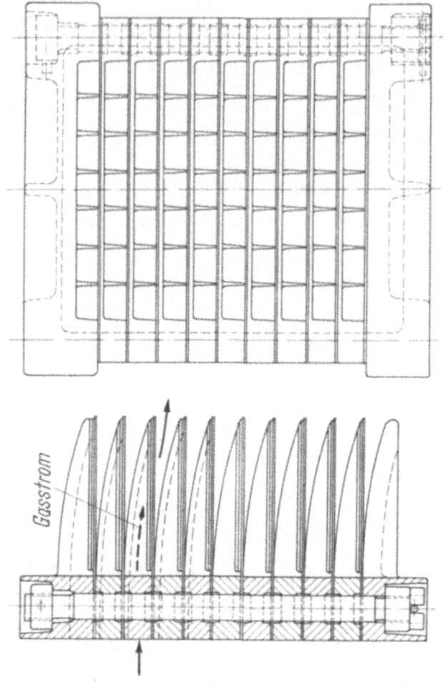

Abb. 69. 10-Etagen-Ventil für Spülpumpen (Dienes).

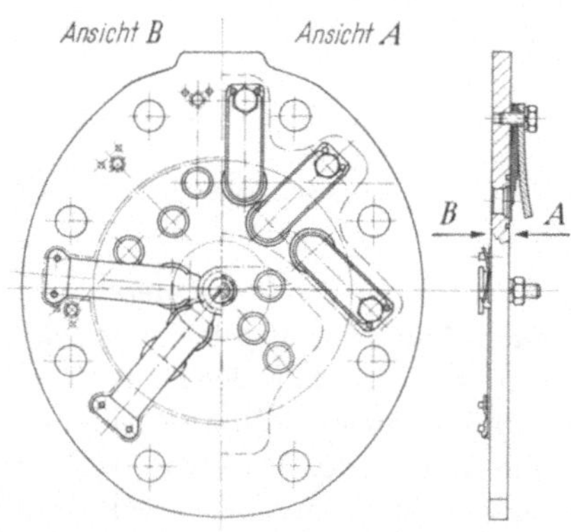

Abb. 70. Zungen-Saug- und Druckventil (Dienes).

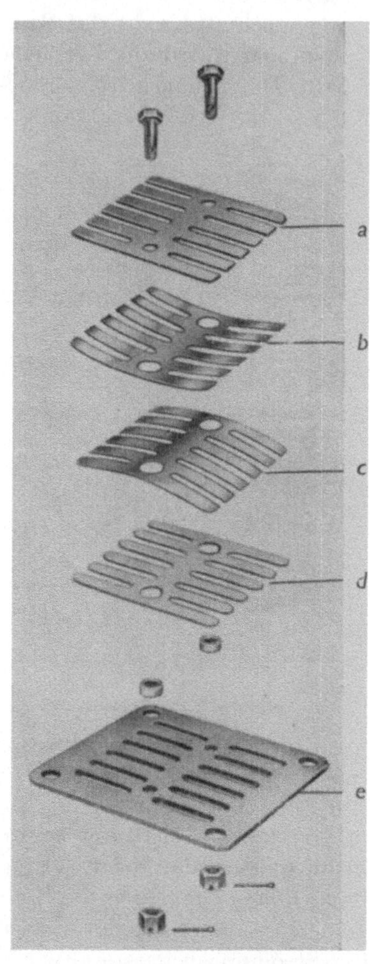

Abb. 71. Lamellenventil (Dienes)
a Ventilfänger; *b* Belastungsfeder; *c* Ausgleichsfeder; *d* Ventilplatte; *e* Ventilsitz.

Eine besondere Form des Zungenventils ist das hauptsächlich für Spülpumpen verwendete „Lamellenventil" nach Abb. 71.

Die dritte Entwicklungsaufgabe war *Führung und Dämpfung der Ventilplatte*. Sie wurde hauptsächlich durch den Wegfall der Schmierung bei ölfreien Verdichtern und beim Schnellauf wichtig.

Reibungsfreie Führung erhielt man zunächst durch eine zentral eingespannte, in Hubrichtung federnde Ventilplatte, klassische Form nach Abb. 72. Der nächste

Schritt ist eine federnde Lenkerplatte, die zentral festgehalten und mit der Ventilplatte vernietet ist, Abb. 73, mit einzelnen Schraubenfederchen. Zwischen Lenkerplatte und Fänger ist noch eine lose Dämpferplatte ein-

Abb. 72. Ventilplatte mit federndem Innenring (Hoerbiger).

geschaltet, die den Anschlag weicher und geräuschärmer macht. Weiterentwicklung von Lenkerformen, die das gleichmäßige und drehungsfreie Aufsetzen der Ventilplatte sichern, dann besonders für Hochhubventile einer zweiten, ihrerseits gefederten Dämpferplatte nach Abb. 74. Man erhält dadurch eine Federkennlinie mit Knick oder Sprung, die anfangs leichtes Öffnen gegen geringe Federkraft und im letzten Drittel des Hubs Milderung der Schläge durch starke Feder bedingt.

Demgegenüber sucht man wieder einfachere Bauart mit ebenfalls vollkommen reibungsfreier Plattenführung, Abb. 75. Die Ventilplatte selbst übernimmt wieder die Lenkung. Ihr innerer Teil bildet 3 federnde, bei ihrer großen Länge nicht mehr dünner geschliffene, gegenseitig nicht verspannte Lenker zu planparalleler Plattenführung. Die 3 Schraubenfedern könnten durch die Federkraft aufgebogener

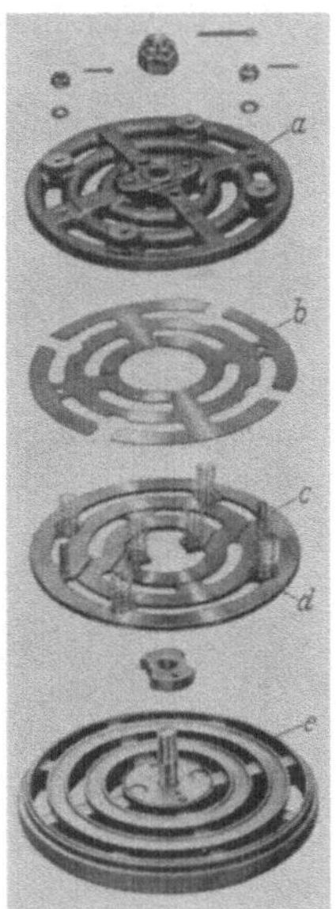

Abb. 73. Ventil mit zentrierter federnder Lenkerplatte (Ibach)
a Fänger; b Dämpferplatte; oben Lenkerplatte c vernietet mit Ventilplatte d unten. e Ventilsitz.

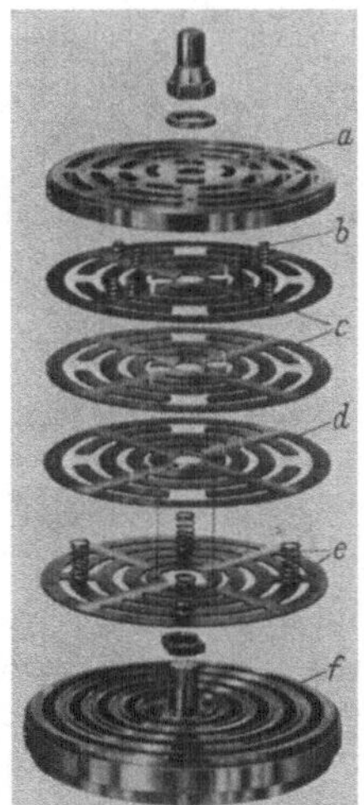

Abb. 74. Hochhubventil mit 2 Dämpferplatten und geknickter Federkennlinie (Hoerbiger).
a Fänger; b Dämpferfedern; c 2 Dämpferplatten; d Lenkerplatte vernietet mit Ventilplatte e mit Schließfedern; f Ventilsitz.

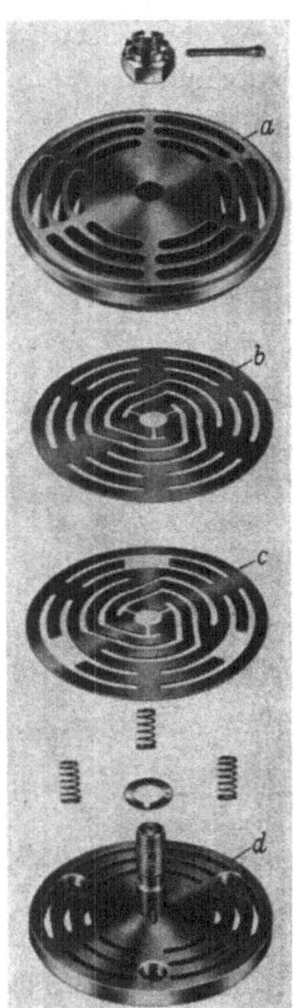

Abb. 75. Schnellaufventil mit Ventilplatte mit 3 federnden Lenkern. (Dienes)
a Ventilsitz, b Ventilplatte. c Dämpferplatte, d Fänger.

Abb. 76. Führung der Ventilplatte durch Zentrierfeder (Hoerbiger).

Lenker ersetzt werden. Die Ventile sind in erster Linie für Trockenlaufverdichter entwickelt.

Ein anderes Prinzip sehr einfacher reibungsfreier Führung zeigt Abb. 76: Zentrierung der Ventilplatte a durch eine im Fänger c zentrierte Schraubenfeder b, für normale und für Trockenlaufverdichter geeignet.

8.1.4 Einbau

Beim Einbau stehen sich die Forderungen nach großem Querschnitt, kleinem schädlichem Raum, günstiger Gasführung, guter Kühlung und einfacher Herstellung entgegen. Gute Kühlung des Druckventils ist wegen der Haltbarkeit der Ventilplatte und -feder und zur Vermeidung von Ölkoks und sogar Ölzündungen

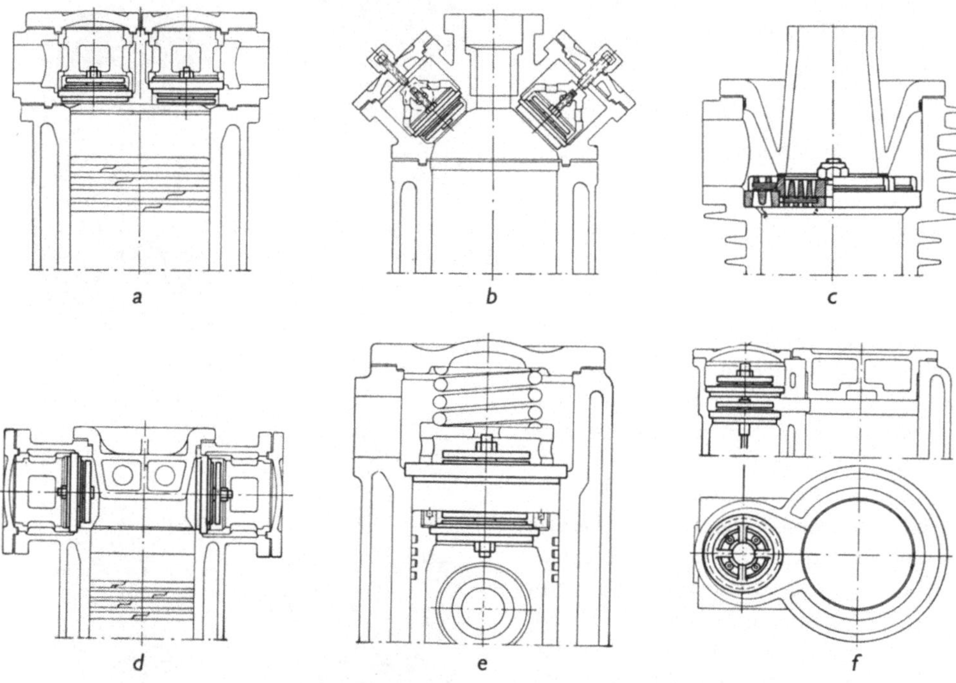

Abb. 77. Einbauweise für Ventile.

nötig; möglichst wenig Aufheizung des Saugventils wegen des Liefergrades. Die Ventilsitze müssen auch bei Erwärmung sicher im Gehäuse dichten, andererseits müssen die Ventile gut zugänglich und ausbaufähig sein. Sehr wichtig ist, daß sich im Gehäuse für die Ventile kein Ölsumpf bilden kann, der ihr Arbeiten beeinträchtigen würde, z. B. bei waagrechtem Einbau.

Abb. 77 zeigt 6 gebräuchliche Einbauweisen.

a ist am einfachsten, für kleinere Maschinen normal. Eine Überschneidung des Zylinderdurchmessers durch die Ventile ist in der Regel unvermeidlich, geht aber auf Kosten des schädlichen Raums. Dies wird durch die oft zu stellende Forderung verstärkt, daß — im Gegensatz zu a — zwischen beiden Ventilen ein Durchtritt für Kühlwasser oder Kühlluft bleiben soll. Überschneidung kann ungleiches Anströmen und Taumeln der Ventilplatte zur Folge haben [30].

b läßt mehr Platz für die Ventile und für Durchführung einer Kolbenstange, erfordert aber kostspieligere Form für Kolben und Zylinderkopf.

c zeigt den raumsparenden Einbau eines konzentrischen Doppelventils ähnl. Abb. 65. Wichtig ist dabei, die Aufheizung des Saugventils zu vermeiden. In der Abb. 77c haben deshalb der Saug- und Druckraum keine gemeinsame Wand.

d erlaubt bei großen Maschinen, 4—6 Ventile am Umfang unterzubringen, auch die Kolbenstange für Doppeltwirkung, bedingt aber größeren schädlichen Raum.

e ist bei Kältemaschinen häufig mit Ansaugen durch den Kolben hindurch. Der Sitz des Druckventils wird durch die gezeichnete schwere Schraubenfeder festgehalten und wirkt dadurch als großes Sicherheitsventil gegen Flüssigkeitsschläge.

f ermöglicht die Unterbringung einer großen Anzahl von Ventilen, ist aber wegen des großen schädlichen Raums nur bei ganz niedrigem Förderdruck brauchbar, z. B. bei Spülpumpen großer Zweitaktmotoren mit ihrer hohen Kolbengeschwindigkeit oder bei Stahlwerks- und Hochofengebläsen.

8.1.5 Wartung

Die Ventile sind die am stärksten beanspruchten Bestandteile eines Verdichters und erfordern daher gewissenhafte Pflege. Dies bedeutet regelmäßige Überprüfung und Reinigung mit Ventilausbau in gewissen Zeitabständen, die von der Betriebsdauer, Drehzahl, Verschmutzung des Gases und seiner Temperatur abhängen. Auch die Wahl geeigneten Schmieröls ist wegen der Gefahr der Verkokung der Druckventile wichtig, besonders bei hohem Druckverhältnis.

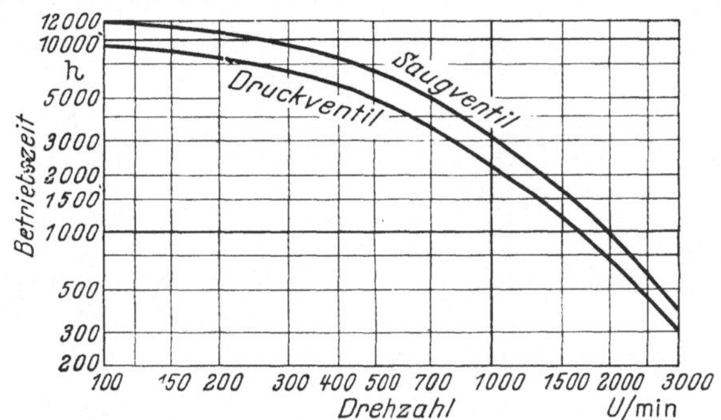

Abb. 78. Empfohlene Auswechselzeit für Ventilplatten und -federn (bis 30 kp/cm²) (Dienes).

Man hat aber stets damit zu rechnen, daß die Lebensdauer dieser empfindlichen Teile kleiner ist als die der übrigen Maschine. Deshalb sind nach gewisser Laufzeit Ventilplatten und -federn auszuwechseln. Diese Zeit hängt sehr von den besonderen Betriebsverhältnissen ab. Einen rohen Anhalt gibt das Diagramm der Abb. 78, das für Drücke bis 30 kp/cm² ermittelt wurde. Die wirkliche Lebensdauer ist in der Regel erheblich länger, die frühzeitige Auswechslung wird aber zur Vermeidung von Betriebsstörungen empfohlen.

8.2 Steuerschlitze

Der Arbeitskolben übernimmt hier die Steuerung der Ansaugeöffnungen, die durch Schlitze in der Zylinderwand gebildet werden.

Der Verdichter nach Abb. 79b hat ein normales Druckventil D und Saugschlitze S. Nach Abb. 79a wird beim Expansionshub von 1 an bei abgeschlossenem Zylinder der Außendruck p_0 weit unterschritten, bis in 2 die Saugschlitze vom Kolben freigegeben werden. Von 2 über 3 bis 2' kann sich der Zylinder etwa bis Außendruck auffüllen. In 2' sind die Schlitze geschlossen, die Verdichtung kann beginnen.

Die Ersparnis der Saugventile ist durch die um den Unterdruckteil vergrößerte Diagrammfläche und den um s_v verkleinerten Nutzhubraum erkauft. Diese Art der Steuerung wird deshalb nur für einfache Kleinverdichter, z. B. für Kältemaschinen, verwendet.

Zur Berechnung der Schlitze dient das aus dem Zweitaktmotorenbau bekannte Verfahren, z. B. [6] und [13]. Es sei

F_s = jeweils vom Kolben eröffneter Schlitzquerschnitt,

s_x = jeweils vom Kolben eröffnete Schlitzhöhe,

b = Gesamtschlitzbreite im Umfang gemessen

α = Kurbelwinkel, t = Zeit, n = Drehzahl,

w = Gasgeschwindigkeit (konstant angenommen),

v = Durchflußzahl,

F = Wert der schraffierten Fläche in Abb. 79c.

Dann ist die durch die Schlitze strömende Gasmenge

$$V = v w \int F_s \, \mathrm{d}t;$$

ferner wird mit

$$F_s = b s_x, \quad \alpha = 2\pi n t, \quad \mathrm{d}t = \frac{1}{2\pi n}\mathrm{d}\alpha$$

bei der Kurbeldrehung von 2 bis 2', also von α_2 bis α_2', „Zeitquerschnitt"

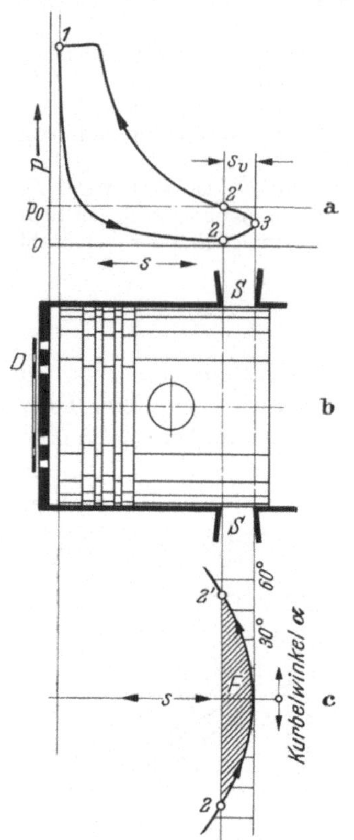

Abb. 79. Steuerdiagramm für Verdichter mit Saugschlitzen.

$$Z = \int\limits_{t_2}^{t_2'} F_s \, \mathrm{d}t = \frac{b}{2\pi n} \int\limits_{\alpha_2}^{\alpha_2'} s_x \, \mathrm{d}\alpha = \frac{b}{2\pi n} \cdot F,$$

also $V = v w \dfrac{b}{2\pi n} \cdot F$ (reine Größengleichung im Gegensatz z. B. zu [6]).

Der „Winkelquerschnitt" F wird zeichnerisch nach Abb. 79 mit Berücksichtigung der Maßstäbe bestimmt.

Für $w = \sqrt{2g\Delta p/\gamma}$ kann Δp näherungsweise als Mittelwert der Druckdifferenz $1/2(p_0 - p_2)$ angenommen werden, für γ das spezifische Gewicht des Außenzustands und für v ca. 0,9.

Wegen der unsicheren Annahmen begnügt sich die Praxis meist mit dem Vergleich von Z mit Erfahrungswerten und Berichtigung durch Prüfstandsergebnisse.

8.3 Steuerschieber

Der Steuerschieber ist zwar wegen des großen Bauaufwands fast überall durch die automatischen Ventile verdrängt, der Antrieb gibt ihm aber den für Sonderfälle entscheidenden Vorteil der vom Druckverlauf unabhängigen Steuerung. Ein Beispiel an einer modernen Vakuumpumpe zeigt Abb. 80. Der in Mitte des Schiebers sichtbare Kanal ermöglicht eine kurzzeitige direkte Verbindung beider Zylinderseiten beim Hubwechsel zur Druckentlastung, die für diese Maschinenart (zur Erreichung hohen Vakuums) sehr vorteilhaft ist.

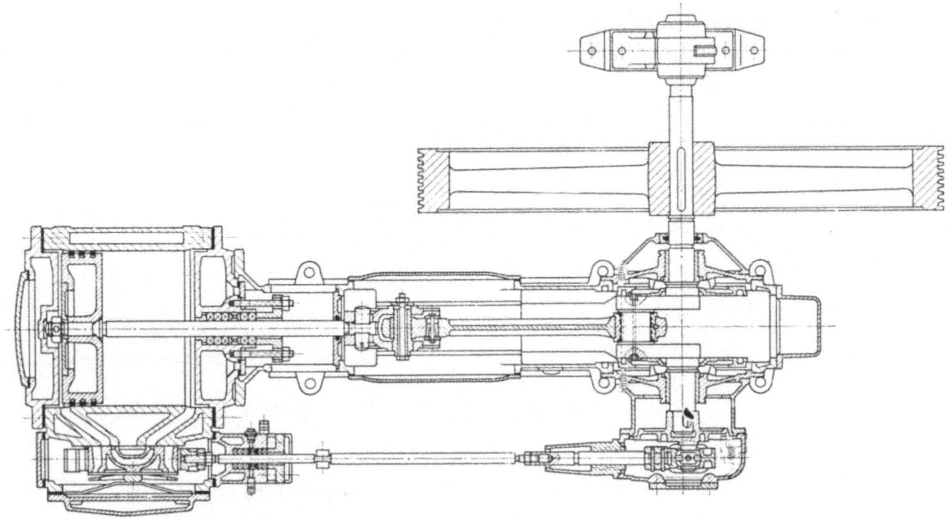

Abb. 80. Schiebersteuerung an Vakuumpumpe mit Druckausgleich (KSB).

9 Regelung

Bei Druckluft- und Druckgasanlagen wird in der Regel gefordert, daß der Förderdruck ungefähr konstant bleibt. Da der Verdichter den Enddruck selbsttätig dem Gegendruck anpaßt, ist die Aufgabe der Regelung nur, den Förderstrom der wechselnden Entnahmemenge anzupassen. Nur in Sonderfällen ist eine vor dem Enddruck liegende Druckstufe zu regeln, etwa der Saugdruck bei Kältemaschinen oder ein Zwischendruck bei mehrstufigen Verdichtern.

Für die normale Mengenregelung sind zahlreiche Verfahren in Anwendung, und gerade die Vielzahl zeigt, daß keines auf einfache Weise alle Anforderungen erfüllt.

Bei allen Verfahren wird der Verdichter für das nötige Maximum bemessen; geregelt wird nur durch *Herabsetzung* der Förderung.

9.1 Verfahren

9.1.1 Zeitweilige Unterbrechung der vollen Förderung

Also sprunghafte Regelung mit Zulassung einer begrenzten Druckschwankung im Behälter („Zweipunktregelung").

1. Durch zeitweiliges Stillsetzen des Verdichters, z. B. durch Aus- und Einschalten des antreibenden Elektromotors. Einfach, aber häufiges Anfahren der

Antriebsmaschine oft unerwünscht, bei höheren Leistungen Druckentlastung des Verdichters beim Anfahren nötig. Ähnlich wirkt eine Fliehkraftkupplung, z. B. bei Dieselmotoren, die den Verdichter erst mitnimmt, wenn der Motor eine gewisse Drehzahl erreicht hat. Wird die Motordrehzahl zur Nullförderung unter die Kuppeldrehzahl herabgesetzt, so ist zeitweiliges Stillsetzen des Verdichters ohne Abstellen des Motors möglich.

2. Durch zeitweiliges *völliges* Verschließen der Saugleitung. Die bei 9.1.2, 4. besprochene Gefahr der Überhitzung tritt nicht auf, weil bei völligem Ver-

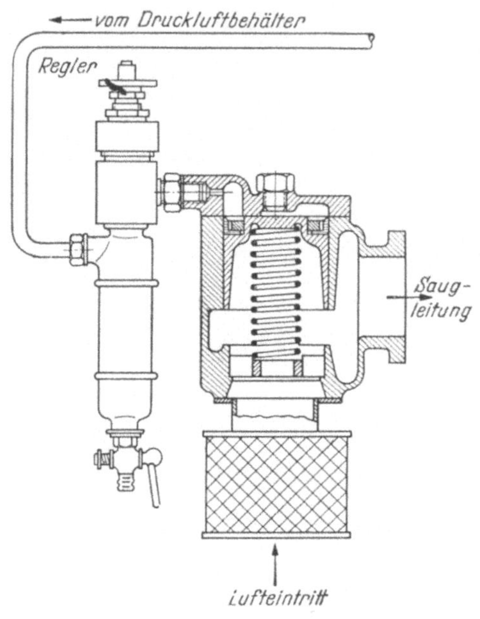

Abb. 81. Ventil zum Abschließen der Saugleitung.

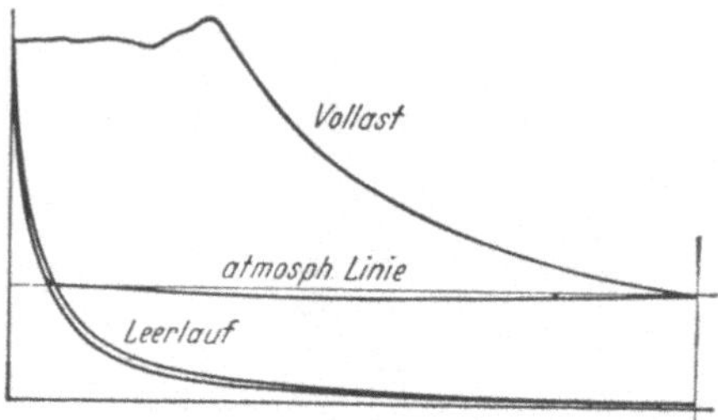

Abb. 82. Regeldiagramm mit Abschließen der Saugleitung.

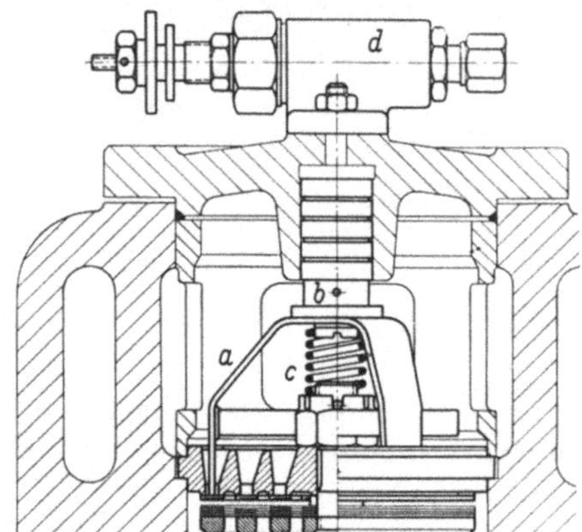

Abb. 83. Saugventil mit Greiferregelung.

schließen praktisch keine Verdichtungsarbeit geleistet wird und die Kühlung ausreicht. Ausführungsbeispiel nach Abb. 81, Indikatordiagramm nach Abb. 82. Ein Nachteil ist vermehrtes Hochsaugen von Schmieröl durch den großen Unterdruck im Leerlauf.

Mitunter wird die Ansaugeleitung nicht völlig abgesperrt, sondern eine dosierte, geringe Luftmenge zum Spülen der Lufträume angesaugt und durch ein geöffnetes Entlüftungsventil nach der letzten Stufe ausgeblasen.

3. Durch zeitweiliges ununterbrochenes Offenhalten der Saugventile, so daß das angesaugte Gas in die Saugleitung zurückgefördert wird. Konstruktiv oft nicht so einfach wie bei 2., aber ohne Gefahr des Ölhochsaugens. Ein Beispiel zeigt Abb. 83. Im Leerlauf wird die schwarz gezeichnete Ventilplatte durch Greifer a vom Ventilsitz abgehoben und zwar durch Druckluft, die den Kolben b nach unten drückt. Bei Vollast wird die Druckluft abgestellt, der Raum oberhalb b

ins Freie entlastet, der Greifer *a* durch die Feder *c* nach oben gezogen und dadurch die Ventilplatte freigegeben. Die Druckluft wird durch das hier direkt angeflanschte Gerät *d* gesteuert, das mit Abb. 94 auf S. 96 beschrieben ist.

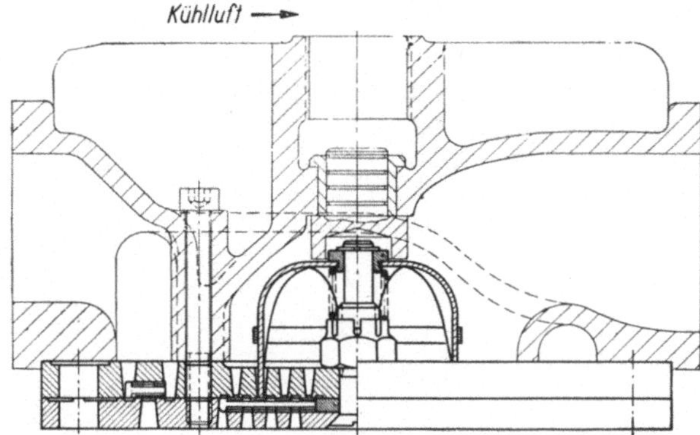

Abb. 84. Greiferregelung für luftgekühlten Schnelläufer (Dienes).

Eine elegante Konstruktion für die Greiferregelung ist in Abb. 84 wiedergegeben, der Einbau in den Kopf eines luftgekühlten Verdichters mit konzentrischem Doppelventil und Trennung von Saug- und Druckraum.

4. Durch zeitweiliges Öffnen eines Nebenauslasses in der Druckleitung ins Freie mit Rückschlagventil zur Verhinderung des Entleerens des Behälters. Gewisse Arbeitsleistung des Verdichters auch bei Null-Förderung; nur für Anlagen, wo Einfachheit entscheidet, z. B. bei Druckluftbremsen von Kraftfahrzeugen, Abb. 85.

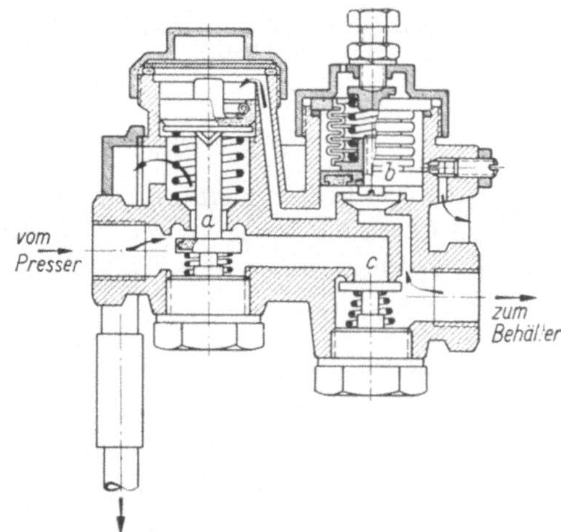

Abb. 85. Nebenauslaß in Druckleitung, Abblasestellung (Bosch).
a Auslaßventil; *b* Steuerventil; *c* Rückschlagventil.

9.1.2 Änderung der Fördermenge durch äußere Eingriffe

Verhältnismäßig einfache Hilfsmittel, z. T. sprunghafte Regelung.

1. Verringerung der Drehzahl

Sehr einfach und wirtschaftlich wegen des Verdichterwirkungsgrads, wenn die Antriebsmaschine es zuläßt. Für sehr kleine Fördermenge wird es bei keiner Kraftmaschine möglich sein; Null-Förderung, z. B. in Arbeitspausen, erlaubt Drehzahlregelung allein nicht. Eine Grenze für die Drehzahlminderung von Verdichterseite kann durch die Ventilfedern oder das Schmiersystem gesetzt sein. Ein Schaltgetriebe zur Änderung des Übersetzungsverhältnisses ist wegen des Aufwands kaum üblich.

2. Änderung des schädlichen Raums durch verschiedene Zuschalträume, also des λ_{nu}

Konstruktiv mit einfachen Mitteln nur sprungweise möglich. Beispiele zeigen die Abb. 86 und 87, wobei aber in 87 für 1/4-Last und Leerlauf noch das Verfahren 9.1.1, 3. hinzugezogen ist.

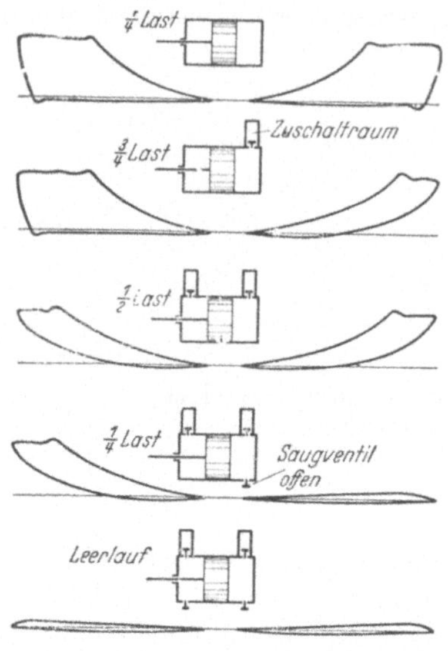

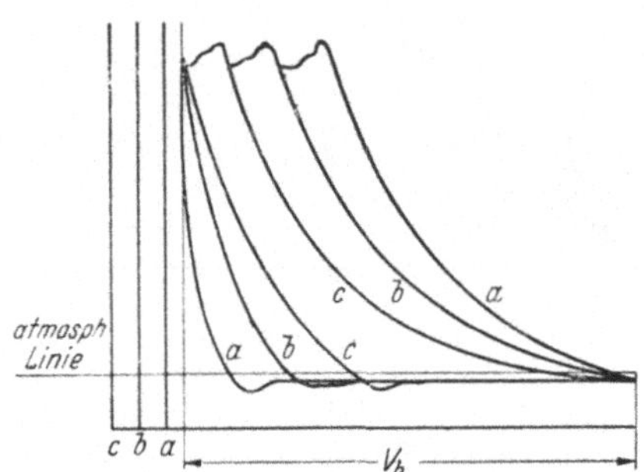

Abb. 86. Regeldiagramm für 2 Zuschalträume b und c; a = Vollast.

Abb. 87. Doppeltwirkender Verdichter, 5 Regellasten durch je 1 Zuschaltraum und Offenhalten des Saugventils.

3. Abschalten einzelner Zylinder

Hat der Verdichter mehrere parallel arbeitende Zylinder oder Zylinderseiten bei Doppeltwirkung, so ist durch Abschalten eines Teils z. B. nach 9.1.1, 3. eine sprunghafte Verringerung der Fördermenge möglich.

Zum Beispiel 2 einfachwirkende Zylinder Nr. 1 und 2 parallel:

eingeschaltet Zylinder Nr.	1 + 2	1	—
abgeschaltet Zylinder Nr.	—	2	1 + 2
Förderstrom %	100	50	0

Zum Beispiel 2 doppeltwirkende Zylinder mit Seite 1—4 parallel:

eingeschaltet	1 — 4	1 — 3	1 — 2	1	—
abgeschaltet	—	4	3 — 4	2 — 4	1 — 4
Förderstrom	100	75	50	25	0

4. Drosseln der Ansaugeleitung

Ein sehr einfaches und trotzdem in der Regel nicht zugelassenes Verfahren, weil bei tiefem Ansaugedruck und unverändertem Enddruck das Gesamtdruckverhältnis sehr erhöht wird und nach S. 50 die Temperatur in der Endstufe zu hoch werden kann. Bei kleinen Luftverdichtern mit mäßigem Enddruck und bei mehrstufigen mit niedrigem Π der Endstufe tritt aber erfahrungsgemäß keine zu hohe oder sogar gar keine Temperatursteigerung ein, weil bei gleichbleibender Kühlung der verkleinerten Luftmenge verhältnismäßig mehr Wärme entzogen wird. Nachteil des Ölhochsaugens ähnlich 9.1.1, 2.

Früher war das Verfahren für die Einblaseluftverdichter der Dieselmotoren, die für das Laden der Anlaßluftflaschen neben vollem Betrieb ausgelegt waren, mit guter Kühlung und stark entlasteter Endstufe durchaus üblich. Vielleicht wird es wegen seiner Einfachheit für kleine Anlagen wieder mehr verwendet werden, wenn Begrenzung der Temperatursteigerung nachgewiesen wird und wo der Leistungsverlust nicht ins Gewicht fällt.

5. „Bypass"-Regelung

Feinfühlige, besonders für Trockenlaufverdichter (s. Abschn. 11.2, S. 114, mit Beispielen in 13.5, S. 161) hochentwickelte Regelung. Einfaches Prinzip: Kurzschlußleitung vom Verdichteraustritt zur Ansaugeseite, mit einem Regelventil zur stetigen Änderung der Rückflußmenge in weiten Grenzen. Nachteil: Stets hohe Leistungsaufnahme. Bei mehrstufigen Maschinen dadurch Verbesserung, daß der Bypass schon nach dem ersten Zwischenkühler abzweigt mit der in 9.1.4 beschriebenen Beschränkung. Ein Bypass in allen Stufen ist unwirtschaftlich.

9.1.3 Sprungfreie Regelung der Fördermenge durch innere Eingriffe

Ideal des Regelungsvorgangs, aber mit höherem Bauaufwand erkauft.

1. Von außen gesteuertes Saugventil

Das Saugventil wird während des Druckhubs eine veränderliche Zeit lang offengehalten, während der ein Teil der angesaugten Luft zurückgeschoben wird. Indikatordiagramm Abb. 88: bei voller Fördermenge beginnt die Verdichtung in a, bei verringerter Menge erst in b oder c. Das Saugventil muß im Takt des Kolbens gesteuert werden. Die Hubstrecke, während der das Ventil am Schließen verhindert wird, muß regelbar sein. Dieser Aufgabe dient ein mechanisches Gestänge oder eine Steuerung durch Drucköl oder Druckluft oder eine elektromagnetische.

2. Durch Staudruck gesteuertes Saugventil

Die umständlichen Steuerungen nach 1. werden durch die selbsttätige innere Steuerung verdrängt. Das Regelprinzip ist genau wie bei 1. Das Saugventil wird

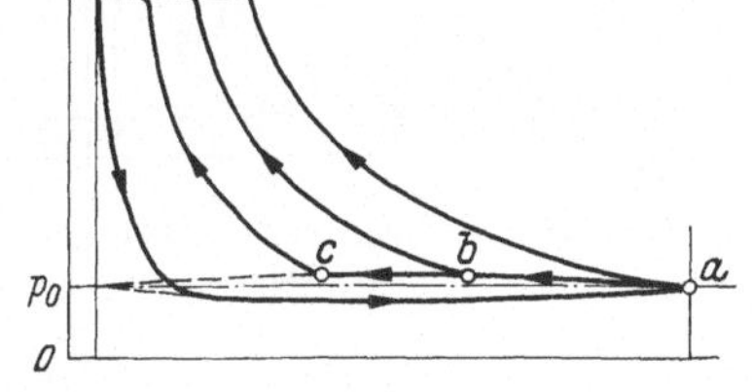

Abb. 88. Regeldiagramm bei gesteuertem Saugventil.

während des Druckhubs durch eine veränderliche Kraft einer Feder oder eines Druckluftkolbens so lange offengehalten, bis der mit zunehmender Kolbengeschwindigkeit wachsende Staudruck (Abb. 88) des durchströmenden Gases das Ventil schließt. Dadurch ist stetige Verringerung der Fördermenge bis auf etwa 40% möglich. Durch besondere Mittel kann man das Schließen des Ventils bis weit über den Punkt der größten Kolbengeschwindigkeit hinaus verzögern und dadurch die Förderung noch weiter verkleinern. Oft aber läßt man den Verdichter unterhalb der Schranke von 40% unstetig arbeiten, etwa nach 9.1.1, 3.

Ein Saugventil für Staudruckregelung zeigt Abb. 89. Es ist für hohe Drehzahl mit möglichst kleinen bewegten Massen entwickelt. Im Takt der Maschine müssen nur die Abhebestifte c und z. T. die Federn d bewegt werden. Beim Regelvorgang wird die Kraft dieser Federn durch Verschieben der Greiferplatte a durch Änderung des Drucks auf den Kolben b verändert. Als Druckmittel wird in der Regel nicht Druckluft, sondern weniger schwingungsfähiges Öl oder Wasser verwendet, das durch eine enge Düse f (neuerdings außerhalb des Stellzylinders) weitere Dämpfung erfährt. Dichtung hier durch Rollmembran e.

Ein Originaldiagramm für verschiedene Fördermengen zeigt Abbildung 90.

3. Zeitlich veränderlicher Zuschaltraum

Die Veränderung der Fördermenge wird durch die Veränderung der Zeitspanne erreicht, in der ein Zuschaltraum unveränderlicher Größe V_z während des Verdichtungs- und Ausdehnungshubs mit dem Zylinderraum verbunden ist. In Abbildung 91 kann die Verbindung des Zuschaltraums a mit dem Zylinderraum c durch das Regelventil b unterbrochen werden. Das Ventil ist so lange offen, wie die Kraft F_e der Feder e größer ist als die Kraft F_d des Gasdrucks auf dem Kolben d mit Kolbenfläche f. Im Diagramm der Abb. 92 ist volle Förderung nach

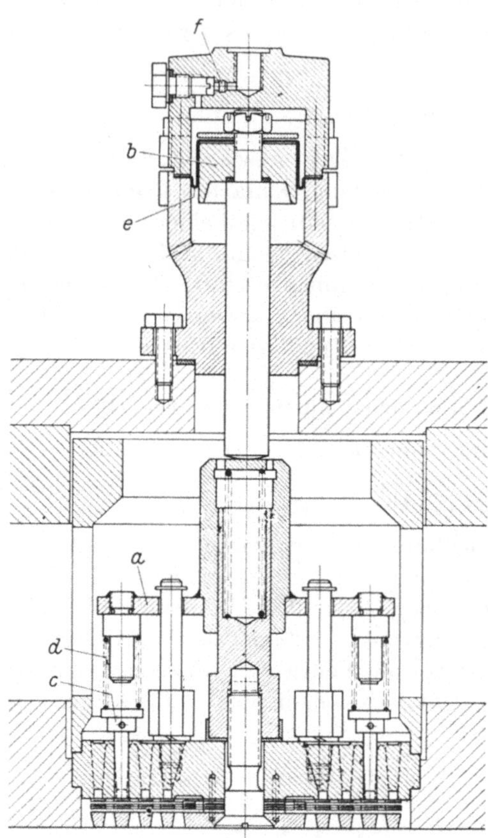

Abb. 89. Staudruck-Regelventil für hohe Drehzahl (Hoerbiger).

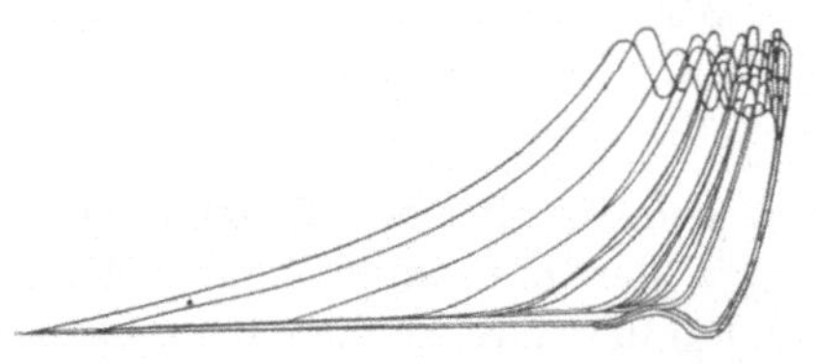

Abb. 90. Diagramm für Staudruckregelung.

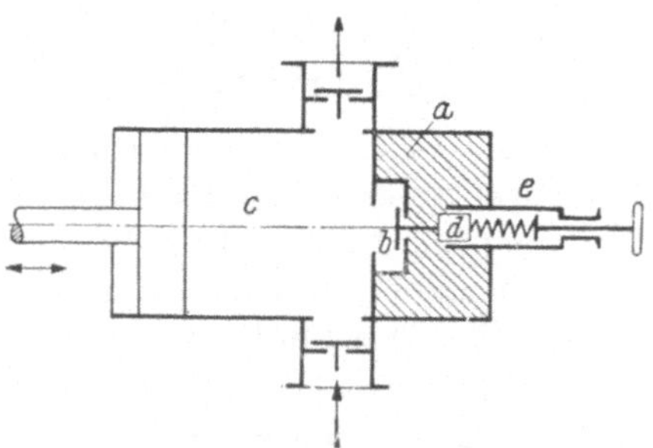

Abb. 91. Zuschaltraumregelung.

1 2 3 4 mit $F_e = 0$. Für verringerte Förderung wird z. B. $F_e = F_d = f \cdot p_z$ gemacht. b schließt und öffnet also bei Über- und Unterschreiten des Drucks p_z in 5 und 6. Von 3 bis 5 flache Kurve bei großem Raum, von 5 bis 4' steile Kurve bei kleinem Raum, ebenso 1 bis 6 steil, 6 bis 2' flach, wobei das im Zuschaltraum eingeschlossene Gas in den Zylinder zurückströmt, so daß die Ansaugemenge dem verkleinerten Hub 2'—3 entsprechend verringert wird.

Je höher die Federkraft F_e gemacht wird, um so weniger wird gefördert. Wird
a mindestens so groß gemacht, daß bei offenem b bei der Verdichtung der Enddruck
nur gerade noch erreicht wird, so können alle Fördermengen von Voll bis Null stetig
eingestellt werden. Verstellung von
F_e mit Handspindel, durch Druckluft und dgl. Ein Ausführungsbeispiel
zeigt Abb. 93, für Fernsteuerung
z. B. durch eine Druckkaskade ähnlich Abb. 95, S. 98.

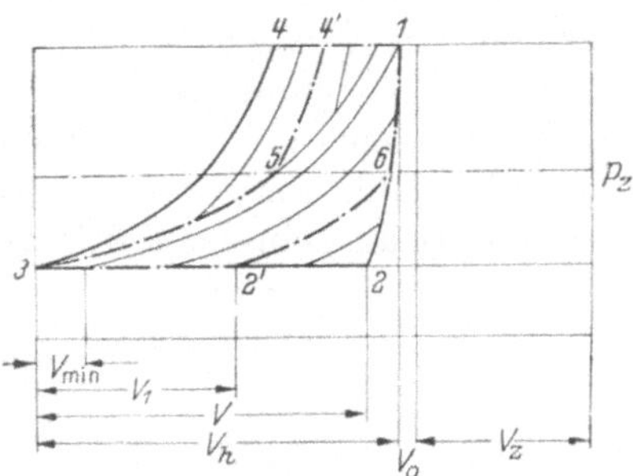

Abb. 92. Theoretisches Diagramm zu Abb. 91.

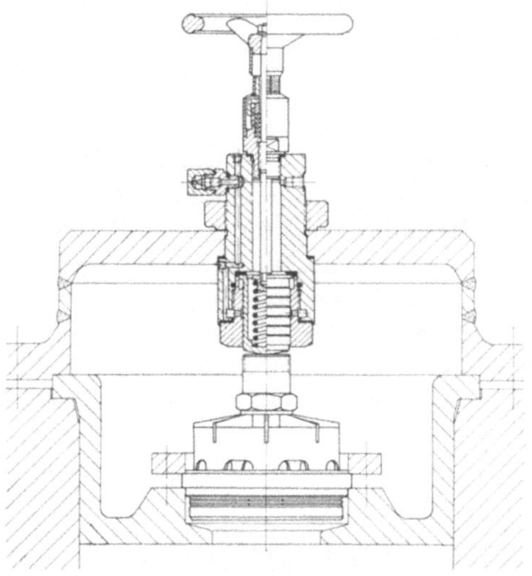

Abb. 93. Zuschaltraum und Zuschaltventil mit Servo-
zylinder für Fernsteuerung und zusätzlicher Handspindel
(Hoerbiger).

9.1.4 Anpassung an die Verdichterstufen

Mit Ausnahme der Regelverfahren 9.1.1, 1., 2. und 4., sowie 9.1.2, 1., bei
denen ganz von selbst alle Stufen gleichmäßig erfaßt werden, trifft die Verringerung der Ansaugemenge nicht ohne weiteres alle Stufen gleich. Hauptsächlich
wird nach den Ableitungen bei 5.4, S. 50, bei Verringerung der Ansaugemenge
der I. Stufe und unverändertem Enddruck die letzte Stufe in Druck und Temperatur überlastet. Wenn also das Druckverhältnis und das Verhältnis der Kolbenkräfte in allen Stufen gleichbleiben soll, so sind die Regelverfahren in allen
Stufen gleichartig anzuwenden. Dies bedeutet ganz erheblichen konstruktiven
Aufwand. Deshalb hat man jetzt unter Verzicht auf ganz unveränderliches Druckverhältnis Verfahren entwickelt, bei denen nur die I. Stufe voll geregelt wird und
die höheren Stufen ihre Liefermenge durch Absenken der Zwischendrücke an-
passen; die letzte Stufe wird dabei dadurch vor Überlastung geschützt, daß ihr
Vollast-Druckverhältnis sehr klein ausgelegt wird. Man erreicht so sichere Verhältnisse bis herab auf halbe Fördermenge, was für viele große Anlagen ausreicht.
Soll der Verdichter aber noch darunterhin geregelt werden, so muß mindestens
die letzte Stufe eine Regeleinrichtung erhalten.

Eine andere, recht wirtschaftliche Anpassung besteht darin, die letzte oder
auch mehrere höhere Stufen mit je einem Umlaufventil zu versehen, das sprung-
frei in Abhängigkeit vom Saugdruck der betreffenden Stufe zu öffnen beginnt,
wenn diese Stufe das höchstzulässige Druckverhältnis erreicht.

Auf ähnliche Weise erhält man die oft für Kältemaschinen nötige Regelung auf möglichst konstanten Saugdruck.

Die Schwierigkeit eines breiten Regelbereichs kann auch durch Kombination eines sprunghaften Verfahrens mit einem stetigen vermieden werden, wenn man z. B. durch Abschalten von Zylindergruppen grob und innerhalb der Intervalle fein regelt.

9.2 Betätigung

Die Regelung kann von Hand betätigt werden, z. B. nach einem Manometer am Behälter. Meistens wird aber selbsttätige Verstellung verwendet, die durch den Druck im Behälter gesteuert wird.

Bei den sprungfreien Verfahren folgt die Regelung dem wechselnden Bedarf stetig, so daß das Steuergerät den Behälterdruck ungefähr konstant hält.

Bei zeitweiligem Abschalten des Verdichters gibt es nur Voll- oder Null-Förderung, je nach Behälterdruck. Sollte dieser ungefähr konstant gehalten werden, so müßte das Steuergerät fast ununterbrochen aus- und einschalten. Man

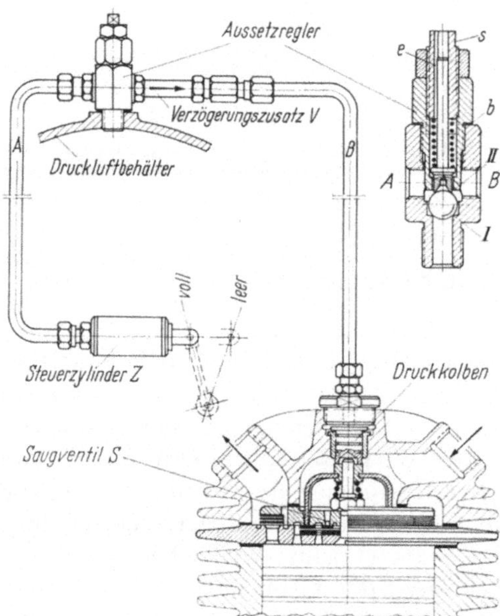

Abb. 94. Aussetzregler und Schaltbild für gleichzeitige Herabsetzung der Drehzahl (Dienes).

läßt deshalb einen größeren Druckabfall im Behälter zu. Bei einem mittleren Druck von 8 kp/cm² arbeitet der Verdichter voll, bis ein Druck von z. B. 8,5 kp/cm² erreicht ist. Dann schaltet das Steuergerät ab und schaltet erst wieder ein, wenn der Druck auf 7,5 kp/cm² gefallen ist. Die Differenz zwischen Aus- und Einschalten wird im Steuergerät durch abgestufte Kolben, unstetig zum Eingriff kommende Federn und dgl. herbeigeführt.

Das Beispiel einer neuen, geschickt einfachen Ausführung gibt Abb. 94, oben rechts. Die Ventilkugel hat auf der Druckbohrung den Sitz I, auf der Entlüftungsbohrung den etwas *größeren* Sitz II. Unterhalb p_{max} ist die Kugel durch die Feder auf I gedrückt, A und B durch e entlüftet, der Verdichter arbeitet voll. Von p_{max} bis p_{min} ist die Kugel durch den Gasdruck auf II gedrückt, B erhält Druckluft, dadurch ist der Verdichter ausgeschaltet. Die Größe von $p_{max}-p_{min}$ ist durch den Unterschied der Querschnitte I und II und durch die mit dem Hub der Kugel veränderte Federkraft bestimmt. Hub einstellbar durch Beilagen b; p_{max} verstellbar durch Schraube s. Umschalten schlagartig ohne Zwischenstellungen dadurch, daß im Augenblick des Anhebens der Druck auf die ganze, mit wenig Spiel geführte Kugel wirkt.

Beim Antrieb durch Dieselmotor kann dieser während des Leerlaufs zur Ersparnis auf niedrigere Drehzahl geschaltet werden. Die Schaltung zeigt ebenfalls Abb. 94. Beim Umschalten auf Leerlauf erhalten sowohl das Saugventil S als auch der Steuerzylinder Z Druckluft. Z bewirkt durch Verringerung der Spannung der Federn des Motorreglers die Leerlaufdrehzahl. Beim Umschalten auf Vollast soll der Verdichter erst Last aufnehmen, wenn der Motor seine hohe Drehzahl erreicht hat. Dazu ist ein „Verzögerungszusatz" V in die Leitung B eingeschaltet. Er enthält ein Rückschlagventil mit Drosselbohrung, das die Luft in Pfeilrichtung ungehindert, umgekehrt aber nur langsam durchtreten läßt. Dadurch werden die Entlüftung und das Einschalten von S so lange verzögert, bis der Motor voll läuft.

Die Häufigkeit des Schaltens hängt von der Luftentnahme, der Größe des Druckluftbehälters und vom zugelassenen Druckunterschied ab. Rechnerischer Zusammenhang nach Gl. (62), S. 180.

Bei den Regelverfahren mit Teilabschaltung, 9.1.2, 2. und 3., ist der Förderungsunterschied viel geringer als bei völligem Abschalten, also werden das Umschalten seltener und die Belastungsänderung für Motor und Verdichter kleiner.

Für verfeinerte Regelung, z. B. nach den Gesichtspunkten von 9.1.4, kommt man mit allem Zubehör zu recht ansehnlichen Schaltplänen als Erfordernis für die Wirtschaftlichkeit großer Anlagen.

9.3 Anwendung

Bei kleineren Preßluftanlagen, die einen Speicher mit langen Entnahmepausen auffüllen und elektrischen Antrieb besitzen, kommt meist 9.1.1, 1., einfaches Stillsetzen, zur Anwendung.

Für Aggregate für Baustellen, Druckluftanlagen kleiner Fabriken und dgl. sind die Verfahren 9.1.1, 2. und 3. am gebräuchlichsten. Den Verlust durch Leerleistung des Maschinensatzes während der Abschaltzeit nimmt man dabei in Kauf.

Die hochwertigen sprungfreien Verfahren sind großen, anspruchsvollen Anlagen mit hohen Betriebszeiten vorbehalten, wo sich die hohen Anlagekosten durch höheren Wirkungsgrad und feinere Regelung bezahlt machen.

Das Verfahren mit Zuschaltraum 9.1.3, 3. hat den Vorteil normaler Saug- und Druckventile und unabhängiger Regelventile, es kommt also in manchen Fällen der Konstruktion entgegen und wird z. B. bei Kältemaschinen mit starken Saugdruckschwankungen verwendet.

Wo statt der empfindlichen sprungfreien Verfahren ein sicher arbeitendes, aber verhältnismäßig feinfühliges Gerät verlangt wird, bewährt sich die anpas-

sungsfähige Teilabschaltung 9.1.2, 3., also für mittelgroße stationäre Anlagen.
9.1.2, 5. ist vorzugsweise für Trockenläufer im Gebrauch.

Drehzahlregelung war hauptsächlich bei Kolbendampfmaschinen am Platz.
Die Gasmotoren der Abb. 166—168, S. 174, erlauben eine Drehzahlverringerung
bis auf 50% bei vollem Drehmoment. Der Dieselmotor kann ebenfalls bei vollem
Moment mit einfachen Reglern auf 1/3 der Volldrehzahl und noch tiefer herab
geregelt werden, und einzelne fahrbare Dieselverdichter haben die Einrichtung

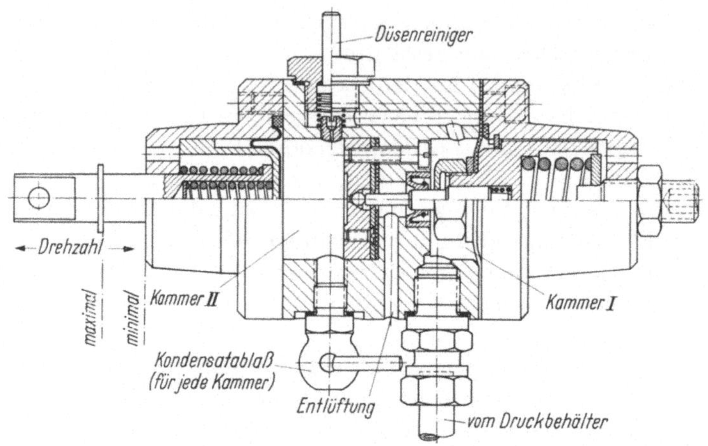

Abb. 95. Automatischer Regler für stetige Drehzahlverstellung in Abhängigkeit vom Behälterdruck (Dienes).

dafür von der einfachen Handverstellung bis zur stetigen vollautomatischen
Regelung. Ein Gerät dazu zeigt Abb. 95, das die Motordrehzahl in Abhängigkeit
vom Enddruck stetig regelt. Kammer I erhält vollen Druck. Kammer II ist über
eine feste Düse mit I und über ein Kugelventil mit dem Freien verbunden. Die
Federbelastung des Ventils wird mit steigendem Behälterdruck stetig verringert;
dadurch sinkt der durch das Verhältnis von Düsen- und Ventilquerschnitt bedingte „Kaskadendruck" in II, der über einen Druckkolben die Motordrehzahl
verstellt.

Im ganzen wird aber auffallend wenig Gebrauch von der Drehzahlregelung
gemacht. Gründe dafür kann man darin finden, daß für sehr kleinen Verbrauch
und für Betriebspausen noch eine zusätzliche Regelung vorgesehen werden muß,
daß weitgehender Drehzahländerung die Abstimmung der Ventilfedern eine
Grenze setzen kann, vgl. S. 81, und daß gewisse Schmierverfahren bei niedriger
Drehzahl nicht mehr ausreichen. Ferner ist für vielseitige Verwendbarkeit des
Verdichters ein unabhängiges Regelverfahren vorteilhaft. Vielleicht wird aber
die Zukunft doch eine engere Verbindung mit dem regelbaren Motor bringen.

Bei Drehstrommotoren ist eine sprunghafte Drehzahlregelung möglich, wenn
sie polumschaltbar gebaut sind mit 2, 3 und sogar 4 Stufen, bei 50 Hz z. B. für
1500—1000—750 U/min. Für Verdichter wird aber selten Gebrauch davon gemacht, da der Motor teurer und schwerer wird.

Eine wichtige Aufgabe fällt der Regelung noch beim Anfahren des Maschinensatzes zu. In den meisten Fällen muß dabei der Verdichter möglichst wenig be-

lastet sein, also auf möglichst vollkommenen Leerlauf geschaltet werden, am besten selbsttätig, mit pneumatisch oder elektrisch gesteuertem Entlastungsventil.

Wie bei den Steuerungsventilen geht auch bei den Regelgeräten die Entwicklung und Herstellung mehr und mehr zu Spezialfirmen über, fortschreitend von den kleinen zu den großen Maschinen.

10 Kühlung

10.1 Aufgabe und Kühlmittel

Dem Gas wird bei der Verdichtung der der indizierten Leistung gleichwertige Wärmestrom $\dot{Q}_g = A \cdot P_i$ zugeführt (mit dem mechanischen Wärmeäquivalent A). Dazu kommt noch der Teil der Reibungsleistung P_R, der als Kolbenreibung z. T. ins Kühlmittel übergeht und z. T. die Gastemperatur etwas erhöht. Er ist rechnerisch kaum zu erfassen und kann ganz grob zu 1/3 von P_R abgeschätzt werden. Mit einem mittleren mechanischen Wirkungsgrad $\eta_{\mathrm{mech}} = 0{,}92$ wird

$$1/3\ P_R = \frac{1}{3}\left(\frac{1}{0{,}92} - 1\right) P_i = \mathrm{rd.}\ 0{,}03\ P_i.$$

Bei der Kleinheit dieses Wertes hat ein Fehler in der Abschätzung der Kolbenreibung nur kleine Wirkung. Man kann die Reibung also mit einem kleinen Zuschlag von rund 3% zu $\dot{Q}_g$ berücksichtigen, wenn man sie bei der Unsicherheit aller Temperaturen nicht ganz vernachlässigen will.

Auch etwaige Enthalpie-Änderung ist nicht berücksichtigt.

Bei feuchtem Gas kommt für die Kühlung noch die Wärme hinzu, die bei Verflüssigung des Wasserdampfs in den Zwischenkühlern frei wird, vgl. Abschn. 2.1.4, S. 12. Dem in Beispiel 4 für jeden Kühler berechneten Gewichtsstrom $\dot{G}_A$ entspricht eine Verflüssigungswärme von $\dot{Q}_A = q_A^* \cdot \dot{G}_A$, wobei q_A^* ungefähr 600 kcal/kp beträgt. Vorsichtshalber wird man für den Ansaugezustand volle Sättigung annehmen.

Nach Kap. 5, S. 42, ist es zur Leistungsersparnis vorteilhaft, die Wärme schon bei der Verdichtung soweit wie möglich durch Kühlung abzuführen. Denn heiße Druckluft ist in der Regel unnütz, oft sogar schädlich. Wird sie für Preßluftwerkzeuge verwendet, so wäre hier zwar heiße Luft wegen ihrer größeren Energie und wegen Herabsetzung der Eisbildung praktisch, aber die Wärme geht schon im Druckluftspeicher und in den Leitungen und Schläuchen verloren. Sie hat außerdem die Gefahr der Ölzündungen im Behälter und der Schädigung der Schläuche, weshalb oft Nachkühler verwendet werden.

Dem Gas ist also möglichst die ganze Wärme $\dot{Q}_g$ zu entziehen.

Als *Kühlmittel* kommt Wasser oder Luft in Betracht, selten Schmieröl.

Wasser ermöglicht intensivere Kühlung, hauptsächlich auch einzelner besonders wichtiger Stellen, z. B. des Druckventils. Ist keine Durchflußkühlung etwa aus der Werkwasserleitung möglich, so braucht man Umlaufkühlung mit

7*

einem Rückkühler, z. B. bei fahrbaren Aggregaten. Da dieser Kühler in seinen Abmessungen beschränkt ist, muß verhältnismäßig hohe Wassertemperatur zugelassen werden. Die Wirkung der Umlaufkühlung kann also nicht sehr hochgetrieben werden.

Luftkühlung hat den großen Vorteil der größeren Einfachheit, Frostsicherheit und sofortiger Betriebsbereitschaft. Der Start bei Kälte wird erleichtert, die Wartung vereinfacht, Verschlammung und Kesselstein gibt es nicht. Kühlwasserbeschaffung und Kühlwasserrückkühler fallen weg. Die Luftkühlung wird deshalb in immer steigendem Maße besonders für kleine und ortsbewegliche Anlagen verwendet. Die obere Grenze liegt heute bei einer Zylindergröße von etwa 5 dm³.

Wie beim Motor wird auch beim Verdichter der luftgekühlten Maschine nachgesagt, daß sie geräuschvoller ist.

Ölkühlung durch Schmieröl: Schmieröl, im Kreislauf und mit luftgekühltem Rückkühler, hat gegenüber Wasser den Vorteil der Frost- und Korrosionssicherheit und daß neben dem Triebswerksöl kein weiterer Stoff erforderlich ist, aber den großen Nachteil der knapp halb so hohen spezifischen Wärme, also größerer Kühlstoffmenge, und der viel kleineren Wärmeübergangszahl, also der verringerten Wärmeübertragung. Ein Beispiel gibt Abb. 116, S. 129.

10.2 Kühlverfahren

Die Kühlung kann in 3 örtlichen und zeitlichen Stufen durchgeführt werden, als Mantel- und Deckelkühlung, als Zwischenkühlung und als Nachkühlung einschließlich des Restverlusts.

10.2.1 Mantel- und Deckelkühlung

Für kleinsten Arbeitsbedarf sollte möglichst viel von $\dot{Q}_g$ im Mantel und Deckel abgeführt werden. Wegen der kleinen Kühlflächen und der niedrigen Temperaturgefälle erreicht man aber normal nicht mehr als ungefähr 10% von $\dot{Q}_g$.

Rechnerisch wird dies deutlich durch folgende Übersicht:

Nach Abschn. 4.1.1, S. 28, ist die theoretische indizierte spezifische Verdichtungsarbeit, in Wärme ausgedrückt, $q_{g,th}^* = A \cdot l^*$

$$\text{isotherm} - \quad A\, l_T^* = A\, R^* T_1 \ln \frac{p_2}{p_1},$$

$$\text{isentrop} = \quad A\, l_s^* = A\, \frac{\varkappa}{\varkappa - 1}\, R^* T_1 \left[\left(\frac{p_2}{p_1}\right)^{\frac{\varkappa - 1}{\varkappa}} - 1 \right],$$

$$\text{polytrop} = \quad A\, l_{pol}^* = A\, \frac{\bar{n}}{\bar{n} - 1}\, R^* T_1 \left[\left(\frac{p_2}{p_1}\right)^{\frac{\bar{n} - 1}{\bar{n}}} - 1 \right].$$

Bei polytroper Verdichtung wird davon ein Anteil

$$\chi = \frac{\varkappa - \bar{n}}{\bar{n}\,(\varkappa - 1)} \tag{51}$$

abgeführt. Man erhält also die im Mantel und Deckel theoretisch abgeführte Wärme $q^*_{M,th}$ nach folgender Zahlentafel 6 (Index $M =$ im Mantel und Deckel):

Zahlentafel 6. *Theoretische Wärmeabfuhr im Mantel und Deckel*

Verdichtungsart	Polytropenexponent $\overline{n}$	$\dfrac{q^*_{M,th}}{q^*_{g,th}} = \chi$	$q^*_{M,th}$ in kcal/kp für Luft von $T_1 = 288\,°\mathrm{K}$ und $\dfrac{p_2}{p_1} = 5$
isotherm	1	1	31,8
isentrop	1,4	0	0
polytrop	1,2	0,42	15,3
	1,3	0,19	7,3
	1,35	0,09	3,5

Da erfahrungsgemäß $\dot{Q}_M/\dot{Q}_g$ nur etwa 0,1 beträgt, liegt der polytrope Exponent normal über 1,3. Damit ist nach Abb. 21, S. 30, die Leistungsersparnis gegenüber fehlender Kühlung nur klein, ebenso der Unterschied in der Temperatursteigerung. Daraus erklärt sich die Beobachtung, daß die Zylinderkühlung oft so kleinen Einfluß hat. Man wird trotzdem schon mit Rücksicht auf Werkstoff und Schmieröl in der Regel nicht darauf verzichten, auch wegen zu großer Verformung ungekühlter Zylinder.

Die Zahlen von $q^*_{M,th}$ geben Richtwerte für den Kühlmittelbedarf. Bei Langsamläufern, wo mehr Zeit für den Wärmeübergang bleibt, gelten die höheren Zahlen.

Bei *Wasserkühlung* bedeuten die kleinen Zahlen für $q^*_{M,th}$ sehr kleine sekundliche Wassermenge. Der Konstrukteur hat also durch kleine Querschnitte und zwangsweise geführten Wasserstrom dafür zu sorgen, daß das Kühlwasser alle wichtigen Stellen anströmt.

Für *Luftkühlung* liegen jetzt zahlreiche Erfahrungen aus dem Motorenbau vor. Aus den oben angegebenen Gründen wird sich aber der beim Motor berechtigte große Aufwand (Kühlgebläse hoher Leistung, enge und lange Rippen, allseitige Verkleidung) beim Verdichter oft nicht lohnen. Also Rippen nach leichter Gießbarkeit, Abstand 10—15 mm, Höhe meist nicht größer als 30 mm. Man erhält damit eine Oberflächenvergrößerung, d. h. ein Verhältnis der luftberührten Kühlfläche zu einer unverrippten Grundfläche, von 5—7fach. Man findet auch wie bei Motoren unterbrochene Rippen zur Vergrößerung der Wirbelung und zur Vermeidung des Unrundwerdens der Zylinder bei einseitiger Anblasung.

Oft begnügt man sich mit einem einfachen Kühlgebläse, z. B. mit axialen oder radialen Schaufeln am Schwungrad und dgl. Für eine Berechnung mit Wärmeübergangszahlen liegen aus dem Verdichterbau noch wenig Erfahrungswerte vor.

Ein schönes Beispiel für besonders intensive Luftkühlung ist Abb. 124, S. 136, ein Beispiel für erzwungene Luftkühlung der Ventile Abb. 120, S. 132.

10.2.2 Zwischenkühlung

Bei mehrstufigen Verdichtern fällt dem Zwischenkühler der Hauptanteil der abzuführenden Wärme zu.

Ist in einer Stufe T_1 die Anfangstemperatur, T_2 die Endtemperatur und T_1' die Anfangstemperatur der folgenden Stufe, so ist in dem dazwischenliegenden Kühler abzuführen (Index Z = im Zwischenkühler)

spezifisch
$$q_Z^* = c_p^* (T_2 - T_1') \tag{52}$$

und bei einem Ansaugestrom von $\dot{V}_0$ mit p_0 und T_0

absolut
$$\dot{Q}_z = \dot{V}_0 \frac{p_0}{R^* T_0} c_p^* (T_2 - T_1') \tag{53}$$

in jedem Zwischenkühler.

Ist der Zwischenkühler groß genug und die Temperatur des Kühlmittels tief genug, um das Gas von T_2 bis auf die Anfangstemperatur T_1 herunterzukühlen, so wird

$$T_1' = T_1 \quad \text{und} \quad (T_2 - T_1') = (T_2 - T_1).$$

Berechnung von T_2 nach Gl. (16), S. 15.

Für polytrope Verdichtung lassen sich die Zahlen aus Abb. 22, S. 31, ablesen.

Bei feuchtem Gas erhöht sich $\dot{Q}_Z$ durch die Verflüssigungswärme des im Kühler niedergeschlagenen Wassers, wie bei 10.1 dargestellt.

Für den Kühler gilt das übliche Berechnungsverfahren des Wärmetauschers. Für die folgenden Formeln gelten die auf S. 2 definierten Wärmezahlen:

Wärmeübergangszahl α, Wärmedurchgangszahl k, Wärmeleitzahl λ.

Werte für α und λ enthält z. B. [6].

Außerdem werden eingeführt

F_K wirksame Kühlfläche, gas- oder wasserberührt, m²; δ Wandstärke der Kühlfläche, m; Θ mittlere logarithmische Temperaturdifferenz, grd [nach Gl. (57)].

10.2.2.1 mit Wasserkühlung

Abb. 96 zeigt den Vorgang der Wärmeübertragung beim Gegenstromverfahren, das meist angewandt wird. Die Größe der Wärmedurchgangszahl k ist durch die allgemeine Gleichung

$$\frac{1}{k} = \frac{1}{\alpha_g} + \frac{1}{\alpha_W} + \frac{\delta}{\lambda} \tag{54}$$

bestimmt.

Die Bedeutung der 3 Glieder dieser Gleichung zeigt ein Beispiel für Wasserkühlung: Man erhält z. B. mit $\delta = 0{,}004$ m, bei Stahl $\lambda =$ ca. 40 (Messing ca. 80) und für stark strömendes Wasser mit $\alpha_w =$ ca. 2000 bei einem α_g von 160 kcal/h m² grd

$$\frac{1}{k} = \frac{1}{160} + \frac{1}{2000} + \frac{0{,}004}{40} = 0{,}006\,25 + 0{,}000\,5 + 0{,}000\,1.$$

Das erste Glied, der gasseitige Widerstand, gibt den Ausschlag. Man wird also bei Wasserkühlung den Wärmeübergang vor allem auf der Gasseite zu steigern versuchen, z. B. durch hohe Gasgeschwindigkeit, Wirbelung, Vergrößerung der Kühlfläche mit Rippen und dgl.

Das zweite Glied, der wasserseitige Widerstand, ist meist klein, kann aber bei ganz geringer Wasserströmung oder Verschmutzung mehr Einfluß gewinnen.

Das letzte Glied, der Aufwand für Wärmeleitung durch die Wand, wird bei den geringen Wandstärken der Kühler sehr klein und kann in der Regel vernachlässigt werden. Nur bei dickwandigen Kühlern für hohe Drücke ist dies nicht mehr erlaubt.

Ohne das dritte Glied geht Gl. (54) über in

$$\frac{1}{k} = \frac{1}{\alpha_g} + \frac{1}{\alpha_W} \quad \text{oder} \quad k = \frac{\alpha_g \alpha_W}{\alpha_g + \alpha_W}. \tag{55}$$

Die erforderliche Kühlfläche gibt die Grundgleichung

$$\dot{Q} = F_K \cdot k \cdot (t_g - t_W). \tag{56}$$

So einfach diese Gleichung aussieht, so schwierig wird die praktische Verwendung. Die Wärmeübergangszahl ist keine Stoffkonstante, sondern außer vom Stoff selbst noch sehr stark abhängig vom Gasdruck und von der Gas- oder Wassergeschwindigkeit, d. h. von der Dichte und Turbulenz, die den Wärmeübergang sehr fördern. Darauf hat die Kühlerbauart großen Einfluß. Wichtig ist auch der Zustand der Kühlflächen. Es läßt sich nicht ganz vermeiden, daß sich darauf auf der Gasseite eine dünne Ölschicht und auf der Wasserseite Kesselstein und Schlamm absetzen, die den Wärmeübergang beeinträchtigen. Man muß also einerseits auf gute Ölabscheidung und Reinigung bei Konstruktion und Wartung achten, andererseits aber bei der Übergangszahl einen Sicherheitsabzug machen. Dieser kann von 10 bis zu 50% der tatsächlich wirksamen Wärmedurchgangszahl k ausmachen. Der Verlust trifft Kühler mit kleinen Übergangszahlen, also z. B. bei niedrigem Druck, verhältnismäßig wenig, solche mit hohen α-Werten, also bei Hochdruck, prozentual stark.

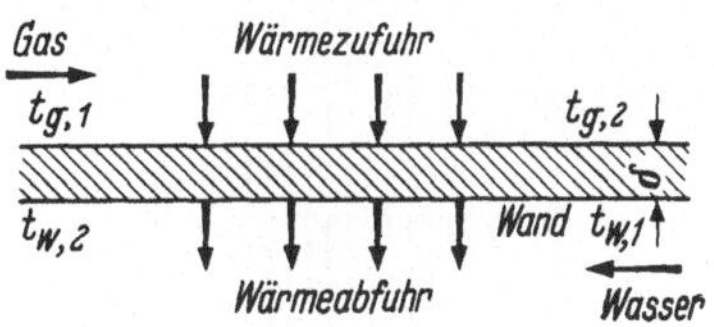

Abb. 96. Wärmeübertragung beim Gegenstromverfahren.
Bedeutung der Zeiger:
g = Gas; w = Wasser; 1 = Eintritt; 2 = Austritt.

Bei feuchtem Gas verbessert auf der Gasseite das sich beim Abkühlen bildende Wasser den Wärmeübergang etwas, die Verflüssigungswärme ist aber vom Kühler abzuführen.

Auch die Temperaturen enthalten viel Unsicherheit. Sie ändern sich auf beiden Seiten auf ihrem Strömungsweg dem Wärmeaustausch entsprechend. Beim reinen Gegenstromverfahren nach Abb. 96 läßt sich mathematisch die wirksame Temperaturdifferenz zwischen beiden Seiten berechnen zu

$$t_g - t_w = \Theta = \frac{(t_{g,1} - t_{w,2}) - (t_{g,2} - t_{w,1})}{\ln \dfrac{t_{g,1} - t_{w,2}}{t_{g,2} - t_{w,1}}}, \tag{57}$$

und man erhält

$$\dot{Q}_Z = F_K \cdot k \cdot \Theta. \tag{58}$$

Es ist zu beachten, daß der Temperaturunterschied $t_{g,1} - t_{w,2}$ bzw. $t_{g,2} - t_{w,1}$ nach Abb. 96 an beiden Enden der Kühlfläche auftritt und daß $t_{g,2} > t_{w,1}$ sein muß.

$t_{w,1}$ wird im Winter $8-10\,°\mathrm{C}$, im Sommer $12-15\,°\mathrm{C}$ betragen, falls keine besonderen Kühlmöglichkeiten für das Wasser bestehen. Wenn auf die Ansaugetemperatur der Maschinenhausluft zurückgekühlt wird, ist $t_{g,2} = 20-25\,°\mathrm{C}$. Die Kühlwasseraustrittstemperatur $t_{w,2}$ wird in der Regel nicht größer als $35\,°\mathrm{C}$ gewählt. Sie ist durch das zur Verfügung gestellte Kühlwassergewicht $\dot{G}_w$ bestimmt, wobei

$$\dot{Q}_Z = \dot{G}_w \cdot c^* \cdot (t_{w,2} - t_{w,1}). \tag{59}$$

Es ist zulässig, dasselbe Kühlwasser zuerst durch den Zwischenkühler und hinterher durch den Mantel und Deckel zu leiten. Der Kühlwasseraustritt soll sichtbar und mit einem Thermometer versehen sein.

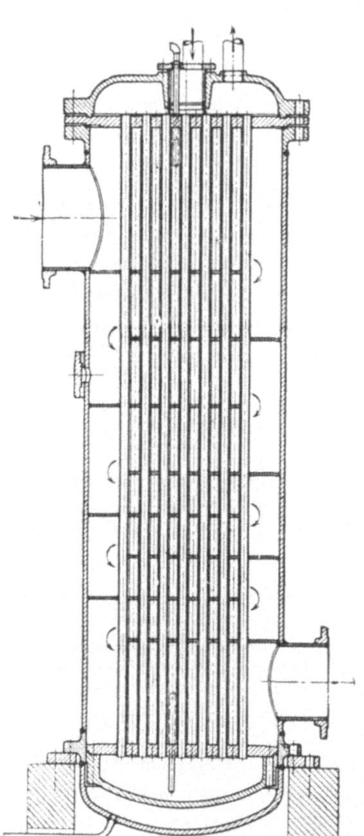

Bisher ist alles für stationäre Strömung betrachtet. Der Kolbenverdichter erzeugt aber periodische Strömung, also wechselnde Gasgeschwindigkeit und Druckschwankungen, abhängig vom Gesetz der an den gleichen Kühler angeschlossenen Zylinderseiten. Diese Einflüsse werden in der Regel durch das Kühlervolumen selbst und durch Pufferräume (vgl. z. B. Abb. 156) stark gemildert.

Aus allem folgt, daß für α und k keine allgemeingültigen Zahlentafeln oder Kurven gebracht werden können. Sie hängen so sehr von der Art der einzelnen Verdichteranlage ab, daß nicht mit Mittelwerten oder Zahlen, die bei Modellversuchen oder andersartigen Kühlerbauarten gemessen sind, gearbeitet werden darf. Ähnliches gilt auch für Θ.

Es gibt Rechenverfahren, die die speziellen Gegebenheiten erfassen, insbesondere für α_g und α_w. Ausführliche Unterlagen gibt z. B. [4], vgl. auch [32]. In der Praxis ist es auch häufig möglich, daß man von einem möglichst ähnlichen Kühler einer erprobten Anlage ausgeht und ihn den Zahlen des Entwurfs anpaßt. Für die Gasseite gilt bei unterschiedlicher Geschwindigkeit und Abweichungen des Drucks, daß α_g etwa mit $0{,}7-0{,}8$facher Potenz beider Größen steigt.

Abb. 97. Kreuzstromkühler mit glatten Rohren (Borsig).

Auf der Wasserseite läßt sich α_w zwar durch streng geführte und turbulente Wasserströme hoch steigern, es hat aber gegenüber dem viel kleineren α_g nur mäßigen Einfluß auf k. Für den Unterschied der Gasart gibt [4] Vergleichszahlen mit Luft. Beträchtliche Abweichungen haben nur wasserstoffreiche Gase mit $20-50\%$ höherem α_g.

Als Anhaltspunkt für k seien einige praktische Zahlen angegeben. Für ND-Röhren-bündelkühler ähnlich der Abb. 98 kann für Drücke von $3-4$ kp/cm² für Luft und ähnliche Gase ein effektiver k-Wert von $70-100$ kcal/m²hgrd angenommen werden, bei HD-Doppelrohrkühlern ähnlich der Abb. 101 ist zwar der Wärmedurchgang bei gleichem Druck bedeutend kleiner, er erreicht aber bei hohem Druck recht hohe Werte, bei 100 kp/cm² die Größenordnung von 400 kcal/m²hgrd.

Beispiel 19. Für den vierstufigen Verdichter des Beispiels 11, S. 49, soll die Größe der Zwischenkühler berechnet werden.

Gegeben 1170 m³/h Luft bei Ansaugezustand $t_1 = 15\,°\mathrm{C}$ und $p_1 = 1$ kp/cm², Kühlwasser $t_{w,1} = 12\,°\mathrm{C}$, Druckverteilung nach Beispiel 11, Kühler nach Abb. 97.

Die *abzuführende* Wärme erhält man aus der indizierten Leistung P_i, die *abgeführte* Wärme aus der Abkühlung des Gases. Die Kühlerwerte müssen dazu ausreichen.

Berechnung für die I. Stufe mit Zeiteinheit h:
Nach Gl. (31)

$$P_T = 1170 \cdot 10000 \cdot \ln 3{,}39 = 14300000 \ \mathrm{kpm/h},$$

$$P_i = \frac{P_T}{\eta_{T,i}} = P_T \cdot \frac{\eta_{\mathrm{mech}}}{\eta_{T,Ku}};$$

geschätzt nach 4.3 $\quad \eta_{T,Ku} = 0{,}65 \quad \eta_{\mathrm{mech}} = 0{,}92$

Gesamtwärme der I. Stufe

$$\dot Q_I = A P_i = \frac{1}{427} \cdot 14300000 \cdot \frac{0{,}92}{0{,}65} = 47000 \ \mathrm{kcal/h}.$$

Davon ab im Mantel und Deckel ca. 10%, aber hinzu aus P_R etwa 3% von P_i, also dem Zwischenkühler I/II zugeführt

$$\dot Q_{Z,I} = 47000 \cdot 0{,}9 \cdot 1{,}03 = 44000 \ \mathrm{kcal/h}.$$

Dabei ist etwaige Luftfeuchtigkeit nicht berücksichtigt.
Zur Berechnung der Wärmeabfuhr im Kühler angenommen:

$$t_{g,2} = 25\,°\mathrm{C} \ (> t_{u,1}); \ t_{w,2} = 30\,°\mathrm{C};$$

Polytropenexponent $\ \bar n = 1{,}35$.

Aufheizung beim Ansaugen 25 °C.
Nach Abb. 22 wird für $t_1 = 15 + 25 = 40\,°\mathrm{C}$ und $\bar n = 1{,}35$ die Verdichtungstemperatur $t_{g,1} = 155\,°\mathrm{C}$.
Abgeführt nach Gl. (53)

$$\dot Q_{Z,I} = 1170 \cdot \frac{10000}{29{,}27 \cdot 288} \cdot 0{,}241 \cdot (155 - 25)$$

$$= 43000 \ \mathrm{kcal/h}.$$

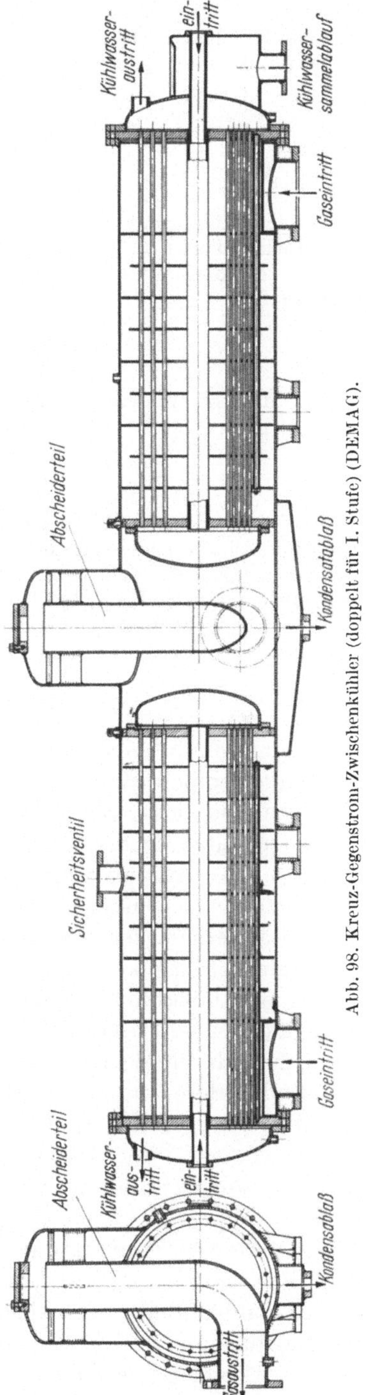

Abb. 98. Kreuz-Gegenstrom-Zwischenkühler (doppelt für I. Stufe) (DEMAG).

Die beiden Werte von $Q_{Z,I}$ stimmen nicht ganz überein, weil *für beide* nicht ganz sichere Annahmen gemacht werden konnten. Die Abweichung ist aber für solche Wärmerechnungen so klein, daß die für den Kühler angenommenen Temperaturen als ungefähr richtig gelten können.

Erforderliche Kühlfläche:

Im Kühler im ganzen ungefähr Gegenstrom, deshalb nach Gl. (57)

$$\Theta = \frac{(155 - 30) - (25 - 12)}{\ln \dfrac{155 - 30}{25 - 12}} = \frac{112}{\ln 9,6} = 50°.$$

Bei dem Kühler mit guter Durchwirbelung, aber mäßiger Gasgeschwindigkeit und niedrigem Druck von etwa 3,2 kp/cm², für Luft und mit einem Sicherheitsabzug für Verschmutzung kann k zu $80-100$ kcal/m²hgrd angenommen werden. Damit Kühlfläche des Zwischenkühlers I/II

$$F_{K,I/II} = \frac{\dot{Q}_{Z,I}}{k \cdot \Theta} = \frac{44\,000}{90 \cdot 50} = \text{rd. } 10 \text{ m}^2.$$

Erforderliche Wassermenge für Kühler I/II nach Gl. (59)

$$\dot{G}_{w,I/II} = \frac{\dot{Q}_{Z,I}}{c^*(t_{w,2} - t_{w,1})} = \frac{44\,000}{1 \cdot (30-12)} = 2\,500 \text{ kp/h.}$$

Für Zwischenkühler II/III und III/IV gelten bei gleichem Π in allen Stufen ganz ähnliche Verhältnisse, insbesondere gleiches $\dot{Q}_Z$. Ein wesentlicher Unterschied liegt aber in k, das nicht ganz proportional mit dem Druck ansteigt. In gleichem Verhältnis werden $F_{K,II/III}$ und mit nochmaligem Sprung $F_{K,III/IV}$ kleiner.

Durch die nicht ganz vollständige Rückkühlung ($t_{g,2} > t_1$) erhöhen sich die Verdichtungstemperaturen und Π_{IV} etwas.

10.2.2.2 mit Luftkühlung

Bei luftgekühlten Zwischenkühlern gelten die gleichen Formeln mit Ersatz der Wassertemperaturen t_w durch die Kühllufttemperaturen t_l. In Gl. (54) haben das erste und das zweite Glied hier etwa gleichstarken Einfluß, da beiderseits Gaszahlen gelten. In der Regel wird die Kühlluft die gleiche sein wie die Ansaugeluft, also $t_{l,1} =$ Ansaugetemperatur t_0. Da stets noch ein Gefälle zwischen $t_{g,2}$ und $t_{l,1}$ vorhanden sein muß, ist Rückkühlung bis auf Anfangstemperatur kaum möglich. Da außerdem der Wärmedurchgang schlechter als bei Wasser ist und somit der Kühler sehr groß werden müßte, begnügt man sich in der Regel mit nicht vollkommener Rückkühlung. Für gute Kühler wird aber für $t_{g,2} - t_{l,1}$ ein Wert bis herab auf $12-15°$ erreicht. Die Austrittstemperatur der letzten Stufe wird nötigenfalls durch einen Nachkühler herabgezogen.

Für die Berechnung der Kühlergröße gilt die gleiche Unsicherheit in den Wärmeübergangszahlen und Temperaturen, wie bei der Wasserkühlung auf S. 103 besprochen, mit ihrer Abhängigkeit von sehr vielfältigen Einflüssen, hier noch dadurch gesteigert, daß die Kühlluftseite mit ihrem niedrigen α_l größeren Einfluß als die Kühlwasserseite hat und große Unterschiede in der Art der Anblasung aufweist. Äußere Verschmutzung ist hier geringfügiger, aber als Staubablagerung möglich.

Der Kühler ist also einschließlich des ganzen Anbaus mit Gebläse, Verkleidung und Luftführung zu bestimmen. Bei guten Ausführungen, wo die ganze Kühlfläche wirksam ist, erreicht man für Luft von $3-4$ kp/cm² einen k-Wert von etwa 40 kcal/m²hgrd. Sicherer ist aber auch hier die Heranziehung bewährter Ausführungen und Anpassung an den Einzelfall. Da es sich bei Luftkühlung in der Regel um Serientypen handelt, ist Abstimmung auf dem Prüfstand möglich.

Als Anhaltspunkt für die Kühlerabmessungen kann gelten, daß ein Blockkühler in der Bauart ähnlich Abb. 103, S. 110, mit Lüfter und einer Blocktiefe von 190 mm bei Luft von $3-4$ kp/cm² pro m² Stirnfläche $30\,000-40\,000$ kcal/h abführen kann.

Der Kühlluftbedarf des Kühlers ist [vgl. Gl. (59)]

$$\dot{G}_l = \frac{\dot{Q}_Z}{c_p^*(t_{l,2} - t_{l,1})}. \tag{60}$$

Die Temperaturerhöhung $t_{l,2} - t_{l,1}$ im Kühler hängt stark von der Luftgeschwindigkeit und der Bauart ab, hauptsächlich von der Blocktiefe. Bei einfachen Kühlern kann mit $5-15°$ gerechnet werden. Bei dieser Berechnung ist allerdings vorausgesetzt, daß die ganze Kühlluftmenge durch den Kühler geht und nicht daneben vorbei. Es wird also noch ein beträchtlicher Zuschlag zu machen sein, hauptsächlich bei Rippenrohren und mangelhafter Verkleidung.

Die Antriebsleistung des Kühlgebläses wird durch Menge, Druck und Geschwindigkeit der Kühlluft bestimmt. Das Druckgefälle im Kühler kann bei einfacher Bauart mit $5-10$ mm WS angenommen werden. Menge und Gefälle werden aber weiterhin durch die Zylinderkühlung beeinflußt und zwar weniger durch die Verrippung als durch den Grad der Verkleidung. Für mittlere Verhältnisse erhält man damit einen Leistungsbedarf des Kühlgebläses von ganz rd. 3% der Verdichterantriebsleistung P_{Ku}.

Der gasseitige Druckverlust im Zwischenkühler kann klein gehalten werden, Größenordnung 100 mm WS pro Stufenübergang.

10.2.3 Nachkühlung

Eine Kühlung des Gases nach der letzten Stufe hat für den Verdichter keine Wirkung mehr. Trotzdem wird häufig noch ein Nachkühler eingeschaltet, da bei hoher Temperatur die Gefahr der Öldampfexplosion im Behälter besteht, besonders bei Benützung ungeeigneten Schmieröls, und da hohe Temperatur für Leitungen, Behälter, Schläuche und Geräte oft unerwünscht ist. Über zulässige Austrittstemperatur vgl. S. 47.

Der Nachkühler erhält etwa die gleiche Wärmezufuhr wie ein Zwischenkühler, kann also wie ein solcher behandelt werden. Doch wird in den meisten Fällen eine höhere Kühleraustrittstemperatur zugelassen werden können.

10.3 Bauarten der Kühler

Neben dem Wärmeübergang ist die Verschmutzungsgefahr und Reinigungsmöglichkeit entscheidend, besonders bei unreinen Gasen und schlechtem Kühlwasser. Das unreine Medium muß auf die Seite der leichter zu reinigenden Kühlfläche geleitet werden.

Aggressive Gase werden oft durch Kühlrohre geführt, weil bei dieser Strömungsführung die gasseitige Übertragungsfläche leichter durch Schutzfilme oder geeigneten Werkstoff geschützt werden kann.

Große Pufferräume im Gasraum der Kühler auf der Saug- und Druckseite können günstige Wirkung auf den Druckverlauf im Zylinder (vgl. S. 111), auf die Milderung der Gasschwingungen (vgl. S. 123) und auf die Abscheidung von Wasser und Öl haben, vgl. z. B. Abb. 156, S. 164.

10.3.1 Wasserkühler

Einfacher Glattrohrbündelkühler nach Abb. 97, S. 104. Das Wasser mit seiner höheren Wärmeübergangszahl fließt durch die Rohre, deren innere Oberfläche kleiner ist als die äußere. Das Gas strömt senkrecht zu den Rohren, „Kreuzstromkühler". Häufig werden noch Puffer- und Abscheideräume mit solchen Kühlern vereinigt.

Einen modernen Kühler nach dem Kreuz-Gegenstrom-Prinzip zeigt Abb. 98. Seine besonderen Merkmale sind große Kühlfläche auf kleinem Raum, geringer Druckverlust, intensive Kondensatabscheidung aus dem Gas vor Eintritt in die nächste Stufe, geräuscharmer Durchfluß.

Durch Rippenrohre kann die Kühlfläche vielfach vergrößert werden, sie können aber wegen der Verschmutzungsgefahr nur für reine Gase verwendet werden.

Abb. 99. Element eines Rippenrohrkühlers (Borsig).

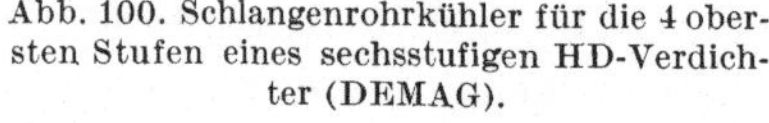

Abb. 100. Schlangenrohrkühler für die 4 obersten Stufen eines sechsstufigen HD-Verdichter (DEMAG).

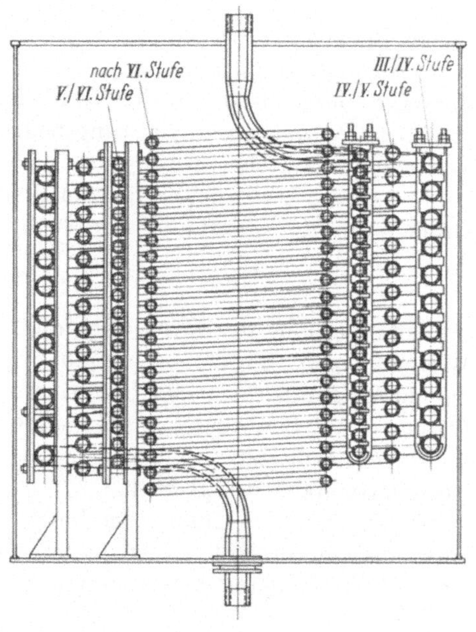

Bei großen Fördermengen ist es günstig, die Kühlrohre auf mehrere Elemente aufzuteilen, die einzeln ausbaubar sind, Beispiel Abb. 99. Derartige Kühler können wirtschaftlich nur bis etwa 50 kp/cm² gebaut werden, da das Gehäuse den Gasdruck aufnehmen muß. Für höhere Drücke benützt man entweder für kleinere Verdichter Schlangenrohrkühler, bei denen das Gas im Rohr und das Wasser im Behälter strömt, z. B. nach Abb. 100 für 4 Stufenübergänge bis 226 kp/cm², oder vorzugsweise, hauptsächlich für größere Mengen und bis zu den höchsten Drücken, Doppelrohrkühler, bei denen das Gas durch die inneren und das Wasser durch die äußeren Rohre strömt, z. B. nach Abb. 101 mit 17 Doppelrohren für eine abzuführende Wärmemenge von 596000 kcal/h bei 88 kp/cm². Gegenüber

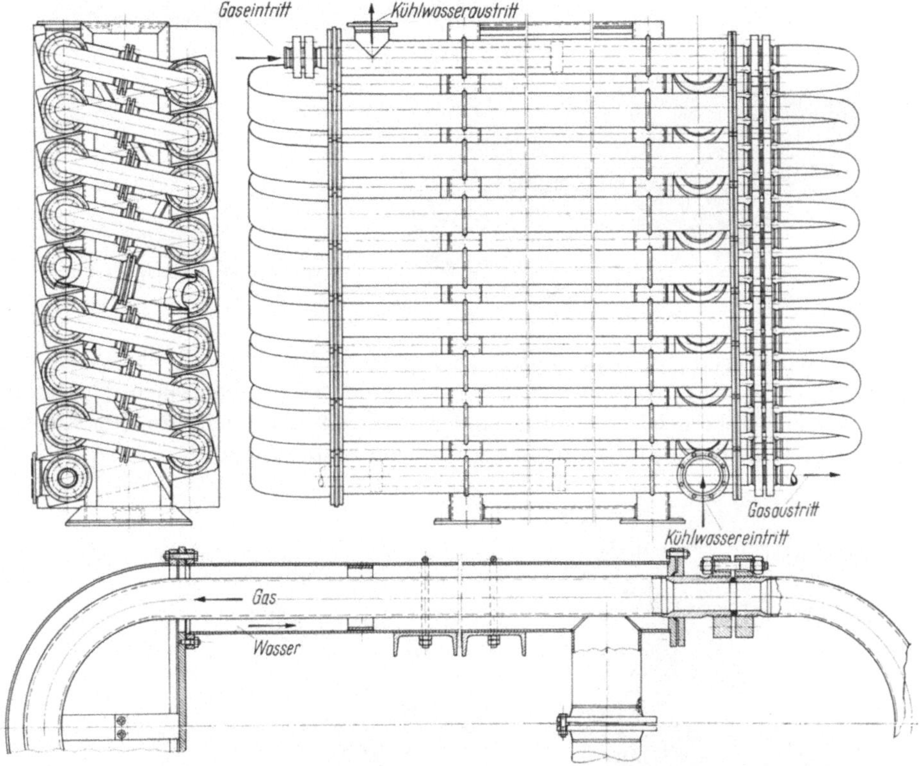

Abb. 101. Doppelrohrkühler für HD-Verdichter, IV./V. Stufe (DEMAG).

der früheren Bauart mit Rohren in 1 Reihe übereinander spart die gezeichnete doppelreihige Form beträchtlich an Bauhöhe, auch durch die schrägliegenden 180°-Krümmer.

Zu nennen sind noch die bei kleinen fahrbaren Anlagen erforderlichen Rückkühler für Kühlwasser und Schmieröl, luftgekühlt, normale Elemente des Kraftfahrzeugbaus.

10.3.2 Luftkühler

Die Wärmeübergangszahl zwischen Gas und metallischer Wand ist viel niedriger als zwischen Wasser und Wand, vgl. S. 102. Der beiderseits von Luft oder Gas beaufschlagte Kühler unterscheidet sich also dadurch grundsätzlich vom Wasser-Luft-Kühler, daß auf beiden Seiten der Wand schlechter Wärmeübergang stattfindet, d. h. daß die Kühlfläche auf beiden Seiten etwa gleich groß sein soll, während sie im anderen Fall auf der Wasserseite kleiner sein darf. Ein nur auf 1 Seite verripptes Rohr kann also seinen Zweck nur halb erfüllen.

Der einfachste Luft-Luft-Kühler besteht deshalb aus glatten Rohren, kreis- oder schlangenförmig angeordnet, die von der Kühlluft umströmt werden, vgl. Abb. 124, S. 136. Daraus entsteht der leistungsfähigere Blockkühler, bei dem

eine große Anzahl flacher, glatter Röhrchen nebeneinander angeordnet sind, die
von der Druckluft durchströmt und von der Kühlluft umströmt werden, ähnlich
wie beim Wasserkühler der Kraftfahrzeuge, aber mit dem Unterschied, daß die
Rippenbleche zwischen den Röhrchen, die dort die luftberührte Kühlfläche auf

Abb. 102. Luftgekühlter Blockkühler mit
geraden Flachrohren (Steeb).

ein Vielfaches erhöhen, beim Luft-Luft-Kühler auf wenige Bleche zusammen-
geschrumpft sind und fast nur noch die Aufgabe der mechanischen Abstützung
der Röhrchen haben. Die Röhrchen sind durch weite Sammelrohre entweder alle
parallel geschaltet oder in Gruppen parallel und hintereinander.

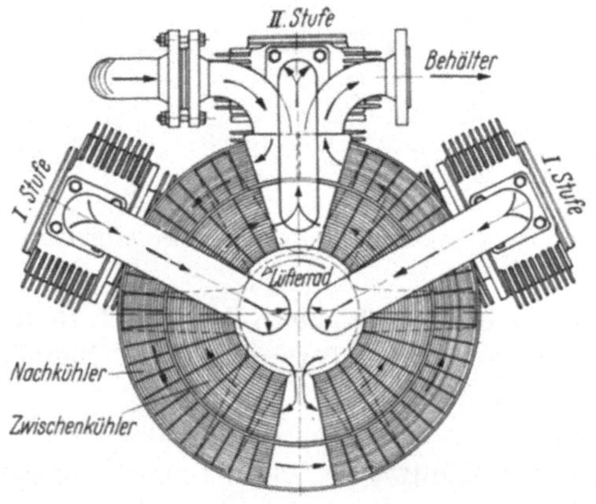

Abb. 103. Anbaufertiger Luft-Luft-Zwischen-
kühler (Steeb).

Abb. 104. Schema eines Flachrohr-Rundkühlers an luftgekühltem Verdichter mit 2 Zylindern I. Stufe und 1. Zyl. II. St.
(Steeb).

Den Aufbau zeigt der Teilschnitt Abb. 102. Die Flachröhrchen sind hier aus
Stahl, im Schmelztauchverfahren verzinkt. Gegenüber der konventionellen Bauart aus Kupfer oder Messing erhält man so bei gleichwertiger Wärmeübergangszahl und Korrosionsbeständigkeit höhere Druckfestigkeit (nachgewiesen bis
40 kp/cm²) und niedrigeren Preis. Einen anbaufertigen Zwischenkühler zeigt
Abb. 103. Mit kreisförmig gebogenen Flachrohren erhält man den Rundkühler,
der sich dem Axiallüfterrad ohne tote Zonen anpaßt. Dadurch und durch die
stärkere Wirbelung in den Röhrchen wird die Wärmeabgabe noch verstärkt.
Abb. 104 veranschaulicht den Aufbau und die Luftführung eines Rundkühlers

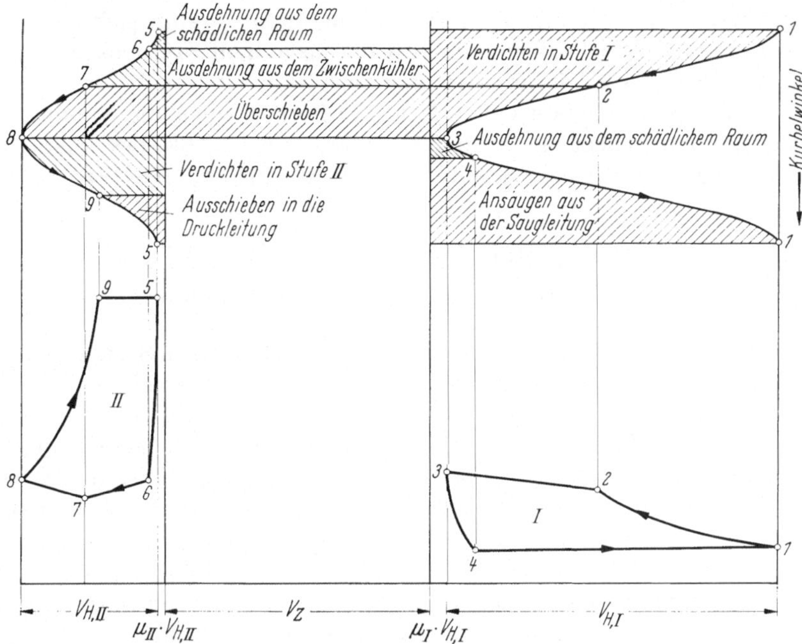

Abb. 105. Druckverlauf bei entgegengesetzt gerichteten Stufen.

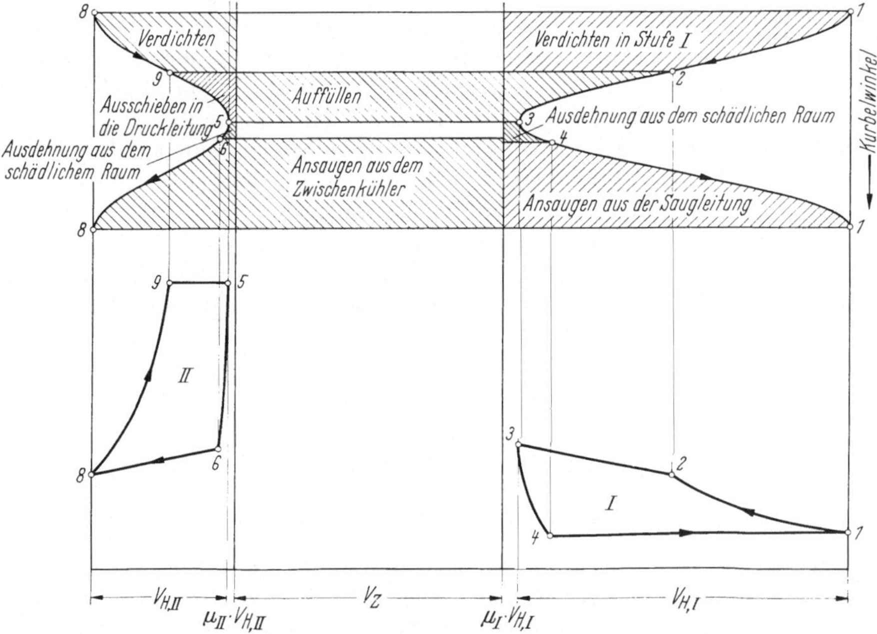

Abb. 106. Druckverlauf bei gleich gerichteten Stufen.

für 2 ND- und 1 HD-Zylinder, wobei um den innenliegenden Zwischenkühler konzentrisch ein Nachkühler gelegt ist, eine äußerst raumsparende Ausführung. Welche weiteren Möglichkeiten diese Kühlerform dem Konstrukteur bietet, dafür gibt Abb. 116, S. 129, ein interessantes Beispiel.

Das Kühlgebläse, meist ein einfaches Lüfterrad, saugt die Kühlluft durch den Kühler an und drückt sie zu den Zylindern wie in Abb. 118; man findet aber auch drückende Lüfter vor dem Kühler wie in Abb. 116 und 124.

10.4 Einfluß der Größe des Zwischenkühlers auf den Druckverlauf im Zylinder

Liegen die Kolbenflächen zweier aufeinanderfolgenden Stufen sich gegenüber wie in Abb. 46, S. 72, so kann der Kolben der Stufe II zunächst nur das Gas aus dem Zwischenkühler absaugen; es ergibt sich ein Druckabfall von Punkt 6 nach 7 in Abb. 105; die Größe des Druckabfalls hängt im wesentlichen von der Größe des Pufferraums V_Z des Kühlers nebst Anschlußleitungen ab. In Punkt 2 beginnt die Stufe I zu fördern, wodurch der Saugdruck in II von Punkt 7 auf 8 steigt; gleichzeitig muß in I der Druck von Punkt 2 auf 3 anwachsen, da die von I ausgeschobene Menge größer ist als die in der gleichen Zeit von II aufgenommene; auch hier ist der Druckanstieg von V_Z abhängig. Der Druckabfall von Punkt 2 gegenüber 7 und der von Punkt 3 gegenüber 8 ist durch die Strömungswiderstände und die Abkühlung des Gases gegeben.

Abb. 106 zeigt den Einfluß der Größe des Zwischenkühlers, wenn die Kolbenflächen der hintereinander geschalteten Stufen auf der gleichen Seite liegen wie in Abb. 45, S. 72. Die starke Drucksteigerung von Punkt 2 auf 3 ist dadurch bedingt, daß das Gas nur in den Pufferraum geschoben werden kann, da die Stufe II ebenfalls im Druckhub steht. Der Druckunterschied von 3 gegenüber 6 ist durch Drosselverluste und Abkühlung begründet. Da die Stufe II nur aus dem Pufferraum saugen kann, ist der Druck in 8 erheblich kleiner als in 6.

Die zeitliche Verschiebung des Arbeitsspiels zweier aufeinanderfolgenden Stufen ist also wichtig und bei der Bauweise zu berücksichtigen. Ungünstige Verschiebung bedeutet größere Diagrammfläche und schlechteren Liefergrad, also Mehrarbeit und Minderförderung. Eine sehr günstige Verschiebung um ein Viertelarbeitsspiel erhält man bei der *V*-Bauart, wo die II. Stufe der I. um 90° *voraus*eilen muß. Durch große Pufferräume lassen sich ungünstige Verhältnisse verbessern.

11 Schmierung

Die Kolbenverdichter haben die Entwicklung mitgemacht, in der die Schmierung der Kolbenmaschine, vor allem des Verbrennungsmotors, immer weiter vervollkommnet wurde. Trotzdem mußte der Verdichter hier z. T. seinen besonderen Anforderungen entsprechende eigene Wege gehen.

Die Förderluft soll möglichst ölfrei sein, nicht nur damit der Schmierölverbrauch möglichst gering ist, sondern auch damit die Ventile nicht verkrusten, damit keine Öldampfexplosionen auftreten, und weil manche Verbrauchergeräte ölfreie Luft erfordern. Andererseits beeinträchtigen gewisse Gase die Schmierfähigkeit des Öls chemisch oder mechanisch.

11.1 Normale Verdichter

Die hochwertige Umlaufpreßschmierung der Motoren muß aus den genannten Gründen bei den Verdichtern einige Einschränkungen erfahren. Bei doppeltwirkenden Maschinen und solchen mit Kreuzkopf und Zwischenstopfbüchse ist der Zylinder vollständig vom Triebwerksraum abgetrennt. Alle modernen mittleren und großen Maschinen dieser Bauart erhalten deshalb fürs Triebwerk Druckumlaufschmierung. Bei Tauchkolbenmaschinen ist sie aber mit Vorsicht zu verwenden, nur für hochbeanspruchte, schnellaufende Verdichter, bei Bleibronze-Gleitlagern, und auch hier mit viel kleinerer Umlaufmenge als bei Motoren. Dies gilt um so mehr, als das Umlauföl bei Motoren in viel höherem Maße die Aufgabe der Lagerkühlung hat als beim Verdichter. Bei Schnelläufern mit Tauchkolben wird man mit ganz ungefähr $0,5-1\ dm^3$ Umlauföl pro m^3 Saugluft und pro Stufe auskommen bei einem Überdruck des warmen Öls von etwa $1\ kp/cm^2$, wenn der Druck vorsichtshalber vor dem letzten Lager gemessen wird. Für die Schmierung des Triebwerks von Kreuzkopfmaschinen sind Art und Anzahl der Gleitlager maßgebend, Anhaltspunkte gibt [34]. Die Umlaufpumpen sind Zahnrad- oder kleine Kolbenpumpen, Beispiele nach Abb. 126, S. 138, u. 120, S. 132.

Ist mit Verunreinigungen zu rechnen, so erhält die Pumpe ein Grobfilter auf der Saugseite und ein Feinfilter auf der Druckseite, bei Bleibronze stets im Hauptstrom. Ein federbelastetes Überdruckventil dient zum Einstellen des Öldrucks. Leitungen im Innern der Maschine sind möglichst durch Bohrungen oder durch direkte Förderung des Öls in die Kurbelwelle zu ersetzen zur Vermeidung von Schwingungsbrüchen, vgl. Abb. 123, S. 135.

Die Ölgeschwindigkeit kann in der Saugleitung mit $0,5-1\ m/s$, in der Druckleitung mit etwa $3\ m/s$ angenommen werden. Die Menge des Umlauföls soll groß sein, damit es Zeit zum Abkühlen hat und seltener Ölwechsel erforderlich ist; Größenordnung zweifacher Hubraum aller Zylinder. Häufig wird ein Ölkühler nötig, wozu jetzt auch die luftgekühlten Geräte der Dieselmotoren zur Verfügung stehen.

Für das Anfahren wird oft eine Handpumpe zum Vorschmieren vorgesehen.

Bei weniger hoch beanspruchten Maschinen, bei Langsamläufern und bei Wälzlagern für das Triebwerk reichen einfachere Schmierverfahren aus, einfache Spritzschmierung, bei der eine Nase am Pleuelkopf in den Ölsumpf eintaucht, Schleuderringe, die dem Gleitlager der Kurbel das Öl durch Fliehkraft zudrücken, u. ä., z. B. nach Abb. 111, 114 u. 124.

Bei schwacher Triebwerkschmierung und stets bei Trennung von Triebwerksraum und Zylinderraum durch Kreuzkopf und dgl. müssen die Kolben und Kolbenstangen eigene Schmierung erhalten, z. B. nach Abb. 128, S. 139. Dazu dienen kleine Schmierpumpen, meist Kolbenpumpen mit Taumelscheibenantrieb, bei denen jede Schmierstelle durch einen eigenen Stempel mit einstellbarer Tropfenmenge versorgt wird. Beim Anschluß an den Zylinder ist ein Rückschlagventil einzubauen, damit das Druckgas nicht in die Pumpe gelangen und die Schmierung unterbrechen kann.

Zur weiteren Verhinderung der Mitnahme des Öls durch die Förderluft dienen Ölabstreifringe am Kolben und Ölabscheider am Zwischenkühler und Nachkühler.

Der Ölverbrauch beträgt bei eingelaufenen Luftverdichtern 50—80 p pro 1000 m³ angesaugter Luft. Häufig wird der Ölverbrauch auf die Größe der zu schmierenden Flächen von Zylinderlauf, Kolbenringen, Kolbenstange, Stopfbüchsenteilen usw. bezogen. Man rechnet mit 0,2—1,5 p/h pro 100 m² stündlich überfahrener Gleitfläche, wobei die Ölmenge mit dem Druckunterschied der zu dichtenden Räume ansteigt [4]. Sie muß zwischen den praktisch ermittelten Grenzen des Fressens der gleitenden Teile und des Verölens der Ventile abgestimmt werden. Während des Einlaufens ist mindestens die doppelte Ölmenge erforderlich.

Die Qualität des Schmieröls muß den Richtlinien für Schmiermittel für Verdichter nach DIN 6545 und 51506, [62] und [63], entsprechen. Einige Gase greifen normales Schmieröl an und erfordern deshalb Spezialöl für den Zylinder, während das Triebwerk normal geschmiert wird. Bei Sauerstoff darf wegen der Gefahr der Selbstzündung nur destilliertes Wasser ohne Zusätze verwendet werden, wobei das Triebwerksöl sorgfältig fernzuhalten ist, vgl. Abb. 131, S. 141.

11.2 Spezialverdichter

In besonderen Fällen wird vollständig ölfreies Druckgas gefordert. Die Forderung geht entweder von der Gasseite aus, also bei Gasen, die sich mit Schmieröl nicht vertragen, wie Chlor und besonders Sauerstoff wegen der Brand- und Explosionsgefahr, hauptsächlich in der Stahlindustrie, oder aber ist die Anwendungsseite maßgebend, ölfreie Preßluft für Geräte in Laboratorien, für die Lebensmittel- und Getränkeindustrie, z. B. zur Bierförderung in Brauereien, oder ölfreies Gas bei Verdichtern und Gasumwälzpumpen in der chemischen Verfahrenstechnik, Crackanlagen und Kunststoffherstellung, wo schon Spuren von Schmieröl die Katalysatoren beeinträchtigen und in der Apparatur und im Endprodukt Störungen verursachen können; oder wichtig für Kälteverdichter, damit kein Öl im Kältemittelkreislauf Schaden anrichten kann, z. B. in den Wärmetauschern, oder wo bei tiefen Temperaturen das Kaltfließvermögen von Schmieröl nicht ausreicht.

Für diese Zwecke gewinnen die „Trockenlaufverdichter" immer größere Bedeutung. Sie werden von kleinen luftgekühlten Aggregaten von 0,05 m³/min an bis zu großen Anlagen von 300 m³/min mit hohen Drücken und hohen Temperaturen gebaut. Das Triebwerk derartiger Verdichter besitzt in der Regel normale Ölschmierung. Die Kolben arbeiten in den Zylindern ohne jede Schmierung nach 2 verschiedenen Systemen: mit Spezialring-Dichtung mit nichtmetallischen Kolbenringen, die z. T. dichten und z. T. tragen, auch in der Gasstopfbüchse, oder mit Labyrinth-Dichtung, bei der die Kolben berührungsfrei laufen und die Abdichtung am Kolben und in der Gasstopfbüchse nur durch die Labyrinthwirkung einer großen Zahl sehr enger Spalte und Rillen am Kolbenmantel, in der Zylinderwand und den Stopfbüchsringen erreicht wird.

Bei beiden Systemen Laufbüchse und Kolben aus Sondermetall, die Steuerungs- und Regelungsteile entweder mit reibungsfreier Führung, z. B. Plattenventile nach Abb. 75, S. 85, oder mit Gleitflächen aus einer gleitstoffhaltigen Sinterbronze. Der Triebwerks- und der Zylinderraum sind sorgfältig durch Vorstopfbüchsen und dgl. voneinander getrennt, z. T. mit einer Absaugkammer, aus der eine Vakuumpumpe die letzten Spuren von Öl absaugt.

Die *Spezialring-Dichtung* verwendet z. T. Kolbenringe aus graphitierter Kunstkohle, auch mit Weißmetalltränkung. Sie bewähren sich gut bei mäßigen Drücken, geringer Kolbengeschwindigkeit von 2 bis höchstens 3 m/s und feuchten Gasen. Für höhere Anforderungen wird der Verschleiß zu hoch. Dafür sind jetzt Kolbenringe aus Fluorkohlenstoff-Kunstharz („Teflon"), zur Verbesserung seiner mechanischen Eigenschaften mit Füllstoffen aus Kohle, Graphit, Glas, Bronze u. a., entwickelt worden[1], vgl. dazu die Berichte [35 u. 36], die bei sehr geringem Verschleiß hohe Drücke und Temperaturen und die bei ölgeschmierten Maschinen üblichen Kolbengeschwindigkeiten von 4 m/s und mehr zulassen. Sie eignen sich auch für völlig trockene Gase und besonders auch für leichte, wie z. B. Wasserstoff, bei denen die Lässigkeit von Spalten viel höher ist als bei schwereren. Mit ihren guten Laufeigenschaften dringen die Teflon-Ringe jetzt aber auch stark in den Bereich der Kolben mit normaler Ölschmierung ein, hauptsächlich da, wo bei gewissen Gasen Verkrustung oder Beeinflussung des Schmieröls zu erwarten ist.

Bei der *Labyrinth-Dichtung* wird durch mehrfache Führung der Kolbenstange und stehende Bauart kleinstes Kolbenspiel ermöglicht. Dies kann noch durch „Gaslagerung" des Kolbens unterstützt werden. Dabei wird durch leicht konische Form des Kolbens an seinem oberen und unteren Ende bei exzentrischer Kolbenlage durch verschiedene Gasgeschwindigkeit eine zentrierende Kraft hervorgerufen. So bleiben die Leckverluste in durchaus tragbaren Grenzen. Dazu ist hohe Kolbengeschwindigkeit von etwa 4 m/s erforderlich, die der Forderung nach Schnelllauf entgegenkommt. Der höhere Leistungsbedarf durch die Spaltverluste wird durch den Wegfall der Kolbenreibung ungefähr ausgeglichen [36]. Daß das Gas frei von Abrieb durch Kolbenringe ist, ist für die chemische Verfahrenstechnik günstig. Der Vorteil der gegenüber Kohleringen geringeren Wartungskosten ist jedoch im Vergleich zu Kunstharzringen nicht mehr von Bedeutung.

Beispiele für die konstruktive Ausbildung beider Systeme geben die Abb. 154 bis 162 auf S. 162 bis 169.

Bei den hier nicht behandelten *Vakuumpumpen* kann die Schmierung Schwierigkeiten bereiten, da unter der Wirkung des Vakuums das Schmieröl leicht verdampft.

Eine Wissenschaft für sich ist die Schmierung der Verdichter von *Kälteanlagen*. Das Schmieröl ist dabei auf das Kältemittel abzustimmen. In den meisten Kältemitteln löst sich Öl und nimmt am Kreislauf des Kältemittels teil, der durchs ganze Triebwerk mit Saugventilen im Kolben führt. Nähere Angaben in [9, 10, 11]. Hier gewinnen die Trockenläufer eine besondere Bedeutung, da sie ölfreies Kältemittel ermöglichen, vgl. Abb. 162, S. 169.

---

[1] Zum Beispiel TFE-Kolbenringe der Firma PAMPUS, Deutsche Gummi- und Asbest-Gesellschaft, Büderich bei Düsseldorf.
Es ist der Grundlage nach der gleiche Kunststoff, den jetzt auch die Hausfrau in der Küche als Auskleidung von Bratpfannen und dgl. schätzt.

8*

12 Schwingungen bei Kolbenverdichtern

12.1 Bedeutung

Mit zunehmender Schnelläufigkeit haben bei allen Maschinen Schwingungserscheinungen an Bedeutung gewonnen, die sich bis zur Gefahr der Zerstörung
der ganzen Maschine oder zu unerträglicher Belästigung der Umgebung durch
Erschütterungen und Lärm steigern können. Bei den Kolbenmaschinen mit ihrer
Ungleichförmigkeit ist die Schwingungserregung besonders stark.

Bei dem heute wichtigsten Vertreter der Kolbenmaschine, beim Verbrennungsmotor, sind Schwingungen der verschiedensten Arten seit Jahrzehnten immer
genauer erforscht worden, so daß sie heute ziemlich sicher beherrscht werden
können.

Aufgabe dieses Buches kann nicht sein, auf das ganz große Gebiet der Schwin-
gungstheorie und -praxis einzugehen, auch nicht mit einem ganz bescheidenen
Auszug. Das Anliegen ist vielmehr, darauf aufmerksam zu machen, daß hier
Probleme und Gefahren jetzt auch auf den Verdichterbau zugekommen sind,
denen der Konstrukteur und der Planer nicht ausweichen dürfen. Es steht eine
reiche Literatur zur Verfügung; eine gute Übersicht über die grundlegenden Schrif-
ten geben z. B. [7, 6, 14 u. 42]. Das *heutige* Schrifttum befaßt sich mehr mit
Teilproblemen, wie auch die Bearbeitung mehr und mehr zu Fachkräften in den
Berechnungsbüros, Versuchsanstalten und Instituten übergeht.

Hier soll nur der Versuch gemacht werden, die wichtigsten Schwingungserscheinungen mit den Besonderheiten der Kolbenverdichter zu erklären.

Schwingungsfähig sind alle mit Masse und Elastizität begabten Teile, also
praktisch alle Maschinen- und Fundamentteile und Gassäulen. Eine Schwingung
kommt nur zustande, wenn sie erregt wird; der Konstrukteur muß also außer
den möglichen Schwingungsarten hauptsächlich die möglichen Erregungsarten
kennen, die vom Verdichter und von der Antriebsmaschine ausgehen. Gefährlich
wird eine Schwingung in der Regel nur im Falle der Resonanz, d. h., wenn die
Frequenz einer Erregung mit einer Eigenschwingungszahl des schwingungsfähigen
Systems zusammenfällt („kritische Drehzahl").

12.2 Schwingungsarten

Es lassen sich 3 Hauptgruppen von Schwingungen unterscheiden:
mechanische Schwingungen im Verdichter;
mechanische Wirkung auf die Umgebung;
Gasschwingungen im Leitungssystem.

12.2.1 Zur ersten Gruppe, den **mechanischen Schwingungen im Verdichter**,
gehören vor allem die *Drehschwingungen* der Welle; Literatur z. B. [14,
13, 12].

Dabei darf aber nicht der Verdichter allein betrachtet werden, sondern maßgebend ist der ganze Maschinensatz aus Antriebsmotor, Kupplung, Verdichter

und etwaigen weiteren gekoppelten Maschinen. Die Erregung *durch den Verdichter* geht von dessen ungleichförmigem Drehkraftdiagramm aus. Zerlegt man dies in lauter sinus- und cosinus-Wellen verschiedener Frequenz („harmonische Analyse"), so erhält man als erregende Frequenzen nicht nur die der Verdichtungsstöße aller Zylinderseiten, sondern auch deren ganzzahlige Vielfache, deren Stärke aber bei den hohen Ordnungszahlen abnimmt, also ungefährlicher wird. Diesen zahlreichen Erregungsfrequenzen stehen beim Mehrmassensystem verschiedene Eigenschwingungszahlen gegenüber, so daß also zahlreiche Resonanzen möglich sind. Ist der Antriebsmotor z. B. ein Dieselmotor, so gehen auch von ihm zahlreiche starke Dreherregungen aus. Anzustreben ist, daß die Hauptkritischen bei Betriebsdrehzahl nicht erreicht werden, also hohe Eigenschwingungszahl durch steife Welle und günstige Massenverteilung. Die Verdichter haben im Vergleich zum Motor meist eine viel steifere Welle, da diese weniger und verhältnismäßig steifere Kröpfungen hat. Aber eine elastische Kupplung kann entscheidende Bedeutung gewinnen! Ungünstig sind oft zwei einander gegenüberliegende Drehmassen, die Lage und Größe des Verdichterschwungrads wird also wichtig. Daß bei luftgekühlten Verdichtern oft gegenüber dem Schwungrad ein Lüfterrad sitzt, ist wegen der steifen, oft einzigen Kurbel meist unbedenklich.

Ein großer Vorteil des Verdichters gegenüber dem Schiffs- oder Kraftfahrzeugmotor ist die in der Regel feste Drehzahl, die dann resonanzfrei gehalten werden kann.

Biegungsschwingungen der Kurbelwelle, erregt durch die Kolbenkräfte oder unausgeglichene Fliehkräfte, werden selten gefährlich. Bei der im Verdichterbau häufigen fliegenden Lagerung des Schwungrads oder auch des Motorläufers tritt aber eine nicht immer genügend berücksichtigte Erscheinung auf. Bei Biegung der Welle mit wechselnden Richtungen, z. B. durch Biegung der Kurbel durch die Kolbenkraft und bei nur 1 Lager dazwischen, erfährt die Drehebene des Schwungrads eine pendelnde Schrägstellung; dadurch werden starke Kreiselmomente geweckt, die die kritische Drehzahl beträchtlich erniedrigen *oder* erhöhen können [37]. Für die Berechnung darf also das Schwungrad nicht als punktförmige Masse betrachtet werden.

Andere mechanische Schwingungen können besonders schwingungsfähige Einzelteile gefährden, wie Verkleidungsbleche, mit dem Verdichter verflanschte Kühler und dergleichen. Erregung durch die Bewegungen der Maschine infolge von Massen- oder Gaskräften. Nachträgliche Abstellung leicht möglich durch steifere *oder* auch weichere Befestigung. Besonders empfindlich gegen Schwingungsbeanspruchung sind geschweißte Bauteile. Die Gefahr solcher mechanischen Schwingungen kann durch hydraulische Kräfte erhöht werden, z. B. beim Schütteln von wasser- oder ölführenden Teilen. So ging ein Kühler durch die hohen Druckspitzen der Wasserschwingungen immer wieder zu Bruch, bis der Kühler mit der Maschine weichelastisch verbunden wurde.

12.2.2 Die zweite Gruppe, die **mechanische Wirkung auf die Umgebung**, ist zwar sehr wichtig, unterscheidet sich aber nicht wesentlich von dem für alle Kolbenmaschinen gültigen Problem der Aufstellung, so daß auf die einschlägige Literatur verwiesen werden darf [15, 39].

Die von der Maschine ausgehenden schwingenden Kräfte gehen durchs Fundament auf die Umgebung über und können lästige Erschütterungen, Gebäuderisse,

Dröhnen und Beschädigungen von Schiffswänden und dgl. hervorrufen. Die Erreger sind z. T. unausgeglichene Massenkräfte. Bei Verdichtern ist der Ausgleich schwieriger als bei Motoren, weil sie weniger Zylinder und oft ungleiche Kolben haben; andererseits sind die Massenkräfte oft wegen der niedrigeren Drehzahl unbedeutender. Es wird aber manchmal zu wenig beachtet, daß außer den freien Massenkräften auch die auf S. 76 besprochenen Seitendrücke der Kolben nach außen wirken. Sie geben ein pulsierendes Kippmoment auf die ganze Maschine um eine Achse parallel zur Kurbelwelle. Es ist das Reaktionsmoment gegen das ungleichförmige Drehmoment des Verdichters mit allen Frequenzen seiner harmonischen Analyse und ist mit tragbaren Mitteln nicht ausgleichbar.

Bei Antrieb durch Kolbenmaschinen kommen deren Massenkräfte und Kolbenseitendrücke hinzu. Setzt man zwei ähnliche Maschinen auf einen gemeinsamen Rahmen, damit sich ihre freien Momente ungefähr ausgleichen, so wird der Zweck nur erreicht, wenn die (Biegungs-) Eigenschwingungszahl des Rahmens *über* der Frequenz des auszugleichenden Moments liegt, also mit sehr steifem Rahmen.

Bei zwei oder mehr gleichartigen, nicht gekuppelten Anlagen, die mit *annähernd* gleicher Drehzahl laufen, besteht die Gefahr, daß „Schwebungen" entstehen, d. h. langsam wechselnde Verstärkung und Abschwächung des resultierenden Ausschlags aus den Schwingungen beider Maschinen. Schwebungen fallen mehr auf und werden unangenehmer empfunden als gleichmäßige Bewegungen. Abhilfe durch völligen Gleichlauf oder Kreuzen der Achsen beider Maschinen meist schwierig, einfacher durch getrennte Fundamente oder weiche Lagerung.

Im Gegensatz zur möglichst festen Maschinengründung steht die *elastische Lagerung*. Sie ist längst bekannt, hauptsächlich für Kraftmaschinen, sie wird jetzt aber in steigendem Maße auch für Verdichter verwendet. Sehr gefördert wurde sie durch die Entwicklung von Gummifederelementen, bei denen beim Vulkanisationsvorgang eine molekulare Verbindung von Gummi und Metall erreicht wird, die eine viel festere Haftung als alle Klebeverfahren gibt. Die Eigenschaften des Natur- und Kunstgummis selbst wurden verbessert durch Abstufung der Weichheit, Festigkeit und Dämpfung und durch Erhöhung der Beständigkeit gegen Hitze und Kälte, gegen Öl und Witterungseinflüsse (Alterung). Dies gab dem Konstrukteur ganz neue Möglichkeiten. Aber auch die alten Stahlfedern haben noch ihre Vorteile.

Literatur für elastische Lagerung [38, 39, 40, 17], für Gummilager [16].

Bei dieser Lagerung werden kleine Bewegungen des ganzen Maschinensatzes unter den freien Massenkräften und Kippmomenten zugelassen und diese dadurch größtenteils vom Aufstellungsort abgehalten („Dämmung"), auch der Körperschall. Gute Dämmung läßt sich nur erreichen, wenn die erregende Frequenz *hoch* über der Eigenschwingungszahl der Gesamtmasse liegt. Den 3 räumlichen Achsen entsprechend gilt dies für 3mal 2 „Freiheitsgrade" mit 6 verschiedenen Schwingungsformen und 6 Eigenschwingungszahlen. Also ist hohe Erregerfrequenz vorteilhaft, d. h. hohe Drehzahl und hohe Zylinderzahl. Erfahrungsgemäß sind es auch hier oft die Kippmomente der Kolbenseitendrücke, die die größten Schwierigkeiten machen.

Bei solchen Aufgaben ist es oft schwierig, genügend sichere Unterlagen zu erhalten, z. B. für die Berechnung der Trägheitsmomente des ganzen Maschinensatzes, der oft von mehreren Firmen bestückt wird. Auch Gummiwerte sind unsicher, da die Qualitäten streuen. Aber die

Schwingungsgleichung, in ihrer einfachsten Form:

$$\omega_{e,1} = \sqrt{c_1/m} \quad \text{und} \quad \omega_{e,2} = \sqrt{c_2/J}$$

(ω_e = Kreisfrequenz der Eigenschwingung, 1 = längs, 2 = drehend, c_1 und c_2 = elastische Rückstellungskraft, m und J = Masse und Trägheitsmoment),
sagt durch die $\sqrt{}$, daß ein mäßiger Fehler von m oder J und auch von c nur eine kleine Abweichung für ω_e gibt. Andererseits sagt die $\sqrt{}$ auch, daß man zur Änderung von ω_e z. B. mit Versteifung oder Massenänderung verhältnismäßig wenig erreicht.

Dieser Zusammenhang gilt sinngemäß auch für die anderen behandelten Schwingungen.

Bei der elastischen Lagerung müssen alle Anschlüsse elastisch ausgeführt werden, bei getrennt aufgestelltem Antriebsmotor auch die Kraftübertragung durch hochelastische Kupplung oder Kardanwelle. Am besten werden Motor und Verdichter verflanscht oder auf gemeinsamem, sehr steifem Rahmen zu einem starren Maschinensatz montiert, der als Ganzes elastisch gelagert ist und möglichst auch Kühler, Behälter für Kraftstoff und Preßluft, Schalttafel und dgl. trägt.

Bei fahrbaren Anlagen auf 2 oder 4 Gummirädern, z. B. nach Abb. 117, S. 130, übernehmen die Gummireifen die elastische Lagerung. Bei kleinen Schnellläufern genügen 3 mit dem Boden nicht verbundene Gummifüße, Abb. 107.

Abb. 107. Transportabler Verdichtersatz mit 3 Gummifüßen (FMA Pokorny).
Daten s. S. 134.

Auch hier hat der Verdichter den Vorteil der festen Drehzahl. Beim Hochfahren müssen alle Resonanzen *rasch* durchfahren werden. Dabei sind Anschläge zur Begrenzung der Schwingungsausschläge entbehrlich und meist nicht ratsam, da sie ihrerseits wieder Schwierigkeiten machen können. Dämpfer verringern zwar die Resonanzausschläge, widersprechen aber dem Grundsatz der möglichst freien Beweglichkeit und schaden der Dämmung. Eine gewisse Dämpfung haben alle Gummilager.

Zur Beurteilung der Ausschläge kann die Formel für die freibewegliche Masse m (also ohne Resonanzverstärkung und ohne Dämpfung) gelten, die sich unter dem Zwang einer zeitlich nach sinus-Gesetz mit Kreisfrequenz ω_z verlaufenden Kraft F bewegt, mit $a =$ Amplitude des Ausschlags und $F_A =$ Amplitude der Kraft

$$\pm a = \frac{\pm F_A}{m\omega_z^2}.$$

Man erhält also kleine Ausschläge durch kleine erregende Kraft, große Masse und vor allem durch hohe Erregerfrequenz. Für die Wirkung der Schwingung ist aber weniger ihr Ausschlag entscheidend als ihre Geschwindigkeit $w_{\max} = a\omega_z$. Das Auge, das nur den Ausschlag beurteilt, ist also ein falscher Wertmesser.

Ein Beispiel für Gummilagerung eines zweistufigen, wassergekühlten Elektroverdichters (1500 U/min, 330 m³/h, 31 kp/cm²) gibt Abb. 108. Es zeigt 2 Mittel zur hoch überkritischen Aufnahme der Kippschwingungen um eine Achse parallel zur Kurbelwelle: hohe Erregerfrequenz durch 3 um 120° versetzte Kurbeln mit in

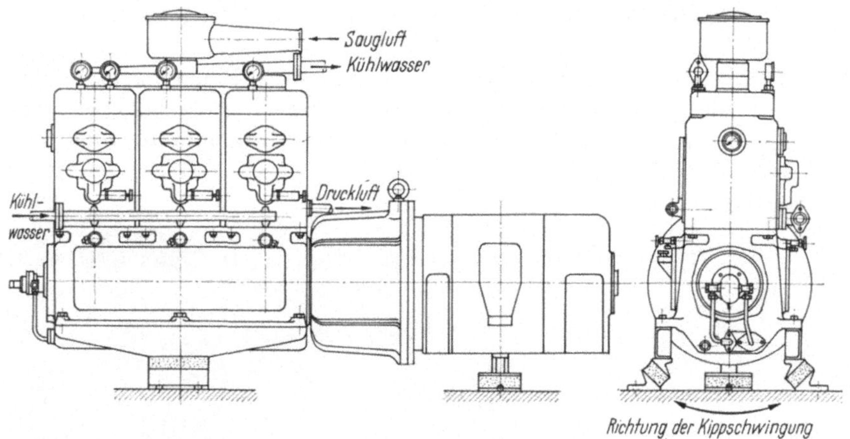

Abb. 108. Dreizylinder-Stufenkolben-Verdichteraggregat auf Schwingmetall-Schienen gelagert (Hatlapa).

beiden Richtungen arbeitenden Stufenkolben sowie tiefe Eigenschwingungszahlen trotz kleinem Massenträgheitsmoment durch besondere Stellung der Schwingmetall-Schienen. Alle drei werden bei der Kippschwingung hauptsächlich auf Schub beansprucht, wobei der Gummi 5—7mal nachgiebiger ist als bei Zug-Druck-Beanspruchung, vgl. dazu [40b].

Andere Wege für elastische Lagerung zeigt Abb. 109. Es ist die bei 7.4, S. 75, besprochene Maschine mit 1 Kurbel und 3 um 2 × 60° versetzten Zylindern, die dadurch schon guten Massenausgleich I. Ordnung besitzt. Außerdem sind die Eigenschwingungszahlen durch die große Masse des mit Beton ausgegossenen Rahmens und die weichen Stahlfedern stark heruntergezogen. Die Masse wird weiter vergrößert durch das vorn auf dem Rahmen sichtbare große Eisengewicht, das den Antriebsmotor zur gleichmäßigen Belastung der Federlager ausbalanciert. Der dreistufige Helium-Trockenlauf-Verdichter wurde 1963 für die Kernreaktor-Anlage in Karlsruhe geliefert, wo er hohe Ansprüche an Laufruhe und Dämmung erfüllen muß.

12.2.3 Die dritte Gruppe waren **Gasschwingungen im Leitungssystem**. Literatur [41, 42, 43, 44].

In den Rohrleitungen sind Druckschwingungen der Gassäulen wie die in der Akustik bekannten Pfeifenschwingungen möglich. Angeregt werden die Schwingungen durch das wechselnde Ansaugen und das stoßartige Ausschieben der

Abb. 109. Heliumverdichtersatz mit schwerem Grundrahmen auf Stahlfederlagern (Linde-Sürth).

Kolben. Die Leitungen mit den anschließenden Teilen können mit ihrer Masse und Elastizität mechanische Schwingungen ausführen.

Gasschwingungen wirken sich in 3 Arten aus:

sie können den Liefergrad λ_{nu} günstig oder ungünstig beeinflussen;

sie können Kräfte auf die Leitungen und weitere Teile ausüben;

sie können erhöhte Antriebsleistung verursachen.

Gefährlich wirken sie sich nur in der Druckleitung aus.

Alle Wirkungen sind nur bedenklich im Fall der Resonanz, d. h.

Erregungsfrequenz = Eigenschwingungszahl der Gasschwingung

oder = Eigenschwingungszahl der mechanischen Schwingung

und schlimmstenfalls

Erregungsfrequenz = Eigenschwingungszahl der Gas- *und* der mechanischen Schwingung.

Wegen Dämpfung und dgl. ist der Resonanzbereich ziemlich breit, es kann also schon Resonanz*nähe* gefährlich werden.

Für die Gasschwingungen in Rohrleitungssystemen gibt es nach den Regeln der Akustik Grundschwingung, 1. Oberschwingung, 2. Oberschwingung usw., jede mit einer Eigenschwingungszahl, von der Grundschwingung an steigend. Für die Erregung durch das Ausschieben gilt nicht nur einfache Frequenz des Ausschiebens aller in die gleiche Leitung fördernder Zylinderseiten, sondern (wie beim Drehkraftdiagramm) die harmonische Analyse der Fördermengenkurve (= der Kolbengeschwindigkeit beim Ausschieben) mit ganzzahligen Vielfachen der einfachen Frequenz, wobei aber die höheren Ordnungen viel schwächer sind; ähnlich auch beim Ansaugen. Die mechanischen Schwingungen der Konstruktionsteile können mehrere Schwingungsformen mit ebenso vielen Eigenschwingungszahlen haben.

Es sind also sowohl bei den Gasschwingungen als bei den mechanischen mehrere Eigenschwingungszahlen vorhanden und auch bei den Erregungen mehrere Frequenzen, so daß eine ganze Anzahl von Resonanzen möglich ist. Erhöht wird die Gefahr bei veränderlicher Drehzahl, mit der sich die Erregungsfrequenz ändert. Ferner ändern die Temperatur und die Gasart die Schallgeschwindigkeit und damit die Eigenschwingungszahl der Gasschwingung.

Bei diesen Erscheinungen spielt die *Beeinflussung des* λ_{nu} nur eine untergeordnete Rolle. Eine Steigerung ist unsicher; wichtiger ist die Verhinderung einer Senkung wegen einer Schwingung mit Unterdruck im Saugstutzen gegen Ende des Saughubs, bei langen Saugleitungen z. B. durch Anbringung eines Kessels vor dem Zylinder.

Viel wichtiger sind die *Kraftwirkungen,* durch die an großen Anlagen schon erhebliche Betriebsschäden aufgetreten sind.

Kräfte entstehen bei der Druckschwingung durch Rohrkrümmer, z. B. Umleitung um 90°, in der Richtung der Leitung vor dem Krümmer mit $\pm$ wechselnd, mit dem Rohrquerschnitt steigend, bei großen Leitungen in der Größenordnung von mehreren hundert kp. Über Flanschen und Halterungen rütteln sie an angeschlossenen Maschinen-, Apparate- und Gebäudeteilen.

Gefahr besteht nur im Resonanzgebiet. Das Problem besteht also in der Ermittlung und nötigenfalls Verlagerung der Eigenschwingungszahlen der Gas- und mechanischen Schwingungen, im Notfall Änderung der Erregungsfrequenz. Bei kleinen Serienanlagen ist dies bei der Entwicklung auf dem Prüfstand möglich. Bei großen Anlagen handelt es sich aber mindestens beim Rohrsystem um Einzelausführungen, bei denen zur Vermeidung späterer Änderungen eine Klärung der Schwingungsverhältnisse im voraus zu fordern ist.

Auch hier leistete der Verbrennungsmotor Vorarbeit. Die Probleme betreffen hier aber hauptsächlich den Liefergrad und die Zweitaktspülung. Beim Verdichter reichen Untersuchungen bis zum Jahrhundertanfang zurück; aber erst in den letzten zwei Jahrzehnten entstanden eingehende, in der Praxis mit gutem Erfolg verwertete Arbeiten; einige davon sind oben genannt.

Zur *Eigenschwingungszahl der Gasschwingungen* liegen rechnerische Methoden vor, die durch Messungen auf dem Versuchsstand und bei ausgeführten Anlagen geprüft und ohne zu viel Rechenaufwand anwendbar sind, auch für verzweigte Systeme einschließlich Kühler und mit Erfassung der Rohrreibung [41, 42].

Zur Verlagerung der Resonanzen und Verringerung der Schwingungsausschläge bieten sich folgende Mittel:

Die Eigenschwingungszahl ist von der *Rohrlänge* abhängig, doch ist deren Änderung oft durch räumliche und konstruktive Verhältnisse begrenzt.

Durch *Töpfe* verschiedener Größe und mit verschiedenem Einbauort lassen sich die Druckamplituden verkleinern und die Eigenschwingungszahlen herunterziehen, wobei die Wirkung mit steigendem Topfvolumen zuerst stark ist und bald asymptotisch ausläuft. Vorsicht ist geboten, weil durch Einschaltung eines Topfs sich für die Schwingungen neue Teilsysteme mit neuen Eigenschwingungszahlen bilden können.

Eingeschaltete *Blenden* zur Drosselung verringern die Resonanzamplituden; sie verschieben die Resonanz im allgemeinen nicht, können aber in gewissen Fällen die Schwingungsform und damit die Eigenschwingungszahl ändern. Außerdem erfordert die Drosselung etwas mehr Leistungsaufwand.

Kühler wirken durch ihren Pufferraum als Topf und durch die Kühlelemente als Blenden.

Eine wesentliche Erhöhung der Sicherheit läßt sich da, wo die Zuverlässigkeit der Berechnung nicht ausreichend erscheint, durch Untersuchung der Anlage an einem verkleinerten *Modell* erreichen. [42] leitet die dazu nötigen Maßstabsgleichungen ab und weist durch Vergleichsversuche nach, daß sich die Modellmessungen mit genügender Genauigkeit auf die auszuführende Anlage übertragen lassen.

Die Bestimmung der *Eigenschwingungszahlen der mechanischen Schwingungen* des Rohrsystems ist rechnerisch meist nur angenähert möglich. Sie können aber z. B. an Rohren, die im voraus montiert werden, durch Anschlagen gemessen werden; außerdem ist Verstimmung durch Änderung der Abstützung und der Wandstärken leicht möglich. Dies führt oft gleichzeitig auch zur Verringerung der Lärmbelästigung.

Abb. 110. Boxerverdichter mit ,,Pulsationsdämpfern'' auf der Saug- und Druckseite jedes Zylinders (DEMAG). Daten s. S. 145.

Änderung der Erregerfrequenz ist beschränkt durch Drehzahländerung oder durch andersartige Zusammenfassung der Leitungen möglich, oder aber nur mit Änderung des Verdichters durch andere Anzahl und Winkelversetzung der Zylinder.

Erhöhter *Leistungsaufwand* durch Gasschwingungen kann durch erhöhten Gegendruck beim Ausschieben oder durch Drossel- und Reibungswiderstand entstehen. Im ersten Fall kann es sich nur um einen kleinen Betrag handeln; eine Druckamplitude könnte durch Leitungsänderung vom Druckventil wegverlegt werden. Im zweiten Fall aber muß mit mehr Leistungsverlust gerechnet werden. Die Drosselblende ist also ein zwar sehr einfaches, aber etwas unwirtschaftliches Mittel zur Beseitigung von Resonanzstörungen.

Ein Beispiel für Ausgleichskessel zeigt Abb. 110, zweistufige Boxerverdichter mit doppeltwirkenden Zylindern, von denen jeder auf der Saug- und Druckseite mit einem ,,Pulsationsdämpfer'' ausgerüstet ist. Ähnliche Dämpfer werden von Spezialfirmen schon listenmäßig angeboten.

Aus all diesen Erkenntnissen entstanden neue konstruktive Gesichtspunkte. Die dem mittleren Gasdruck überlagerten Amplituden der Druckschwingung werden von der Rohrwand ohne weiteres aufgenommen. Die durch Krümmer entstehenden Längskräfte werden durch die Resonanz mit den mechanischen Eigenschwingungszahlen gefährlich. Legt man also diese durch sehr steife Bauart hoch über die Frequenzen der Gasschwingungen, so machen sich die immer noch vorhandenen Gaskräfte nicht bemerkbar, vgl. dazu [44]. In dem Beispiel der Abb. 156, S. 164, sind die Zwischenkühler an die Zylinder geschraubt, ohne Zwischenleitungen also sehr starr; in den Kühlern liegen vor den Kühlelementen große Pufferräume, der gleichartige Nachkühler auf der Rückseite der Maschine läßt Schwingungen nur noch ganz schwach zur Druckleitung durch. Es kommen also 3 Wirkungen — starre Bauart, Puffertopf und Dämpferelement — zusammen.

Zu den Schwingungen gehört auch der *Schall*. Nach außen dringende Gasschwingungen mit Schallfrequenzen bedeuten Lärm, z. B. beim Ansaugen; aber auch mechanische Schwingungen von Blechen und dergl. können Luftschall erregen. In diesem Fall, z. B. bei Leitungen, ist Isolierung gegen Geräuschabstrahlung möglich. Körperschall, d. i. Anregung des Fundaments und anderer Bauteile zum Mitschwingen, kann durch elastische Lagerung gedämmt werden. Nur zur Schalldämmung genügen wegen der hohen Frequenzen ziemlich harte Lager.

Ein Beispiel für Schalldämpfung bei einer Preßluftanlage gibt Abb. 121, S. 133. Literatur z. B. [46].

12.3 Bearbeitung

Der Bearbeiter aller dieser Schwingungserscheinungen kann demnach über sehr reiches theoretisches und praktisches Rüstzeug zur Vorausberechnung und auch zur Aufklärung und Beseitigung von Störungen verfügen. Zur Schwingungsmessung sind feine mechanische und elektronische Verfahren entwickelt, für Gasschwingungen siehe z. B. [41, 45].

Der Konstrukteur muß die Zusammenhänge kennen und nötigenfalls den Spezialisten beiziehen; auch der Planer und der Vertriebsmann müssen wissen, daß die ganze Anlage, die oft mehrere Lieferfirmen umfaßt, schwingungstechnisch in Ordnung sein muß. Es wird also oft der Rat des Stammhauses eingeholt werden müsssen.

Einen Maßstab für das Erreichbare und Erreichte muß sich der verantwortliche Ingenieur wie bei den meisten Ingenieuraufgaben aus vorliegenden Erfahrungen selbst bilden. Dies gilt vor allem für die Sicherheit der Maschinenanlage selbst. Der VDI hat aber auch Richtlinien mit allgemeiner Gültigkeit ausgearbeitet, besonders die „Beurteilungsmaßstäbe für mechanische Schwingungen von Maschinen" [74]; dort ist als maßgebende Größe für die Schwingstärke die „Schwinggeschwindigkeit" und zwar mit ihrem quadratischen Mittelwert in mm/s festgesetzt mit „Gut" bis „Unzulässig" für verschiedene Arten und Aufstellungen der Maschinen. Normen für Lärm sind [71] und [70].

Solche Richtlinien können im Einzelfall in einem Liefervertrag verbindlich gemacht werden.

13 Ausführungsbeispiele

In Kap. 7 sind die Grundzüge der Bauarten behandelt. Zur Ergänzung werden jetzt Beispiele für die praktische Ausführung zusammengestellt. Die dafür gewählte Einteilung ist etwas willkürlich und fließend, weil die Größen ineinander übergehen und die gleiche Type oft für verschiedene Zwecke verwendet wird.

13.1 Kleine Luftverdichter

Maßgebend sind Einfachheit und niedriger Preis mit hoher Betriebssicherheit. In der Regel Luftkühlung. Am einfachsten ist der stehende Einzylinder; aber die Großserie wird durch das Baukastensystem erleichtert, deshalb wird mit wenig Zylindergrößen die Leistung durch die Zylinderzahl variiert. Dabei erhält man als weitere Vorteile besseren Massenausgleich und bei den kleineren Zylindern bessere Kühlwirkung, wodurch einstufige Verdichtung bis zu 11 kp/cm² ohne zu hohe Endtemperatur möglich wird. Die Mehrzylinderbauart erlaubt aber ohne viel Mehraufwand auch schon zweistufige Verdichtung für höhere Drücke.

Beim Mehrzylinder ist die früher übliche Reihenanordnung heute fast völlig durch die Fächerbauart verdrängt, 2, 3 und auch 4 Zylinder mit Pleueln nebeneinander auf 1 Kurbel, also einfachste Kurbelwelle mit nur 2 Wälzlagern ins Tunnelgehäuse eingeschoben. Die V- und W-Anordnung erlaubt auch besonders günstigen Massenausgleich, vgl. S. 75, kleinste Baulänge und gleichmäßige Anblasung bei Luftkühlung.

Weitere Möglichkeiten gibt dann der Schritt zur zweikurbligen Maschine.

Die Drehzahl wird bei kleinen Ausführungen nicht zu hoch getrieben, damit die Bauteile nicht zu klein und empfindlich werden, mit einer mittleren Kolbengeschwindigkeit von nur 2—3 m/s. Bei direkt gekuppelten Drehstrommotoren findet man deshalb in der Regel noch 1400—1450 U/min, während der billigere Motor von etwa 2800 U/min Keilriemenuntersetzung auf 1/2—1/3 seiner Drehzahl erhält.

Die Bauart ist hauptsächlich nach fabrikatorischen Gesichtspunkten der Großserie mit nicht viel Zugeständnissen an die Konstruktion entwickelt. In der Regel Tunnelgehäuse; Rippenzylinder mit Tauchkolben einzeln aufgesetzt; Pleuel mit Gleit- oder Wälzlagern.

Die große Bedeutung der kleinen Verdichter geht daraus hervor, daß die gesamte Fabrikation der Gruppe 13.1 und 13.2 die Gesamtzahl aller übrigen Gruppen nicht nur der Stückzahl nach, sondern auch der Gesamtliefermenge nach weit übertrifft.

Als besonders einfache Bauart zeigt Abb. 111 einen Luftpresser mit 150 cm³ Hubvolumen für Bremsluft z. B. für Lastkraftwagen und Omnibusse, für 6 kp/cm² und 150 dm³/min bei 2000 U/min. Er wird vom Fahrmotor mit Keilriemen angetrieben und ist so angeordnet, daß er vom Luftstrom des Motorlüfters getroffen wird. Außer dem Kolbenbolzenlager lauter Wälzlager; einseitiges Gegengewicht, so daß das einteilige Pleuel übergestreift werden kann. Spritzschmierung durch Nase am Pleuel; keine Kühlrippen; einfache Plattenventile, 2 Druckventile, die leicht ausgebaut werden können.

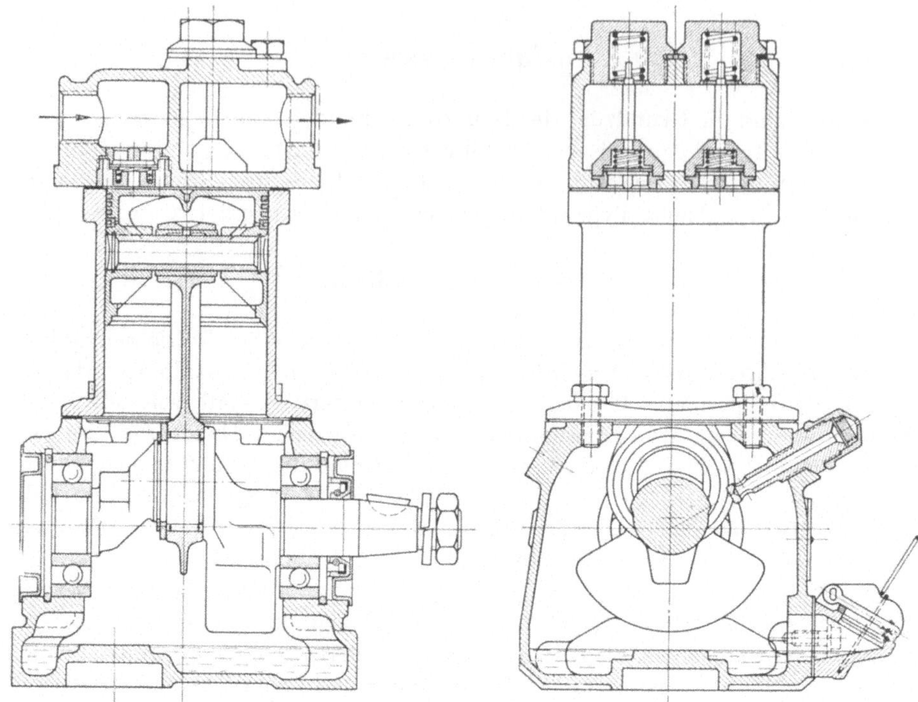

Abb. 111. Luftpresser für KFZ-Bremsen (Bosch).

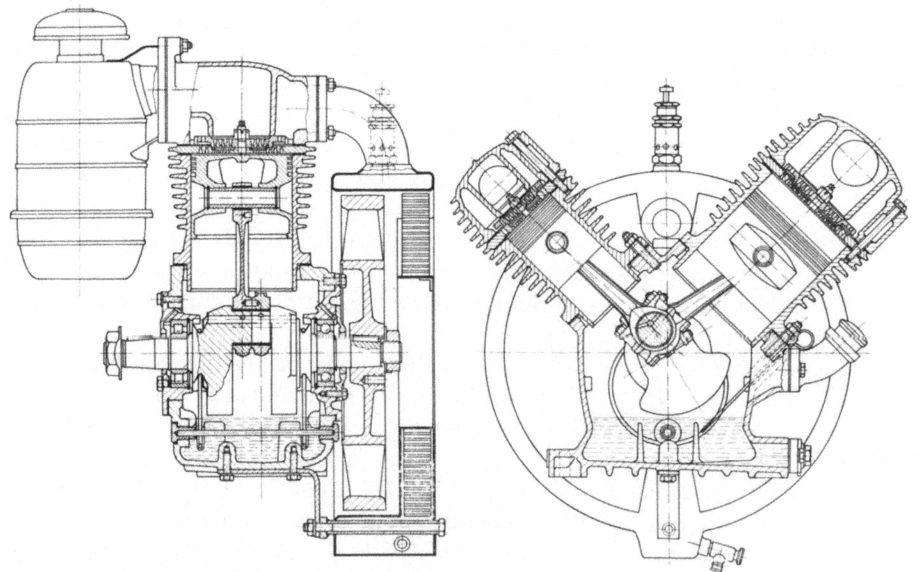

Abb. 112. Luftgekühlte ı Kleinverdichter, zweistufig (Elektron-Co).

Zur häufigsten Form der Kleinverdichter führt Abb. 112; hier mit V, zweistufig mit Flachrohr-Zwischenkühler, der die einfachere Rippenrohrschlange allmählich verdrängt; Schwungradgebläse; konzentrische Ventile; Schleuderring-

schmierung. Guter Massenausgleich I. Ordnung durch Gegengewichte. Bei 1440 U/min und 11 kp/cm² effektive Liefermenge 1,7 m³/min.

Bei den kleinen Verdichtern hat es sich bei vielen Firmen eingebürgert, als Ansaugmenge $\dot{V}_{H,I}$ anzugeben, das sich einfach aus den Maschinenabmessungen ergibt. Für den Kunden ist aber nur die nutzbare Menge $\dot{V}_{2,nu}$ wichtig. Da diese bei unterschiedlichen Bauarten verschieden stark von $\dot{V}_{H,I}$ abweicht, sollte wie sonst überall im Verdichterbau die effektive Menge angegeben werden. Ebenso darf die Motorleistung auch bei gleichem Förderdruck nicht als Maß für die Fördermenge herangezogen werden, da sie vom Wirkungsgrad ($\eta_{T,Ku}$) abhängt und da die installierte Motorleistung oft nicht gleichbedeutend mit der erforderlichen Antriebsleistung P_{Ku} ist. Hier müssen die Normen [73] und [69] mit einem Beitrag aus der Industrie, der VDMA-Vorschrift [79], Einheitlichkeit schaffen.

Hierher gehört nun eine sehr große Zahl kleiner Verdichter, für sehr vielseitige Verwendbarkeit in ganz ähnlicher Form von zahlreichen Firmen hergestellt. Meist werden sie als vollständige Druckluftanlage geliefert, Motor mit Verdichter

Abb. 113. Vollständige Druckluftanlage mit Behälter, Doppel-V-Verdichter (Elektron-Co).

und Zubehör auf einem großen Druckluftbehälter aufgebaut (vgl. Abb. 113), vollautomatisch, in der Regel mit Elektromotor mit Ausschaltregelung, aber auch vom Stromnetz unabhängig mit Benzinmotor mit Leerlaufregelung; kleinste Anlagen für Farbspritzen und dgl., trag- oder fahrbar, größere zur Verwendung in der Fabrikation für pneumatische Einrichtungen für ortsfesten Einbau. Der raumsparende Schnelläufer ohne schweres Fundament dringt hier mit Erfolg in den Bereich der mittelgroßen schweren Preßluftanlagen der Industrie ein.

Für anspruchsvolleren Betrieb werden oft Mehrfachanlagen mit 2 oder mehr Motor-Verdichter-Aggregaten eingesetzt. Diese erleichtern der Verdichterfirma die Großserie, dem Verbraucher die wirtschaftliche Ausnützung bei Teilbelastung, Reserve für Spitzen und für Ausfall, Erweiterung bei Betriebsausweitung.

Für die Einzelanlage umfaßt diese Verdichtergruppe ein Gebiet von 0,03—2,5 m³/min, Druck einstufig bis zu 11, zweistufig 9—16 und steigerbar bis 36 kp/cm², bei 0,04—1,5 dm³ Hubvolumen des Einzelzylinders.

Abb. 113 zeigt eine vollständige Anlage für 0,855 m³/min bei 745 U/min und 9 kp/cm². Bemerkenswert ist der einstufige Verdichter mit 4 gleichen Zylindern

(80 mm $\emptyset$) im Doppel-V mit 2 Kurbeln. Durch die hohe Zylinderzahl und nur 2 m/s Kolbengeschwindigkeit bleibt die Endtemperatur trotz hohen Drucks tief genug.

Die häufigere Vierzylinderbauart mit nur 1 Kurbel zeigt Abb. 114, hier zweistufig mit 3 Zylindern der I. und 1 Zylinder der II. Stufe. Die 4 Pleuel sind ungeteilt, durch geschickte Konstruktion des Gegengewichts montierbar. Bei 16 kp/cm² 1,7 m³/min mit 1205 U/min und $c_m = 3{,}38$ m/s.

Ein Beispiel für eine reich ausgestattete Doppelanlage mit 2 Verdichtern nach Abb. 114 gibt Abb. 115.

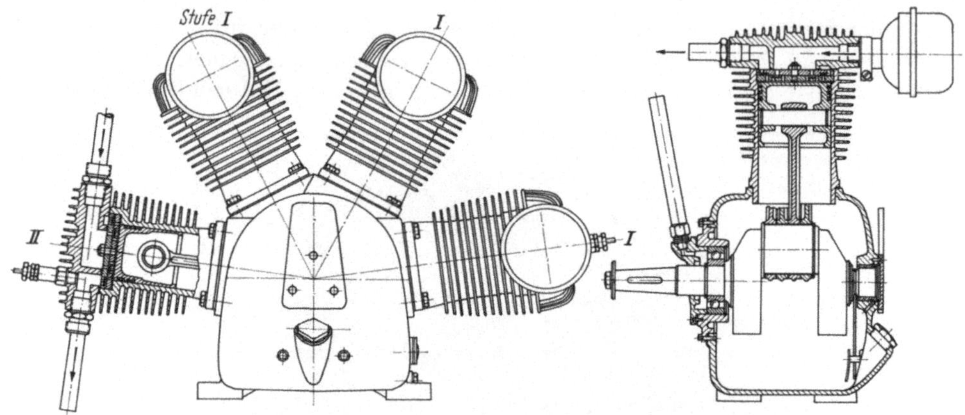

Abb. 114. Vierzylinder mit 1 Kurbel, zweistufig (ALUP).

Abb. 115. Doppelanlage mit 2 Verdichtern nach Abb. 114 (ALUP).

Eine in mancher Hinsicht bemerkenswerte Fortentwicklung in dieser Gruppe gibt Abb. 116, hauptsächlich durch das Kühlsystem. Zylinder und Zylinderköpfe werden durch Öl gekühlt, das vom Schmierölstrom der am Ende der Kurbelwelle (Sphäroguß) sichtbaren Zahnradpumpe abgezweigt und in einem Glattrohrkühler rückgekühlt wird. Dadurch erreicht man Sicherheit gegen Frost, Korrosion und Verschmutzung, gleichen und von außen unabhängigen Schmier- und Kühlstoff und geräuscharmen Gang. Vgl. dazu Abschn. 10.1, S. 100. Bei der abgebildeten zweistufigen Ausführung sind Ölrohrkühler, Flachrohr-Zwischen- und -Nachkühler, alle luftgekühlt, ringförmig über den angeflanschten Elektromotor geschoben. Das ganze Kühlsystem ermöglicht eine bestechend geschlossene Form des ganzen Aggregats, tragbar mit 3 Gummifüßen.

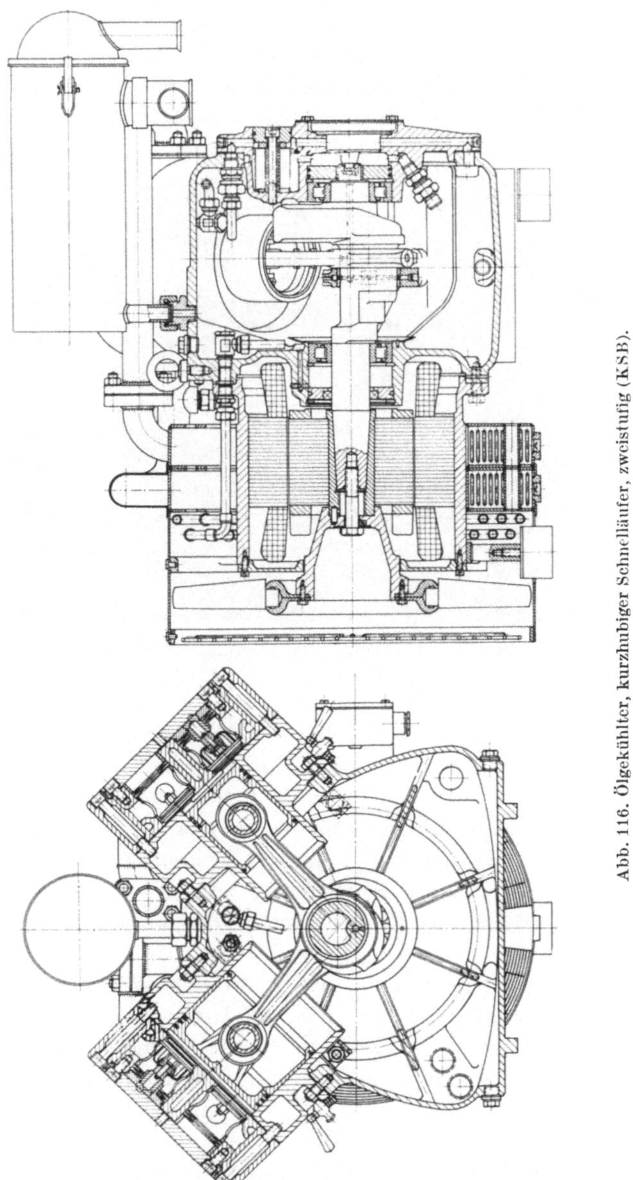

Abb. 116. Ölgekühlter, kurzhubiger Schnelläufer, zweistufig (KSB).

Die Type wird ein- und zweistufig, je in 3 Größen, einstufig bis 2,5 m³/min bei 8 kp/cm², zweistufig bis 2,3 m³/min bei 15 kp/cm² geliefert, stets als Zweizylinder-V, sehr kurzhubig mit 48 mm Hub und 1450 U/min.

13.2 Fahrbare Verdichteranlagen

Den Kleinverdichtern nach 13.1 schließt sich in lückenlosem Übergang eine Gattung an, die hauptsächlich für die Verwendung auf Baustellen mit Preßluftwerkzeugen entwickelt wurde. In der Regel sind es vollständige, leicht bewegliche, automatische Druckluftanlagen, zwei -oder vierrädrig, z. B. nach Abb. 117.

Gegenüber 13.1 sind diese Verdichter größer und auf hohe Leistungsfähigkeit bei verhältnismäßig kleinem Gewicht konstruiert. Für den Antrieb wird oft dem unabhängigen Dieselmotor der Vorzug vor dem Elektromotor gegeben. Dabei bietet sich der Kraftfahrzeugmotor an, der kleines Gewicht und gute Standruhe

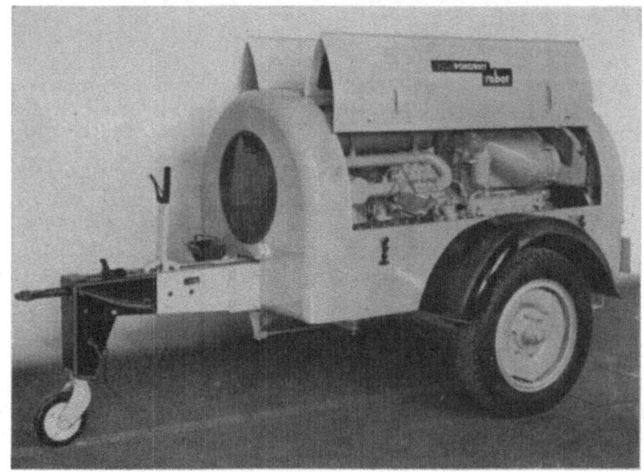

Abb. 117. Fahrbare Dieselverdichteranlage (FMA Pokorny).

besitzt und als Großserienerzeugnis billig ist. Ähnliche Anforderungen führten zu einer Annäherung des Verdichters an den Motor. Hohe Kolbengeschwindigkeit von 4—5, in Einzelfällen bis über 8 m/s und auf Schnellauf entwickeltes Triebwerk erlauben direkte Kupplung mit dem in der Drehzahl gegenüber dem KFZ etwas gedrückten Motor. Im Aufbau findet man noch kaum die beim KFZ-Motor von unten ans Gehäuse angehängte Kurbelwelle mit leichter Ölwanne, sondern am häufigsten Tunnelgehäuse ohne Zwischenlager oder mit zweiteiligen Lagerstühlen, Bleibronzelager.

Die herkömmliche Reihenbauart mit mehreren Zylindern hintereinander ist fast überall durch die einkurblige V- oder W-Anordnung von 2 oder 3 Zylindern abgelöst, die bei besserem Massenausgleich einfacher und kürzer baut; häufig auch zweikurblig mit 2×2 Zylindern in V-Stellung. Die moderne V-Bauart wird sogar da bevorzugt, wo der antreibende Dieselmotor mit 2—4 Zylindern noch in Reihe gebaut wird.

Der Forderung größtmöglicher Einfachheit entsprach einstufige Ausführung. Zunächst behielt man diese bis zu dem zur Steigerung der Leistungsfähigkeit der Druckluftwerkzeuge hochgetriebenen Druck von 9 kp/cm² im Dauerbetrieb bei. Zur Herabsetzung der Lufttemperatur und weiterer Steigerungsmöglichkeit hat sich jetzt aber zumeist zweistufige Bauweise durchgesetzt, in der Regel mit Aufteilung der Stufen auf verschiedene Zylinder, selten mit Stufenkolben.

Kühlung herkömmlicherweise mit Wasser, meist mit getrennten Kühlkreisläufen für Motor und Verdichter. Seit luftgekühlte Dieselmotoren passender Leistung verfügbar sind, wird auch der luftgekühlte Verdichter bevorzugt, wo-

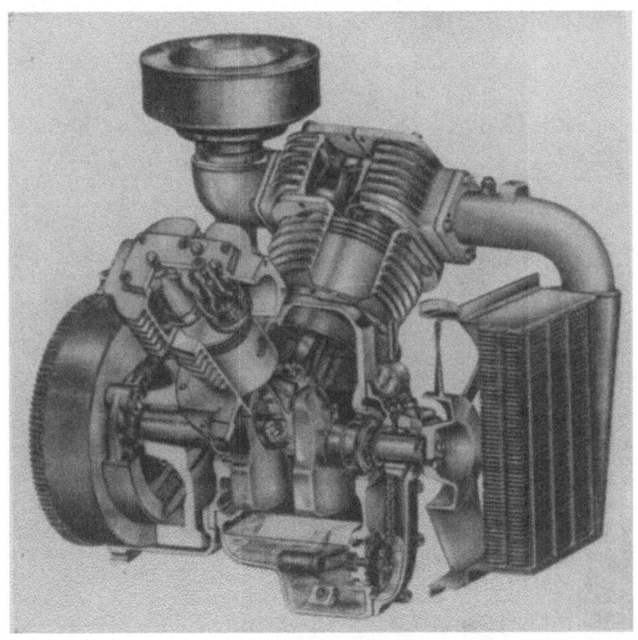

Abb. 118. V-Verdichter, luftgekühlt mit Axiallüfter und Zwischenkühler (FMA Pokorny).

Abb. 119. Vollständige verflanschte Anlage auf Rohrkessel (Elektron-Co).

durch man eine frostsichere Anlage erhält. Meist eigenes Kühlgebläse für Zwischenkühler und Zylinder. Der rauhe Baubetrieb verlangt sichere Konstruktion, gute Verkleidung und Saugluftfilter, selbsttätige Regelung und Anspruchslosigkeit in der Wartung.

9*

Einen Vertreter der einkurbligen V-Bauart zeigt Abb. 118; luftgekühlt; das Lüfterrad auf der Kurbelwelle saugt durch den Zwischenkühler und bläst gegen die Zylinder; Umlaufschmierung; die um 90° versetzten hin- und hergehenden

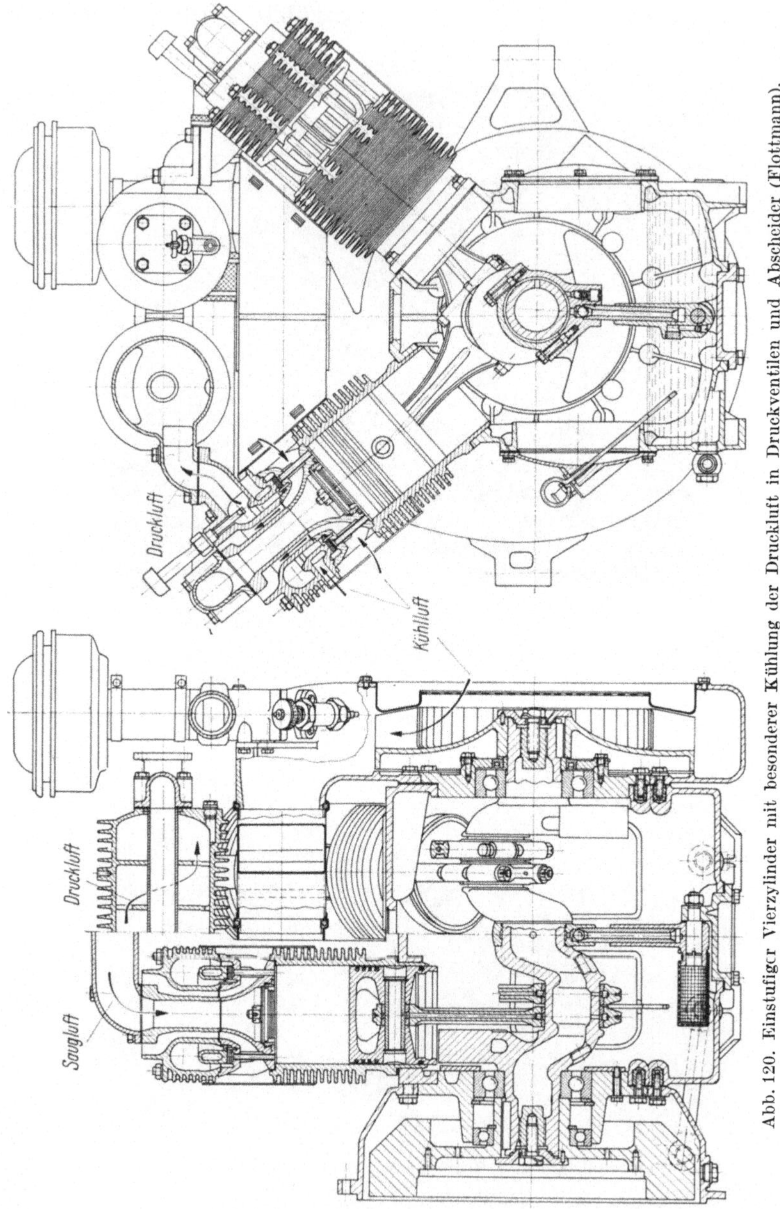

Abb. 120. Einstufiger Vierzylinder mit besonderer Kühlung der Druckluft in Druckventilen und Abscheider (Flottmann).

Massen lassen sich in I. Ordnung durch die rotierenden Gegengewichte weitgehend ausgleichen. Fliehkraftkupplung, die das Anfahren des Motors bei stillstehendem Verdichter ermöglicht. Zweistufig, 4 m³/min bei 8 kp/cm², 1500 U/min, max. 11 kp/cm².

In der zugehörigen Anlage nach Abb. 117 mit luftgekühltem 3-Zylinder-Dieselmotor sind Motor- und Verdichtergehäuse miteinander verflanscht. Der Fahrzeugrahmen aus nahtlosem Stahlrohr dient als Druckluftkessel. Bei Leerlauf wird die Drehzahl selbsttätig um 40% herabgesetzt.

Deutlicher zeigt den Aufbau eines solchen Aggregats ohne die zugehörige Lafette die Abb. 119 mit Vierzylinder-Doppel-V-Verdichter, dessen Gehäuse über eine deutlich sichtbare Laterne mit dem Vierzylinder-Reihen-Diesel starr verflanscht ist. Alle Teile sind auf Luftkühlung eingestellt. Der zweistufige Verdichter liefert 7,7 m³/min bei 1 620 U/min, bis 8 kp/cm².

Interessante Einzelheiten hat der Vierzylinder-Verdichter der Abb. 120. Gegossene Kurbelwelle, zwischen beiden Kurbeln exzentergetriebene Schmieröl-pumpe für Pleuel und Kolbenbolzen. Kühlluftführung im Zylinderkopf nach den Pfeilen mit Kühlung des Ansaugekanals und der Druckluft sowohl in den Röhrchen unterhalb des hochliegenden Druckventils als auch im Ringraum darüber,

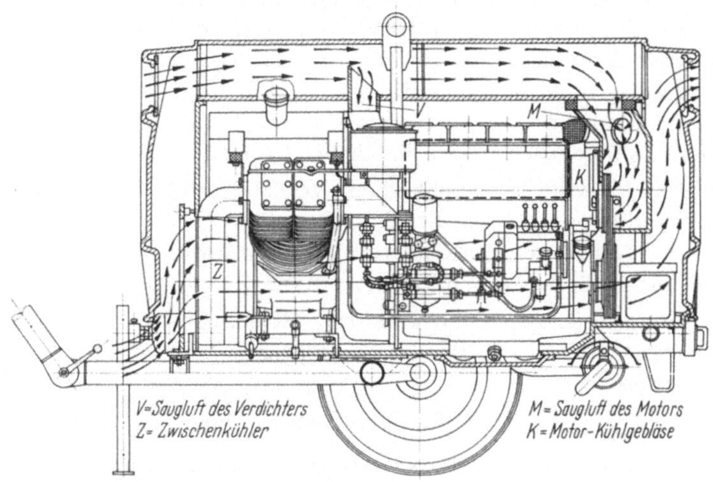

Abb. 121. Schallgedämpfte Dieselverdichteranlage, Pfeile für Ansauge- und Kühlluft (Flottmann).

dadurch Herabziehen der Endtemperatur. Automatische Regelung mit Verringerung der Motordrehzahl bis auf 75%, darüber hinaus Leerlaufschaltung durch Verschließen der Saugleitung. Zum Anfahren Fliehkraftkupplung. 110 mm Hub; Lieferung einstufig 5,4 m³/min bei 9 kp/cm², 1 180 U/min, $c_m = 4,3$ m/s; zweistufig gebaut bis 21 kp/cm².

Für Preßluftanlagen gilt mit vollem Recht: „Kampf dem Lärm". Moderne Anlagen setzen dazu folgende Mittel ein: Auspuff- und Ansaugeschalldämpfer für Dieselmotor, Verdichter und Leerlaufentlastung, elastische Lagerung, Verkleidung mit Kunststoffhauben, entdröhnte Bleche mit Kunststoffzwischenschicht, besondere Führung des Ansaug- und Kühlluftstroms innerhalb der Verkleidung, damit große Dämpfervolumina mit geringem Druckverlust und genügende Entlüftung ohne Öffnen der Verkleidungsklappen erreicht werden. Solche Luftführung zeigt Abb. 121. Die Strömung wird durch das Ansaugen beider Maschinen, das Kühlgebläse des Motors und den Ventilator des Zwischenkühlers in Gang gehalten. Durch große Querschnitte und günstige Luftführung ist dabei jede Leistungseinbuße vermieden. Vgl. dazu auch S. 124, Schall.

Die hohe Qualität aller Verdichter der Gattung 13.2 kommt natürlich auch bei ortsfestem Einbau zur Geltung. Ihre gute Standruhe erspart ein volles Fundament. Bei dieser Verwendung wird oft der Elektromotor vorteilhafter sein.

Einen Maschinensatz dieser Art haben wir schon als Beispiel auf 3 Gummifüßen ohne Fundament in Abschn. 12.2.2 mit Abb. 107, S. 119 kennengelernt. Zweistufig, 2,1 m³/min bei 8 kp/cm² und 1500 U/min.

13.3 Mittelgroße ortsfeste Verdichter

Hier läßt das sichere Fundament, in der Regel ohne Beschränkung von Raumbedarf und Gewicht, die schwere Maschine mit Kreuzkopf für sicheren Betrieb und lange Lebensdauer erwarten. Aber es gibt auch hier viele Anwendungsgebiete, die die kleine, leichte, gut ausgeglichene Maschine verlangen. Das gilt z. B. für Bordaggregate, die Preßluft zum Anfahren und Umsteuern der Hauptmotoren, bei feuergefährlicher Ladung zum Antrieb von Bordwinden, Pumpen und Förderanlagen, Rudermaschine, Schiffspfeife und dergl. liefern. Ähnliches gilt für Preßluftanlagen mit häufigem Standortwechsel.

Man erhält so 2 deutlich unterschiedliche Gruppen:

Leichte Maschinen mit Tauchkolben, verhältnismäßig hohe Drehzahl und Kolbengeschwindigkeit, mehrere Zylinder;

daneben mittelschwere Maschinen mit Kreuzkopf, verhältnismäßig langsam laufend, für große Sicherheit gebaut.

Beide Gruppen vielfach in altbewährter Reihenbauart, aber auch hier Eindringen moderner Formen, V, W und L, ursprünglich unter dem Einfluß amerikanischer Bauweise.

13.3.1 Tauchkolbenmaschinen

Die Reihenbauart verwendet das Baukastensystem, Variation der Leistung durch verschiedene Zahl gleicher Zylinder, entweder Einzelzylinder auf gemeinsamem Gehäuse (Abb. 123) oder auch gemeinsamer Zylinderblock wie bei mittelgroßen Motoren, besonders steif und geschlossen, aber weniger streng baukastenartig (Abb. 122). Beim zweistufigen Verdichter erhält man heute durch den Stufenkolben lauter gleiche Teile, während früher die Stufen oft auf verschieden große Zylinder aufgeteilt waren.

Beispiele: Abb. 122, japanische Konstruktion, Tunnelgehäuse ohne Zwischenlager, Zylinderblock mit Doppelkopf, Stufenkolben, Umlaufschmierung mit Zahnradpumpe, Zylinderschmierung mit Schmierpresse. Zwischenkühler seitlich angeflanscht.

175 mm Hub. Leistung bei 8 kp/cm² 17 m³/min mit 660 U/min oder bei 15 kp/cm² 13 m³/min mit 540 U/min.

Diese Type wird auch mit 3 und 4 Zylindern geliefert. Vgl. auch Abb. 165.

Abb. 123, Anlaßluftverdichter für Schiffsmotoren. 1 bis 3 Zylinder, bis 36 kp/cm², 52—390 m³/h. Zwar kurzzeitiger Betrieb, aber auf See und oft bei rauhen Bordverhältnissen große Betriebssicherheit bei einfacher Wartung erforderlich. Hohe Drehzahl bis 1750 U/min mit 6,2 m/s Kolbengeschwindigkeit, konzentrische

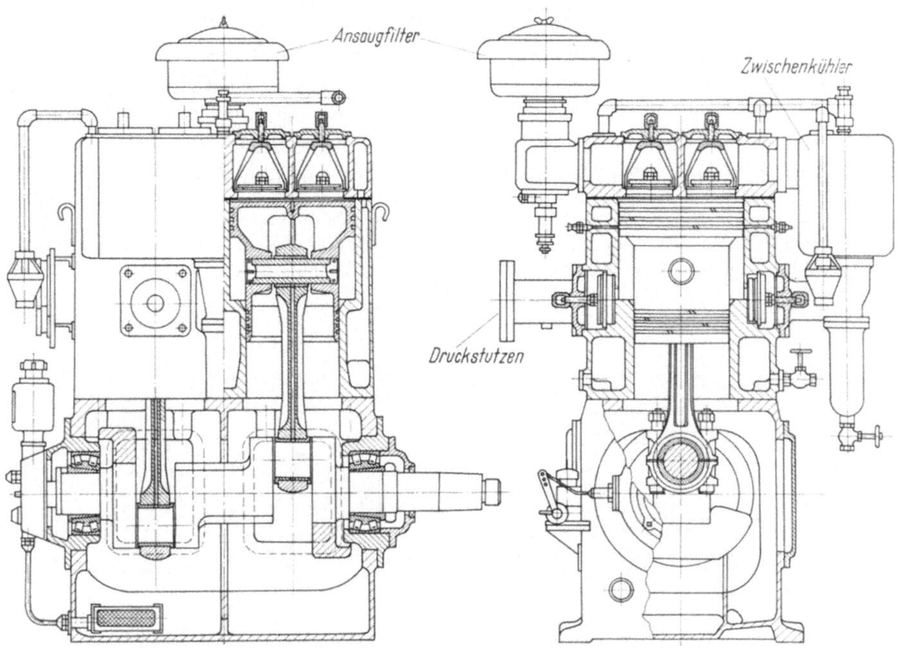

Abb. 122. Blockbauart, wassergekühlt, zweistufig, 2 gleiche Stufenkolben (Tanabe).

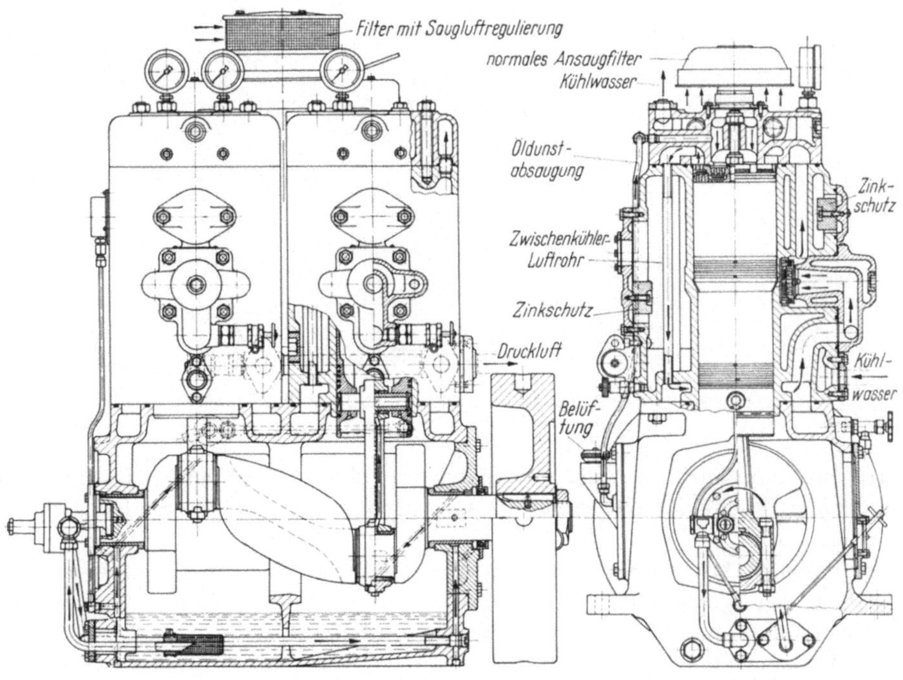

Abb. 123. Zweistufiger Schnelläufer, vorzugsweise für Bordaggregate (Hatlapa).

Ventile auch in der II. Stufe. Zwischenkühler mit Luftrohren im Kühlwassermantel. Zinkschutz (vgl. S. 185) gegen Korrosion durch Seewasser.

Ähnlich ist der Verdichter nach Abb. 124, aber mit Luftkühlung, die wegen der hohen Temperatur im Maschinenraum, hauptsächlich in den Tropen, besonders wirksam ausgebildet ist. Kühlluft durch enge Verkleidung überall zwangläufig geführt, Zwischenkühler als Schlangenrohr vor dem Zylinder.

Interessant ist, daß in dem äußerst konservativen Schiffbau und bei dem im Überfluß vorhandenen Kühlwasser hier die Luftkühlung eindringt. Neben ihren anderen Vorteilen (S. 100) ist hier die sofortige Betriebsbereitschaft wichtig.

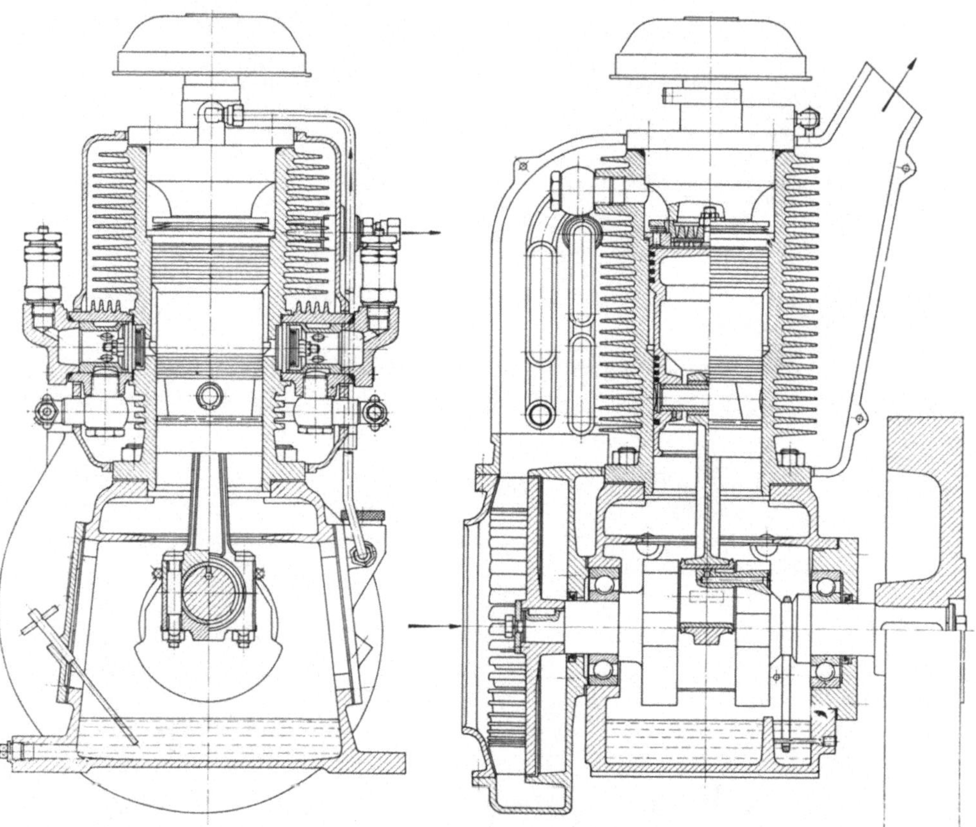

Abb. 124. Luftgekühlte Ausführung des Stufenkolbenverdichters ähnlich Abb. 123 (Hatlapa).

Hierher kann auch noch der Verdichter nach Abb. 125 gerechnet werden, eine dreikurblige Tauchkolben-Reihenmaschine mit Stufenkolben für 5 Stufen. Leichte, besonders gedrängte Bauweise, da es sich um eine transportable Luftzerlegungsanlage handelt. 125 mm Hub, 590 U/min, 200 m³/h, 200 kp/cm². Geschweißtes Kurbelgehäuse, gemeinsamer Zylinderblock. Gutes Beispiel für Bauart und Unterbringung von Schlangenrohrkühlern.

Die V-Bauart mit Tauchkolben zeigt Abb. 126, hier im Doppel-V, zweistufig mit 4 gleichen Stufenkolben. Modern kurzhubig (mitbedingt durch das Baukasten-

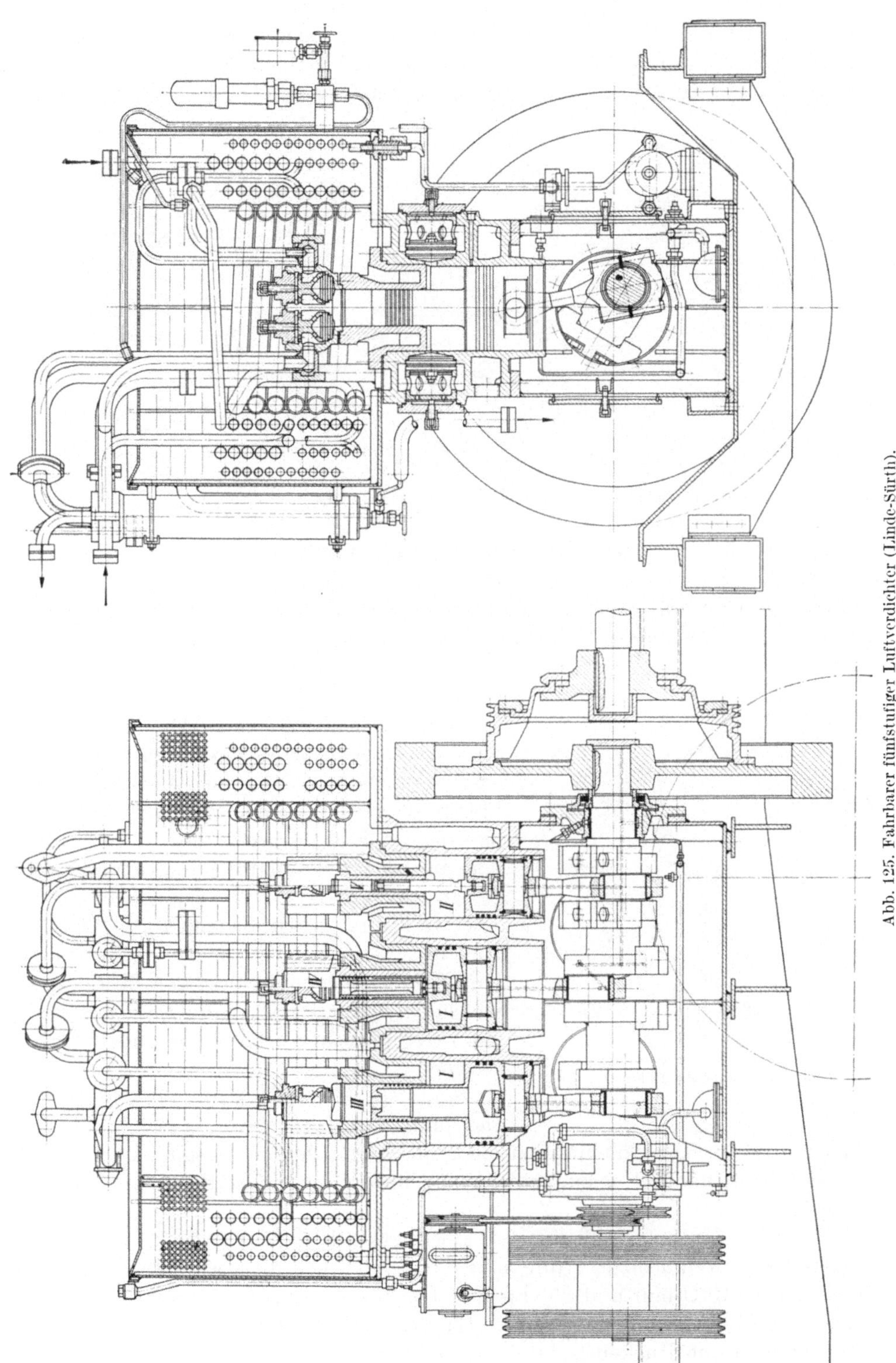

Abb. 125. Fahrbarer fünfstufiger Luftverdichter (Linde-Sürth).

system), bei 92 mm Hub $s/D_I = 0{,}35$, dadurch sehr niedrige Kolbengeschwindigkeit. Bei 1000 U/min und 13 kp/cm² rund 1000 m³/h. Jeder Zylinder hat in der I. Stufe 4, in der II. 2 Ventile und seinen eigenen Zwischenkühler. Eine mit allen

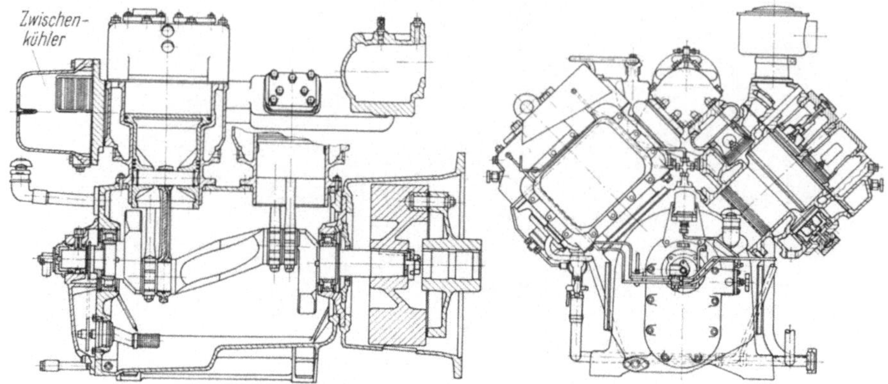

Abb. 126. Kurzhubiger Doppel-V-Tauchkolben-Verdichter (FMA Pokorny).

HD-Austrittstutzen verflanschte Sammelleitung versteift die 4 Zylinder gegenseitig. Greifersteuerung des Saugventils in beiden Stufen.

Eine Variante mit einem als III. Stufe abgewandelten Zylinder für 36 kp/cm² zeigt Abb. 127. Der untere Kolbenteil dient nur zur Geradführung.

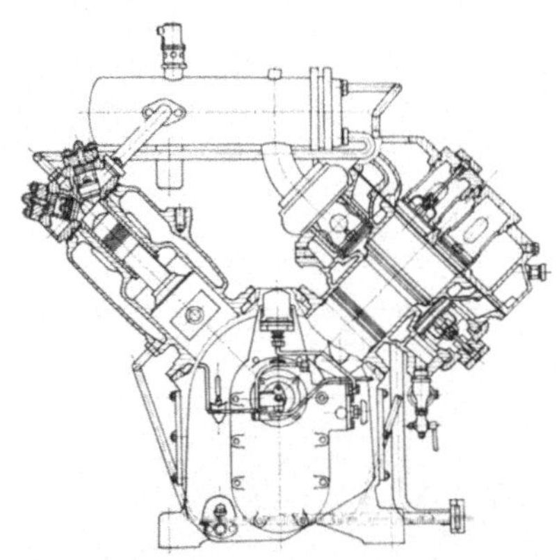

Abb. 127. Dreistufige Variante des Verdichters nach Abb. 126 (FMA Pokorny).

13.3.2 Kreuzkopfmaschinen

Stehend in Reihe nach Abb. 128—130. Sie zeigen eine bemerkenswerte Bauweise, die einen praktischen Ausgleich zwischen den Forderungen des Serienbaus und der Anpassung an Einzelwünsche durch den Aufbau aus einem Standardtriebwerk und aufgesetzten Spezialzylindern ermöglicht. Das Triebwerk wird in 7 Größen mit 100—400 mm Hub und 1—3 Kurbeln geliefert, sehr solide Kreuzkopfbauart mit niedriger Kolbengeschwindigkeit für angestrengten Dauerbetrieb, mit Vorstopfbüchse auch für besondere Gase geeignet.

Beispiele für die vielseitige Zylinderanordnung: Abb. 128, zweistufiger Einzelzylinder, 100 mm Hub, 250 m³/h bei 730 U/min und 11 kp/cm². Raum a zum Saugraum entlüftet, dadurch 2 einfachwirkende Stufen mit ungefähr ausgeglichener Gaskraft.

Abb. 129, 2 Kurbeln, 2 Stufen je doppeltwirkend.

Abb. 130, zweikurbliger fünfstufiger Hochdruckverdichter, 160 mm Hub, 400 m³/h bei 410 U/min und 350 kp/cm²; alle Stufen einfachwirkend, I. und II. ähnlich der Abb. 128 mit aufgesetzter III. Stufe, IV. und V. Stufe durch Stufen-Stangenkolben mit druckentlasteter Stopfbüchse.

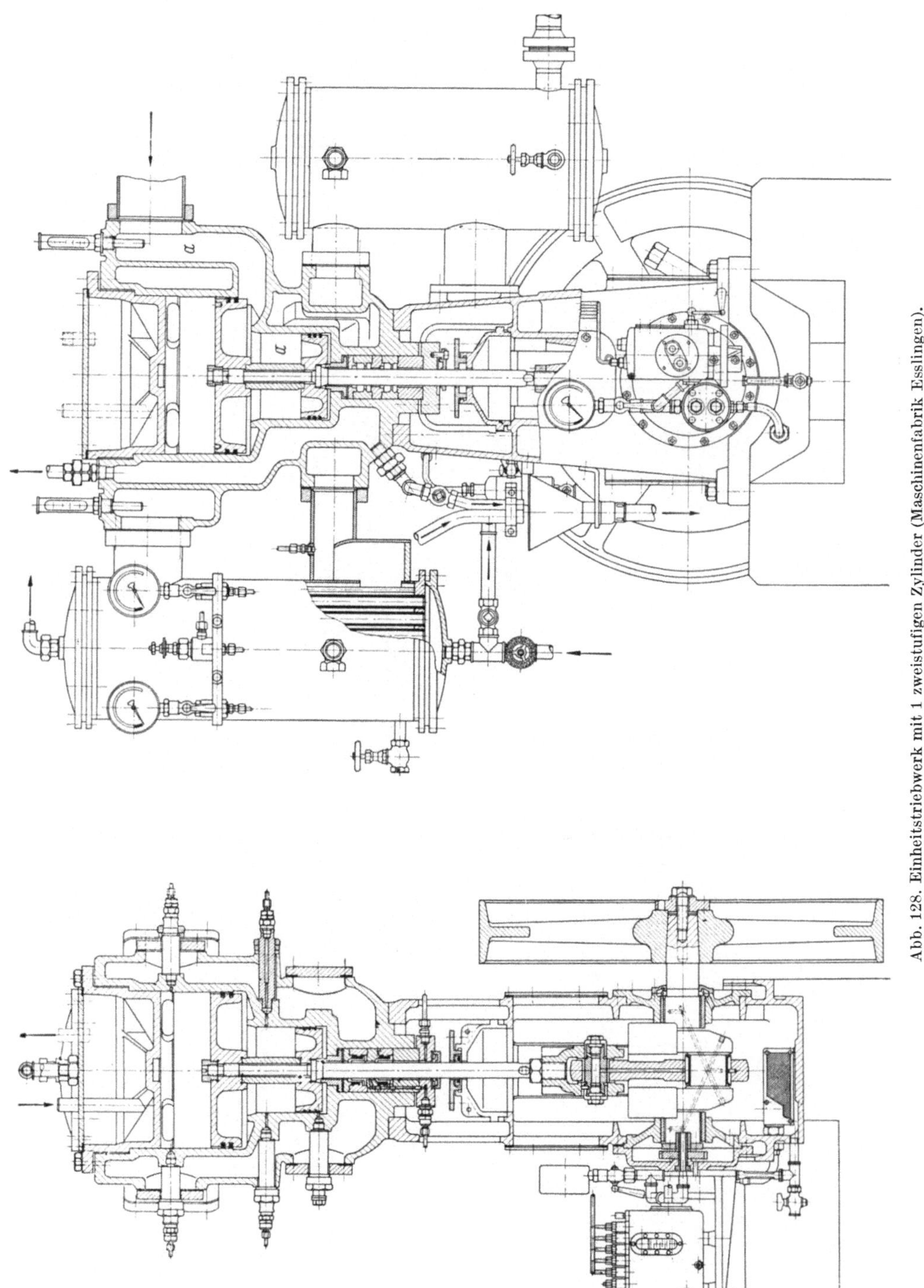

Abb. 128. Einheitstriebwerk mit 1 zweistufigen Zylinder (Maschinenfabrik Esslingen).

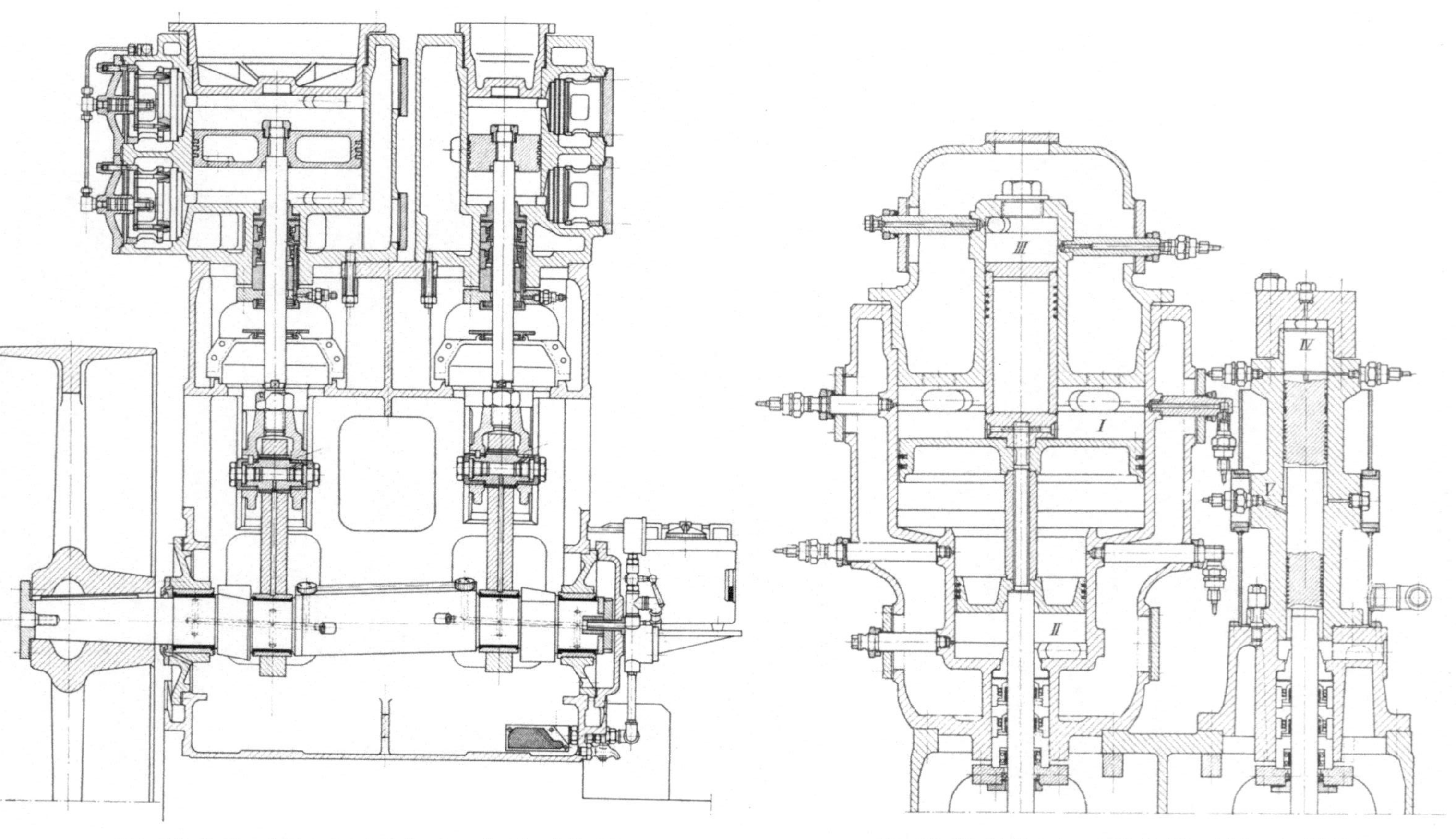

Abb. 129. Zwillingstriebwerke, 2 Stufen doppeltwirkend (M. E.).

Abb. 130. Fünfstufige Gruppe für Zwillingstriebwerke (M. E.).

Zu dieser Gattung kann auch eine interessante Spezialmaschine nach Abb. 131 gerechnet werden, ein dreistufiger Sauerstoffabfüllverdichter, dessen 3 Zylinder mit Wasser geschmiert werden, während das Triebwerk sorgfältig vom Sauerstoff getrennt gehalten wird. 225 mm Hub, 300 m³/h bei 250 U/min und 166 kp/cm². Das Schmierwasser, 0,1—0,2 kp/m³O₂ destilliertes Wasser, kommt aus einem Hochbehälter, tritt durch das Saugventil der I. Stufe ein und wird am Ende des Verdichtungsprozesses aus dem Hochdruckabscheider über ein Filter wieder zum

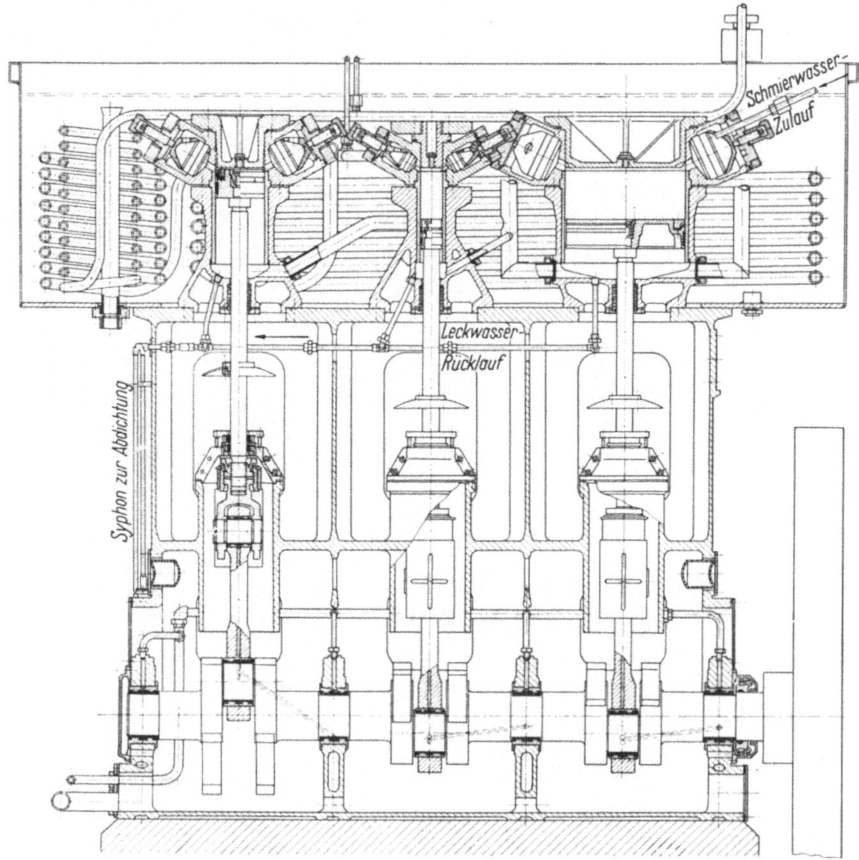

Abb. 131. Wassergeschmierter Sauerstoffverdichter, 3 Stufen (Linde-Sürth).

Hochbehälter gedrückt. Ein Teil des Wassers verdampft und bewirkt eine beträchtliche Innenkühlung.

Auch die Kreuzkopfmaschine macht sich die Vorteile der V- und W-Bauart zunutze. Ein Beispiel aus einer Baureihe mit 3 Größen in beiden Formen zeigt Abb. 132, hier die kleinste Type. Zweizylinder mit 90°-V-Anordnung, doppeltwirkend, zweistufig: 140 mm Hub, 1060 m³/h bei 750 U/min, bis 13 kp/cm².

Die gedrängte Bauart erreicht mit auffallend kleinen Abmessungen bei der größten W-Type 4950 m³/h bei 500 U/min, bis 13 kp/cm². Mit dem an der unteren Grenze liegenden Wert von s/D_I bleibt c_m unter 4 m/s. Guter Massenausgleich I. Ordnung. Für jede Kolbenseite 4 querliegende Ventile, Zwischenstopfbüchse für

Trennung des Zylinder- und Triebwerkraums beim Gasverdichter, kombinierte
Schmierpumpen für Triebwerk- und Zylinderschmierung, Kühlschlange im Ölsumpf.

Die W-Form mit 2 Zylindern der I. und 1 Zylinder der II. Stufe in der Mitte
zeigt das Lichtbild Abb. 133. 2 Maschinensätze für je 3650 Nm³/h Luft bei 550
U/min in einer vollautomatischen Gasmischanlage, Regelung durch ölhydraulisch

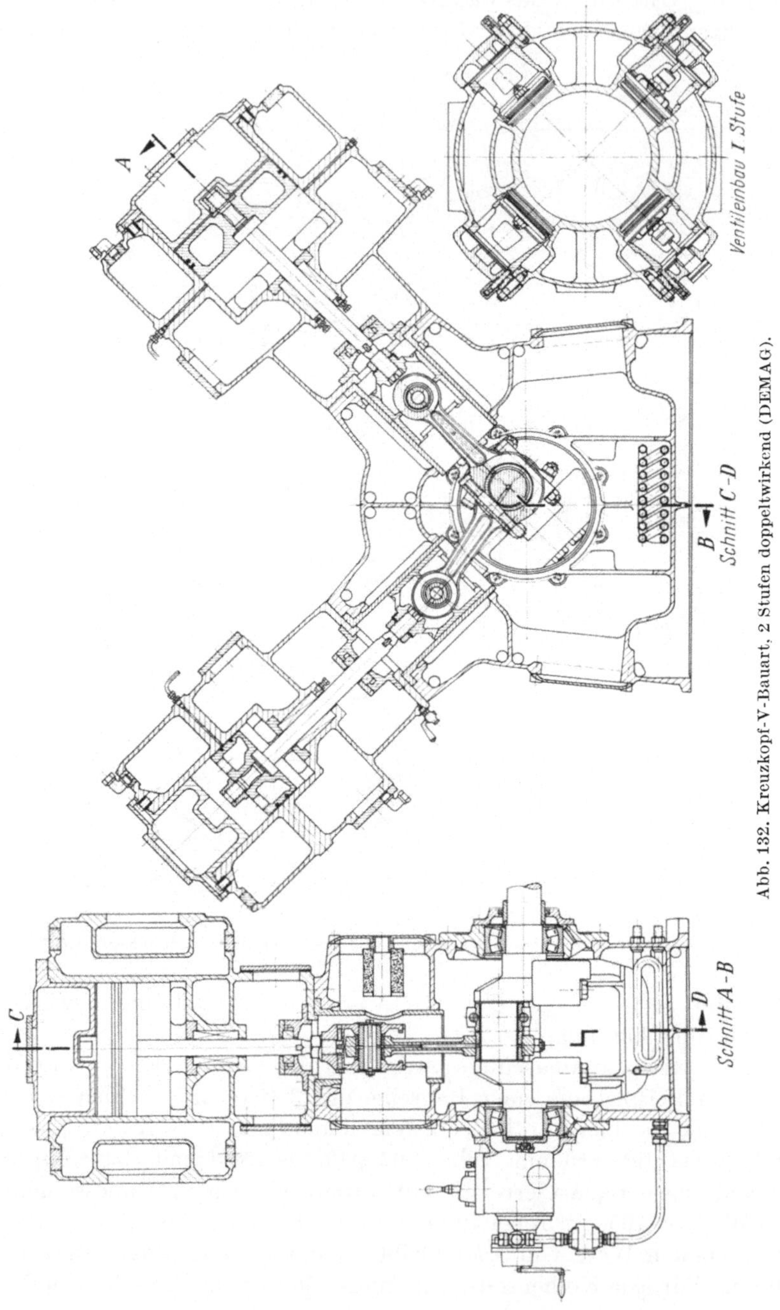

Abb. 132. Kreuzkopf-V-Bauart, 2 Stufen doppeltwirkend (DEMAG).

veränderbare Zuschalträume in allen Zylindern, die ganze Anlage von einem
10 km entfernten Leitstand aus gefahren.

Alle Größen dieser Baureihe werden auch als Zwillingsmaschinen mit Elektromotor in der Mitte und doppelter Liefermenge geliefert.

Bei der Anlage nach Abb. 133 ist noch der Antrieb durch Gasmotoren hervorzuheben. Bei der steigenden Bedeutung der modernen Gaswirtschaft hat diese
Maschine geradezu eine Wiedergeburt erfahren und rückt auch für den Verdichter-

Abb. 133. 2 Maschinensätze mit W-Verdichtern und Gasmotoren (DEMAG).

antrieb immer weiter in den Vordergrund. Bei Ferngaspumpstationen kann das
gleiche Gas auch den Antriebsmotor speisen. Dies gilt z. B. für Abb. 110, auf S. 123
besprochen. Auch die Abb. 166—168, S. 174, sind moderne Beispiele für Gas-
antrieb.

Auch die Boxer- und L-Bauart ist in dieser Gruppe schon vertreten. Beispiele
geben die Boxerverdichter nach Abb. 110 und die L-Verdichter nach Abb. 145
und 146, S. 155, die ihren Abmessungen nach hierher gehören, aber bei ihren
größeren Artgenossen in Abschn. 13.4.2 und 3 besprochen sind.

13.4 Große Verdichteranlagen

Bei großen Druckluftanlagen ist der Kolbenverdichter nur noch für höhere
Drücke üblich, während er für Niederdruck von der Strömungsmaschine ver-
drängt wurde. Dagegen erlangt der Kolbenverdichter bei den verschiedensten
Gasen für die chemische Industrie, Ferngasversorgung und dgl. immer größere
Bedeutung. Hierbei werden meist hohe Drücke gebraucht, also vielstufige Ma-
schinen, eine größere Anzahl von Zylindern, Achsen und Kurbeln. Die heutige
Grenze liegt bei einer Antriebsleistung von etwa 10000 PS; beim Druck sind schon
2500 kp/cm² erreicht (bei beträchtlichem Vordruck). Oft handelt es sich hier um

Einzelausführungen, neue Entwicklungen, bei denen der Auftraggeber mitwirkt. Bei Bewährung folgen aber Nachbauten für den ursprünglichen Besteller oder für ähnliche Anlagen, so daß auch hier eine Art von Serienbau mit anpassungsfähigen Elementen entsteht.

Bei den großen Maschinen werden aus den S. 55 u. 92 beschriebenen Gründen (kleinere Zylinder, Ermöglichung höherer Drehzahl, Regelung) die unteren Stufen doppeltwirkend und oft auf mehrere Zylinder verteilt ausgeführt, die hohen Stufen dagegen möglichst einfach.

Eine besondere Stellung nehmen die „Gasumlaufpumpen" ein, die bei HD-Verfahren der chemischen Industrie Gase in der Hauptsache nur umwälzen, also mit hohen Vordrucken, aber nur geringer Druckerhöhung in 1 Stufe arbeiten.

Die Kombination der Strömungsmaschine für den Niederdruckteil mit dem Kolbenverdichter für den Hochdruckteil ist in Abschn. 7.3, S. 74, beschrieben; Beispiele bei 13.4.5.

Der Großmaschine war früher die *liegende Bauart* vorbehalten. Langsamläufer mit 1—2 Zylinderachsen, oft viele Stufen hintereinander mit ziemlich langer Bauweise. Bei sehr großen Zylinderdurchmessern Schwebekolben, deren Gewicht von der beiderseits geführten Kolbenstange getragen wird. Die Zylinderwand berühren nur die Kolbenringe, so daß kleine Verlagerungen nicht stören, vgl. Abb. 142 u. 143, S. 153. Stangenkolben der letzten Stufen oft wegen der Achsabweichung kugelig angelenkt. Für sehr hohen Druck werden mitunter die aus dem Pumpenbau bekannten glatten Plunger-Kolben verwendet, die ohne Kolbenringe nur in den Stopfbüchsen abgedichtet sind. Sehr lange Zylindergruppen werden oft auf dem Fundament mit Pendelstützen abgestützt, die kleine Längenänderungen zulassen.

Liegende Großmaschinen sind noch überall im Betrieb zu finden und werden auch heute noch gebaut, vorzugsweise als Sondermaschinen für Hochdruck mit niedriger Drehzahl. Für normale Großverdichter haben sich aber andere Bauarten durchgesetzt. Bei steigenden Drehzahlen gewinnt der Massenausgleich an Bedeutung. Die ein- und zweiachsige Form mit Übertragung der Massenkräfte über das Fundament tritt hinter die mehrzylindrige Ausführung zurück, bei der die ganze Maschine einen Block bildet. Diese Blockmaschinen werden liegend als Boxer, halb stehend und halb liegend als sogen. Winkelmaschinen und ganz stehend als mehrachsige Maschinen gebaut.

Der liegende *Boxer* vereinigt die Vorteile der liegenden Maschine, vgl. 7.1.1, S. 69, mit den Vorteilen des vielzylindrigen Blocks und ermöglicht dadurch für große Durchsatzmengen kompakte Einheiten mit sicher beherrschbarer Triebwerksbelastung. Er ist deshalb heute die bevorzugte Bauart des vielstufigen Großverdichters.

Die stehend-liegende *Winkelmaschine* ist sehr raumsparend, trotzdem mit guter Zugänglichkeit von allen Seiten; sie eignet sich für Baukastenprinzip und besitzt auch bei wenigen Achsen guten Massenausgleich. Die indirekte Kurbelwellenlagerung in Lagerschildern begrenzt jedoch die Kolbenkraft und die Leistung nach oben. Die Winkelbauart hat mit den genannten Vorteilen vor etwa 10 Jahren einen starken Anlauf genommen. Diese sichern ihr auch heute noch ihre Bedeutung, aber vorzugsweise nur bei besonderen betrieblichen Gegebenheiten, z. B. den Raumverhältnissen.

Der reine *stehende*, mehrachsige Verdichter nähert sich sehr dem heutigen Großdieselmotor (mit der Kriegsschiffsdampfmaschine in der höheren Ahnenreihe) mit den bei 7.1.1, S. 69, besprochenen Vor- und Nachteilen der stehenden Maschine. Dabei hat der Verdichter wie der Motor das geschlossene Triebwerksgehäuse. Dagegen werden die sehr verschiedenen Zylinder oft noch einzeln aufgesetzt. Eine blockartige Versteifung wird z. T. durch verbindende steife Saug- und Druckleitungen erreicht; man findet aber auch schon zu einem Block verflanschte oder gegossene Zylinder, z. B. Abb. 156 u. 160, S. 164 u. 168.

Als Beweis für die solide Ausführung bei Großverdichtern mag gelten, daß sie heute des öfteren im Freien aufgestellt werden, wodurch die Kosten für die Maschinenhalle eingespart werden können, vgl. Abb. 153.

13.4.1 Beispiele für liegende Maschinen

Abb. 134, moderner liegender zweikurbliger Synthesegas-Hochdruckverdichter niedriger Drehzahl, fünfstufig. Elektromotor zwischen den Kurbeln. 700 mm Hub, Verdichtung von 11 auf 851 kp/cm², 6100 Nm³/h bei 125 U/min. 1810 PS.

Abb. 134. Liegender Hochdruckverdichter für Synthesegas mit 2 Kurbeln und 5 Stufen (Borsig).

13.4.2 Beispiele für Boxermaschinen

Abb. 110, auf S. 123 als Beispiel für Pulsationsdämpfer gebracht, den Abmessungen nach noch zu den mittelgroßen Verdichtern 13.3 gehörig, mit der für den gegenläufigen Boxer geringsten Kurbelzahl 2, zweistufig mit 2 doppeltwirkenden Zylindern, Ferngasanlage für je 9250 Nm³/h von 9 auf 65 kp/cm² bei 428 U/min. Antrieb durch Gasmotoren, vgl. dazu S. 143 zu Abb. 133.

Abb. 135, ebenfalls zweikurblige Maschine, zur Verdichtung von Äthylen von 2,2 auf 22,8 kp/cm², 240 mm Hub, 2910 Nm³/h bei 430 U/min. Durch den entlüfteten Raum zwischen beiden Stopfbüchsen wird das Gas vom Triebwerk ferngehalten. Der Rohrbündelzwischenkühler über der Maschine wird angewandt, wo Unterkellerung aus Platzgründen vermieden werden soll.

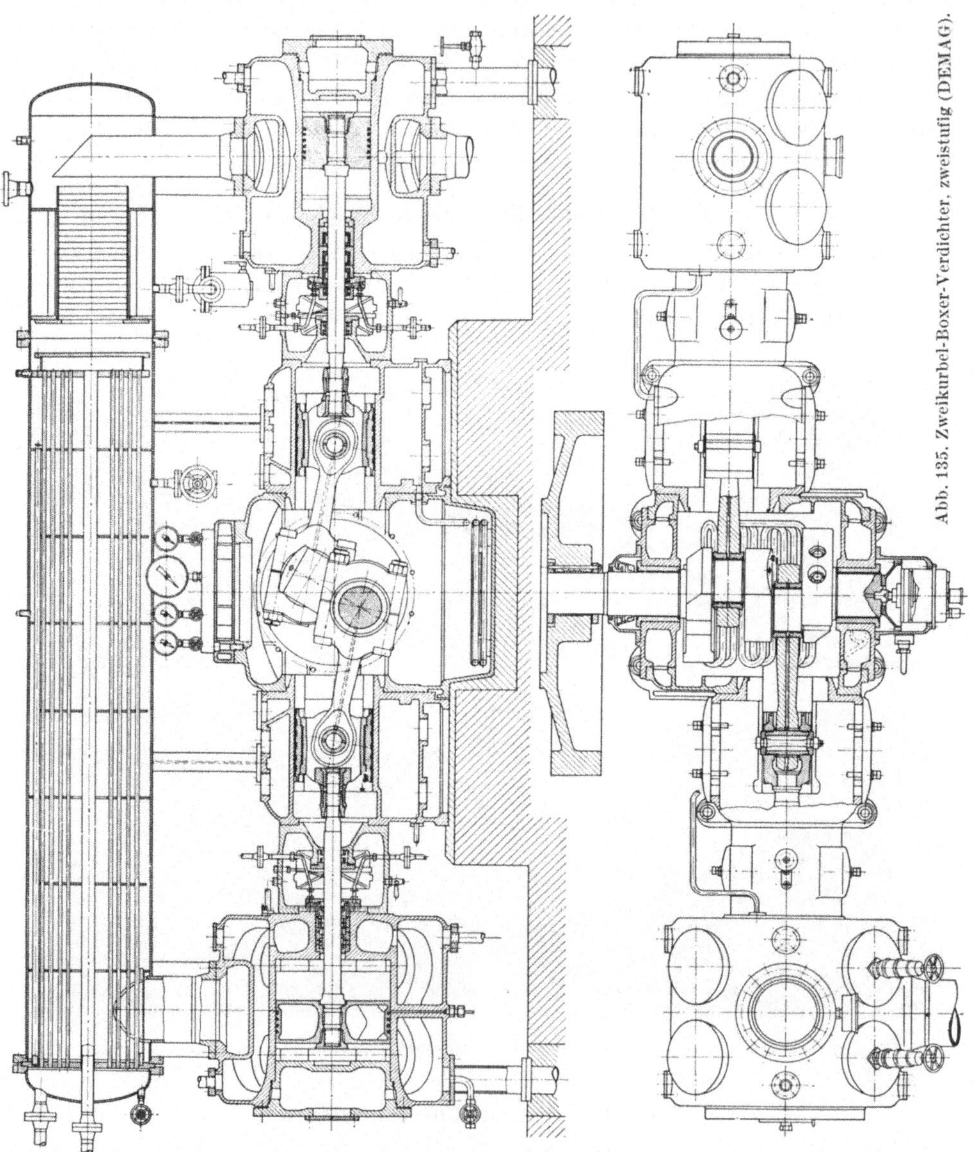

Abb. 135. Zweikurbel-Boxer-Verdichter, zweistufig (DEMAG).

Abb. 136 Luftverdichter mit 2 mal 2 Kurbeln und dazwischenliegendem Elektromotor. Achsen nicht spiegelbildlich, vgl. Abb. 58, S. 75, das eine Kurbelpaar gegen das andere um 90° versetzt für gleichförmigeres Drehmoment. 6 Stufen, 250 mm Hub, 2 200 m³/h bei 210 U/min und 201 kp/cm².

Abb. 137 zeigt einen ebenfalls vierkurbligen, sechsstufigen Stickstoffverdichter mit sehr interessanter Stufeneinteilung und Gasführung, eine „Prozeß-Maschine", bei der nach der IV. Stufe ein Teilstrom des Gases für die Gassynthese abgezweigt wird. Die beiden untern Stufen sind jede auf 2 doppeltwirkende Zylinder aufgeteilt, die III. und IV. jede auf 1 doppeltwirkenden Zylinder. Bis hierher werden

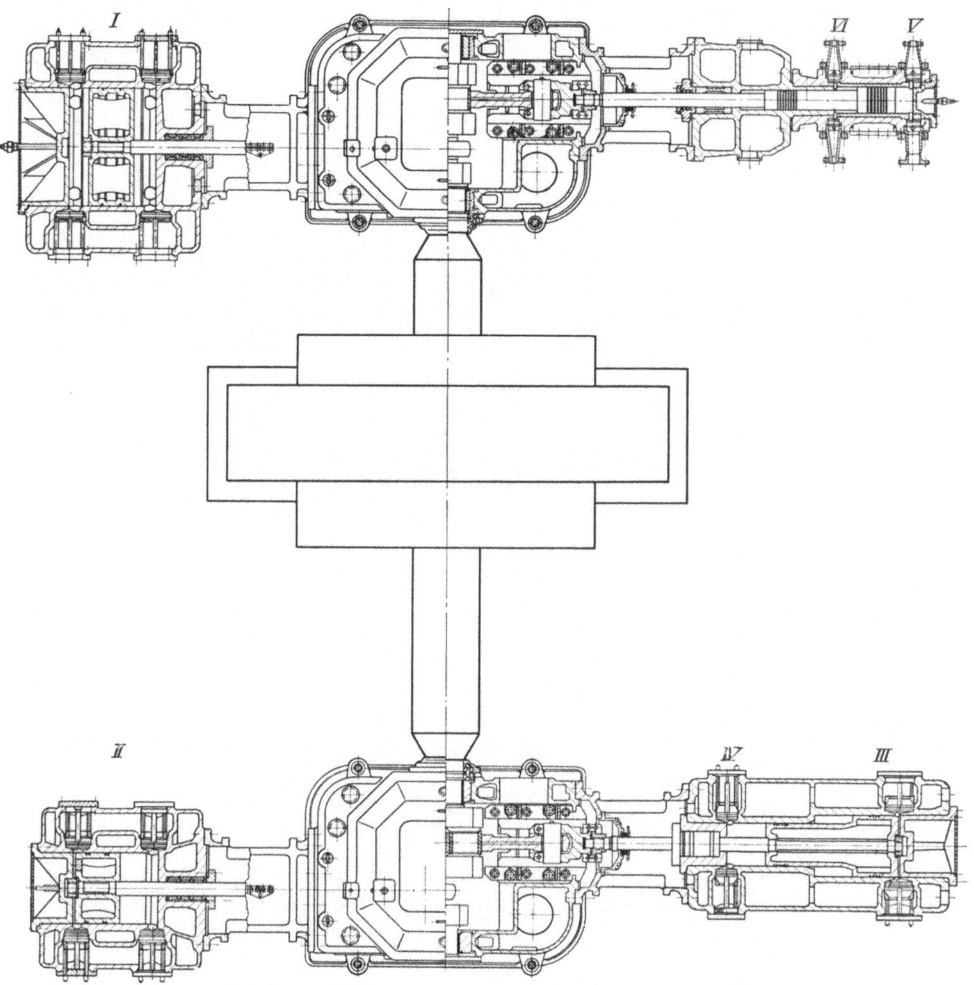

Abb. 136. Doppel-Boxer, sechsstufig (M. E.). Ventile z. T. versetzt gezeichnet.

9200 Nm³/h von 1,03 auf 28 kp/cm² verdichtet, in den beiden letzten Stufen mit je 2 einfachwirkenden Zylindern der Rest, 5460 Nm³/h von 28 auf 201 kp/cm²; 365 mm Hub, 300 U/min, 2480 PS.

Die (nicht dargestellten) ND-Zwischenkühler mit vor- und nachgeschalteten Pufferräumen verbinden ähnlich wie in Abb. 156, S. 164, zwei Stufen direkt miteinander, wodurch Gasschwingungen praktisch vermieden sind. Zuschaltraum-Regelung in den 4 Arbeitsräumen der I. Stufe.

Abb. 138. Vierkurbliger, fünfstufiger CO_2-Verdichter mit 320 mm Hub, 7300 Nm³/h bei 300 U/min und 251 kp/cm², 2110 PS.

Im Gegensatz zu den beiden vorhergehenden Abbildungen ist der ganze Kurbelteil in einem geschlossenen Block zusammengefaßt. Kreuzkopfführungen

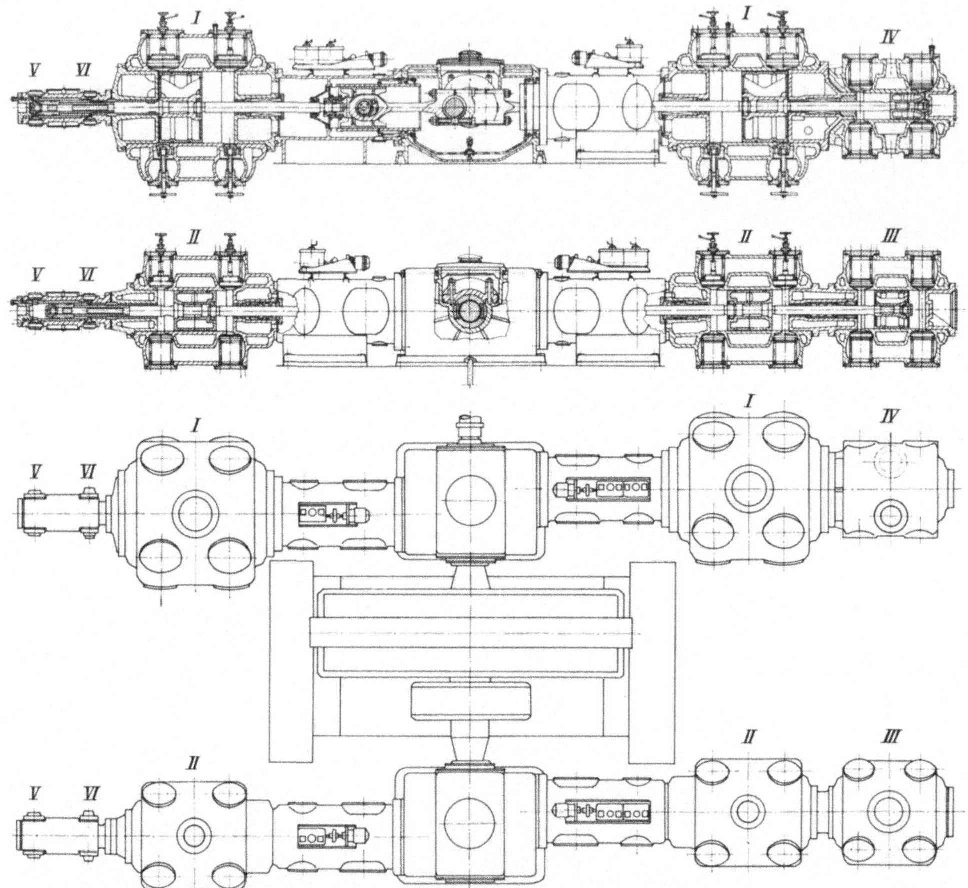

Abb. 137. Vierkurbliger Sechsstufen-Boxer, Prozeßmaschine für Stickstoffverdichtung (Linde-Sürth).

und Zylinder sind einzeln aufgesetzt. Abgetrennter Motor, elektrische Vorrichtung zum langsamen Durchdrehen bei Überholungsarbeiten. Zwischen der IV. und V. Stufe ist ein entlasteter Raum zum Ausgleich der Stangenkraft. Die I. Stufe mit 1055 mm $\varnothing$ hat 2 mal 4 Gruppenventile, vgl. S. 82.

Einen sechskurbligen Boxer ähnlicher Bauart zeigt Abb. 139, der eigentlich zwei Verdichter für zwei verschiedene Gase darstellt, eine „Multiservice-Maschine", wie sie heute große Bedeutung erlangt haben. Linke Reihe für Wasserstoff, dreistufig, 10000 Nm³/h von 24 auf 275 kp/cm², rechte Reihe für Stickstoff, fünfstufig, 2900 Nm³/h von 1 auf 275 kp/cm². 350 mm Hub, 296 U/min, 2440 PS. Läufer des Elektromotors fliegend an Kurbelwelle angeflanscht.

Ein Beispiel für einen Höchstdruck-Boxer-Verdichter mit *Plunger-Kolben* bringt Abb. 140. Er verdichtet 15000 Nm³/h Synthesegas in 5 Stufen von 11 auf 851 kp/cm² bei 210 U/min, Hub 450 mm. Bemerkenswert ist zunächst das geschweißte Kurbelgehäuse, das in Einzelfällen mit Einsparung des Modells An-

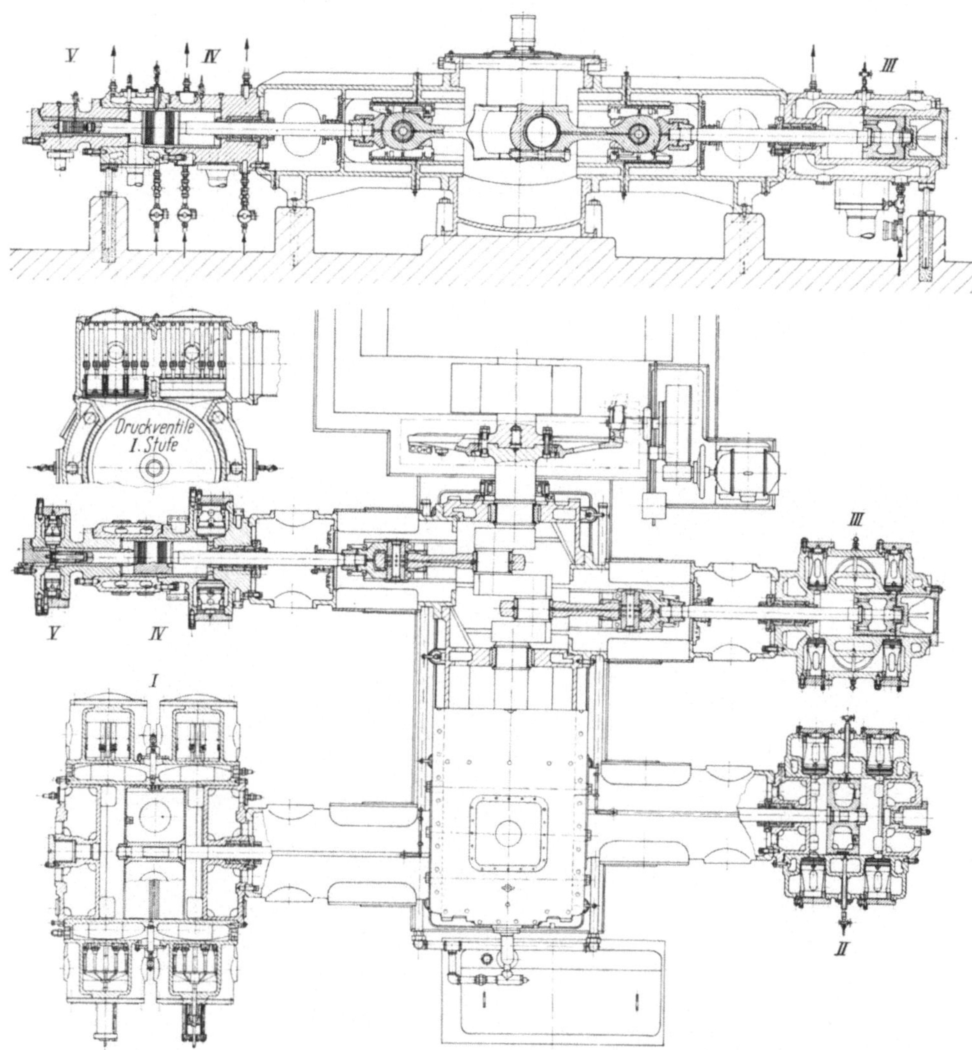

Abb. 138. Vierkurbel-Boxer mit Blockgehäuse, fünfstufiger CO₂-Verdichter (M. E.).

passung an gegebene Raumverhältnisse erlaubt. Die Gewichtsersparnis ist bei derartigen Maschinen weniger wichtig. An 4 Kurbeln sind die gezeichneten Stufen alle doppelt vorhanden mit Ausnahme von II, die an der Nachbarkurbel durch III ersetzt ist. Bei dem hohen Ansaugedruck haben auch die unteren Stufen kleine Kolben, überall lange Stopfbüchsen, hohe Kräfte. Dadurch auffallend schlanke, aber sehr kräftige Bauart. Die langen Zylinder sind mehrfach auf dem Fundament beweglich abgestützt.

Die IV. und V. Stufe mit 120 und 95 mm $\varnothing$ haben Plunger aus vergütetem Stahl, poliert. Dichtung nur in den Stopfbüchsen. Die Plunger haben Spiel im Zylinder, Führung in Bronzeringen der Stopfbüchsen oder auch nur in der Pak-

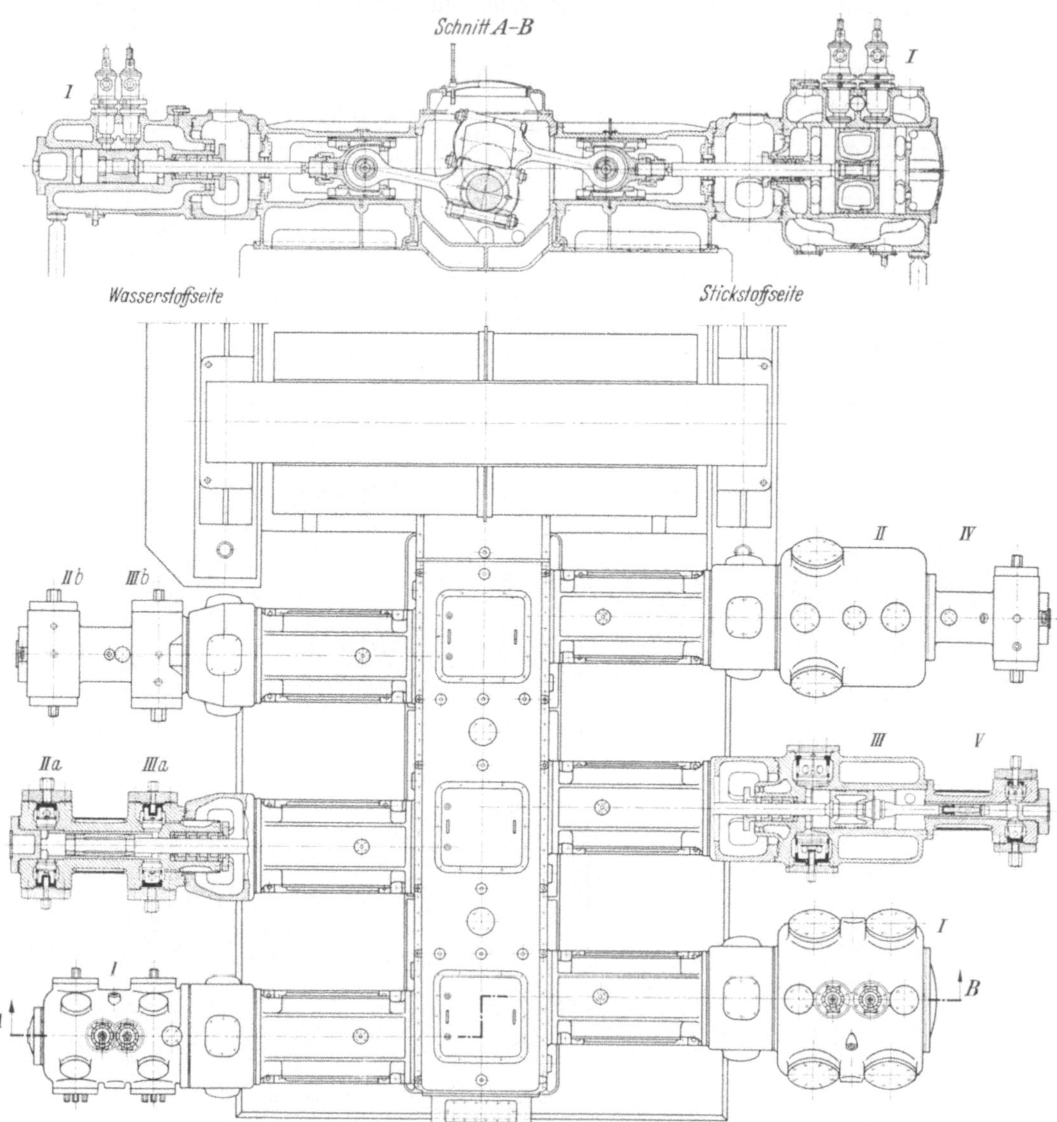

Abb. 139. Sechskurbliger Boxer (DEMAG);
linke Seite für Wasserstoff mit 3 Stufen, rechte Seite für Stickstoff mit 5 Stufen.

kung. Der Vorteil besteht hauptsächlich im Wegfall der Kolbenringe, die bei sehr hohen Drücken Schwierigkeiten machen können, und der Möglichkeit der Feinstbearbeitung und des Schutzes gegen aggressive Gase. Auch hohle Plunger mit Durchflußwasserkühlung sind ausgeführt. Beide Plungerstufen haben axial ein-

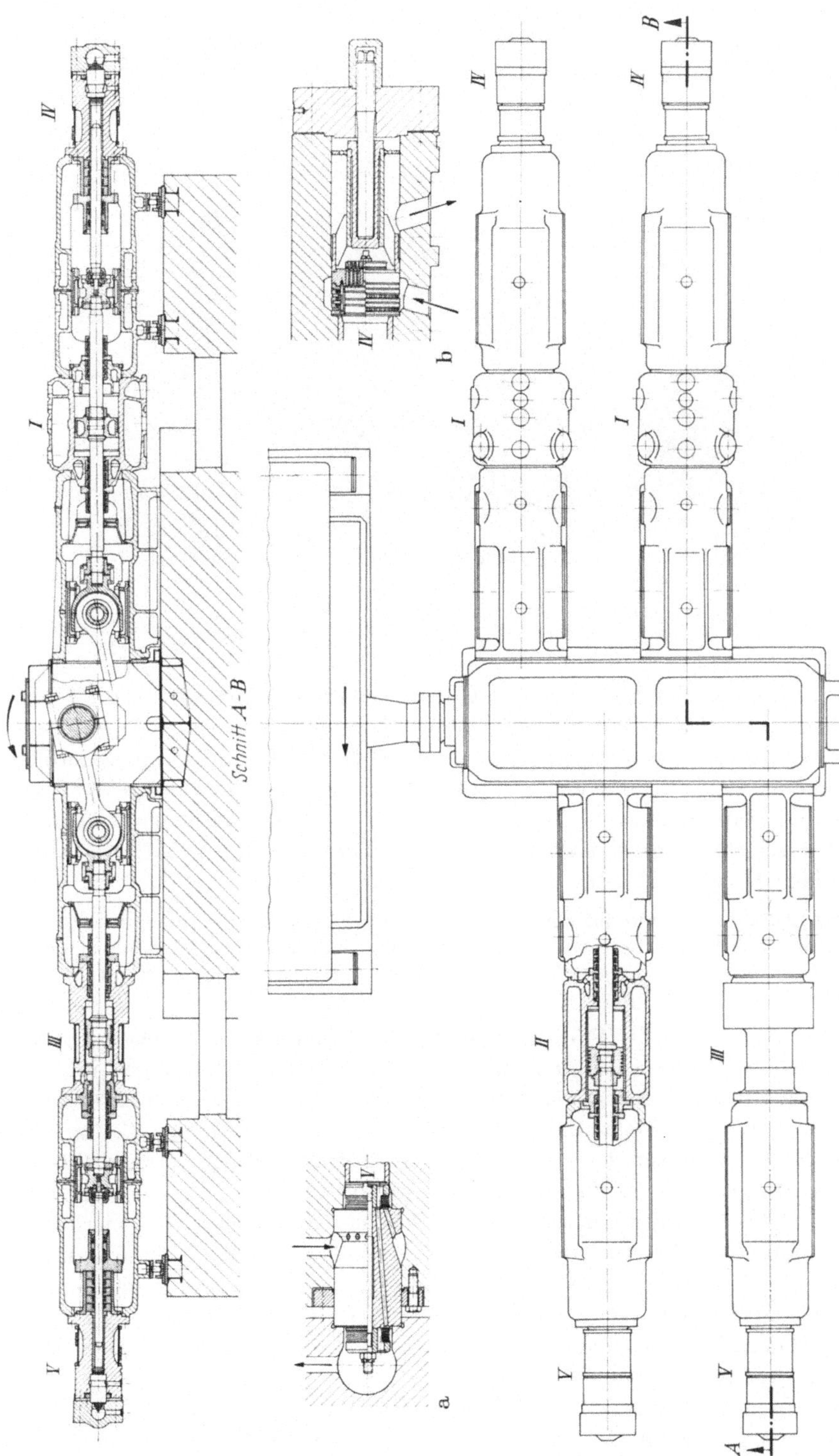

Abb. 140. Höchstdruck-Boxer mit Plungerkolben zur Verdichtung von Synthesegas von 11 auf 851 kp/cm² (DEMAG, Ventile Hoerbiger).

gebaute konzentrische Saug- und Druckventile, a (für V) normale Ausführung, b (für IV) als neuere Variante.

Ein Lichtbild dieser Maschine zeigt Abb. 141. Antriebsleistung 4570 PS.

Beispiele für sehr große Maschinen mit *Schwebekolben* zeigen die Abb. 142 und 143. Die erste ist ein mächtiger Rohgas-Boxerverdichter, vierkurblig, dreistufig. 400 mm Hub, 19 800 m³/h von 0,95 auf 17 kp/cm² bei 295 U/min.

Abb. 141. Lichtbild zu Abb. 140 (DEMAG).

Trotz Aufteilung der I. Stufe auf zwei doppeltwirkende Zylinder werden deren Kolben so groß (1 130 mm $\varnothing$), daß ihr Gewicht durch beiderseitige Führung der Kolbenstange aufgenommen werden muß. In moderner Form wird dies durch je ein Weißmetall-Lager im inneren und im äußeren Zylinderdeckel erreicht. Bauaufwand und Baulänge werden dadurch kleiner als beim normalen kreuzkopfartigen Tragschuh. Symmetrisch zu den beiden I. Stufen haben auch die gegenüberliegenden II. und III. Stufen Schwebekolben.

Naturgemäß kann hier nur auf wenige Besonderheiten eingegangen werden; diese Maschinen weisen aber zahlreiche interessante Einzelheiten auf, die der Konstrukteur aus den guten Schnittbildern entnehmen kann, z. B. die auch später wiederkehrenden Pendelstützen zur Abstützung aller Zylindergruppen.

Die Maschine nach Abb. 143 führt einen Schritt weiter zur *geschlossenen Blockbauart*. Das Kurbelgehäuse umfaßt hier auch die Kreuzkopfführungen in einem gemeinsamen Gußstück mit einem fast biegungsfreien Kraftfluß vom Zylinder zu den Wellenlagern. Man sieht dieser Maschine das Kräftespiel von außen an. Der kleine Außendurchmesser der zweiteiligen Dreistoff-Hauptlager ermöglicht eine einfache, verwindungssteife Lagerstuhlkonstruktion.

Je zwei Gehäuse eines Kurbelpaars sind zu einer sehr kompakten Vierkurbel-Einheit verflanscht. Bei Abb. 143 sind 2 solche Einheiten mit dazwischenliegendem Motor zu einer Achtkurbel-Maschine vereinigt. Es handelt sich um einen der größten gelieferten Boxerverdichter für 25 000 Nm³/h Synthesegas von 1,01 auf 321 kp/cm² bei 214 U/min, sechsstufig, Hub für Stufe I und II 560 mm, für III bis VI 500 mm. Antrieb 7 500 kW.

Stufe I (mit 1 320 mm $\varnothing$!) hat Schwebekolben mit außenliegendem Tragschuh, der dem unreinen Gas entzogen ist; ebenso Stufe II zum Ausgleich der

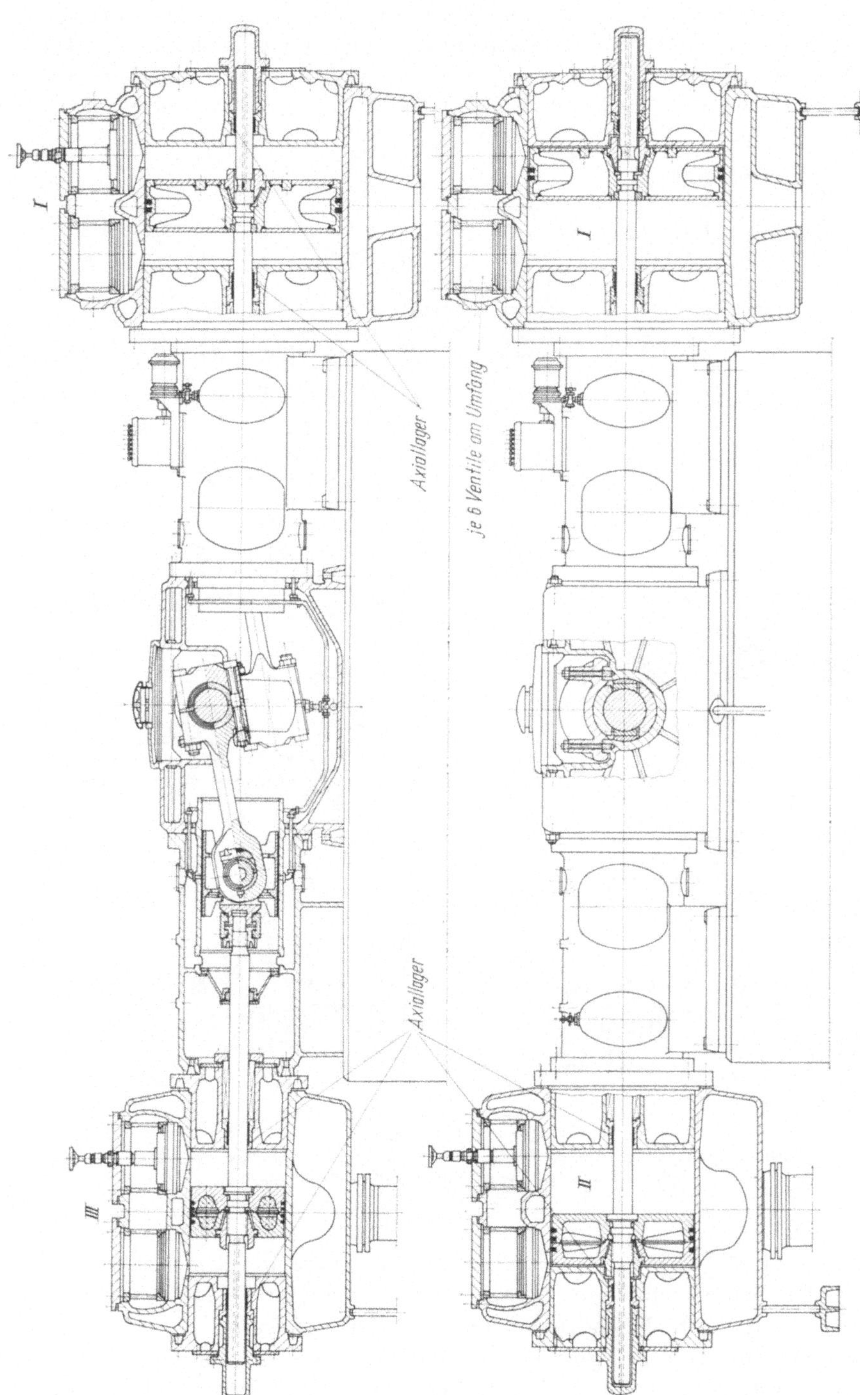

Abb. 142. Großverdichter mit Schwebekolben, beiderseits mit Axiallagern. 2 Kurbelpaare mit zwischenliegendem Motor (Linde-Sürth).

Massen an der Gegenkurbel. Die Kolben der Stufen III und IV haben auf ihrer
Unterseite Tragsättel aus Lagermetall, die die Kolben im Zylinder abstützen —
Verunreinigungen des Gases sind in den ersten Stufen abgeschieden —. Die beiderseitige Durchführung der Kolbenstange trägt nicht wie bei Abb. 142 einen Schwebekolben, sondern gibt gleiche Gaskräfte beim Hin- und Rückgang. Stufe V und

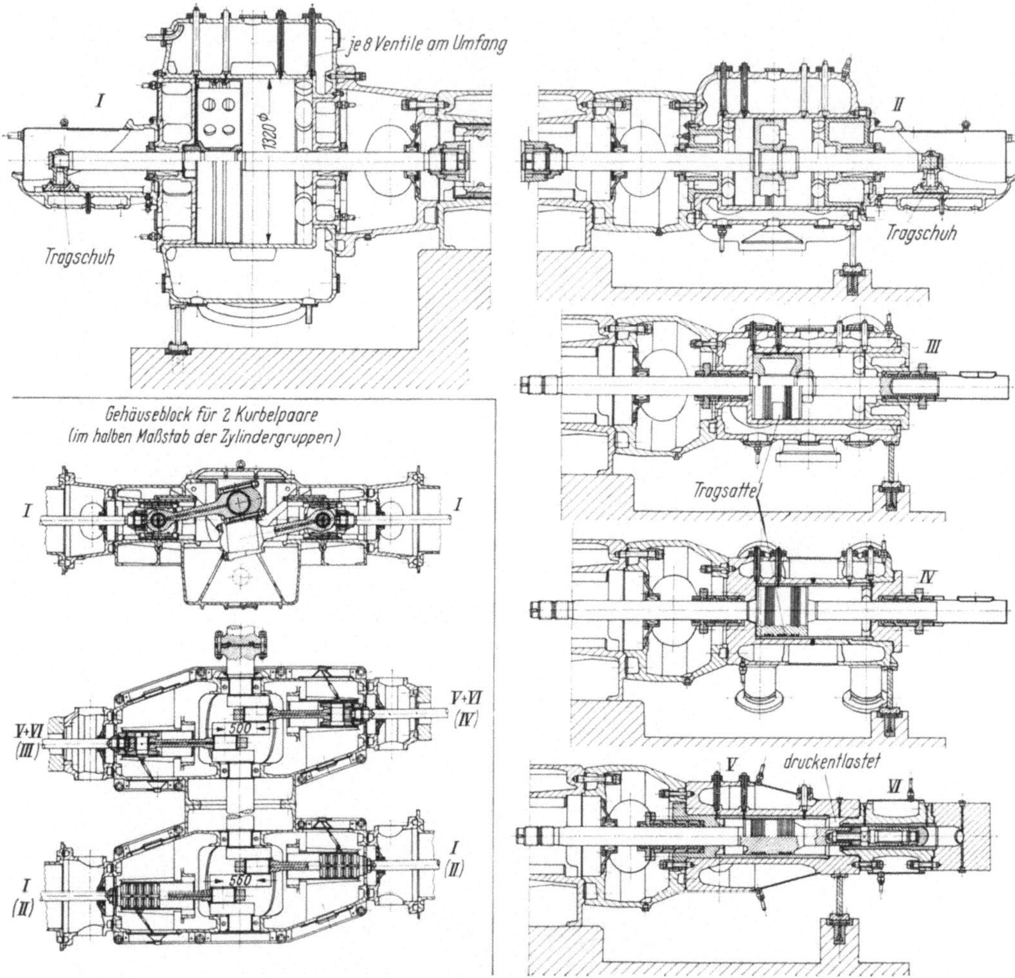

Abb. 143. Achtkurbel-Großverdichter, Doppelblock-Boxer mit 6 Stufen nach Abb. 144; Tragschuh-Schwebe-
kolben, Tragsattel-Kolben, Stangen-Kolben (Borsig).

VI haben einfachwirkende Stangenkolben mit einem druckentlasteten Raum
zwischen den Stufen zum Kräfteausgleich. Die Zylinder I—III sind Grauguß,
IV und V Stahlguß, die Hochdruckzylinder VI Schmiedestahl.
    Das Lichtbild Abb. 144 gibt einen Eindruck dieser gewaltigen Maschinen,
hier sogar vierfach aufgestellt. Es leuchtet ein, daß bei solchen Zylindergrößen der
Zug nach der Turbomaschine für die ND-Stufen geht.

Abb. 144. Synthesegas-Verdichtersätze für je 25000 Nm³/h nach Abb. 143 (Borsig).

13.4.3 Beispiele für Winkelmaschinen

Zwei mittelgroße, zu Abschn. 13.3 zu rechnende Winkelverdichter zeigen die Abb. 145 u. 146. Die erste eine in 5 Größen je ein- und zweistufig gebaute Kreuzkopfmaschine von $390-3600$ m³/h, bis 16 kp/cm². Der Zwischenkühler begnügt

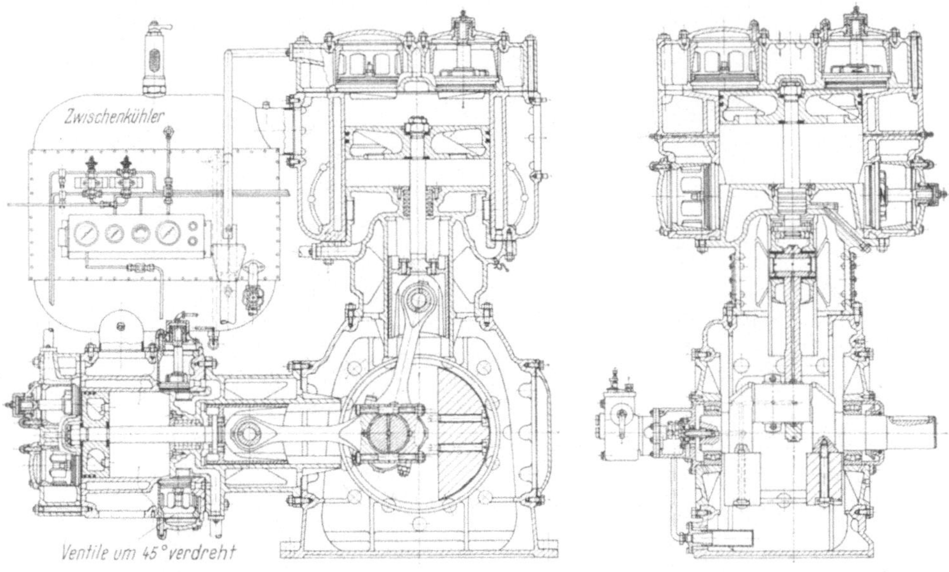

Abb. 145. Einkurbliger Winkelverdichter, zweistufige Ausführung (Flottmann).

sich mit dem freien Raum zwischen den Zylindern. Hier ist die zweitgrößte Type abgebildet, zweistufig, 220 mm Hub, 2200 m³/h bei 500 U/min und 11 kp/cm².

Abb. 146 zeigt eine Spezialmaschine für zweistufige Verdichtung von Schwefeldioxyd von 0,77 auf 7,05 kp/cm², 180 mm Hub, 700 m³/h bei 600 U/min.

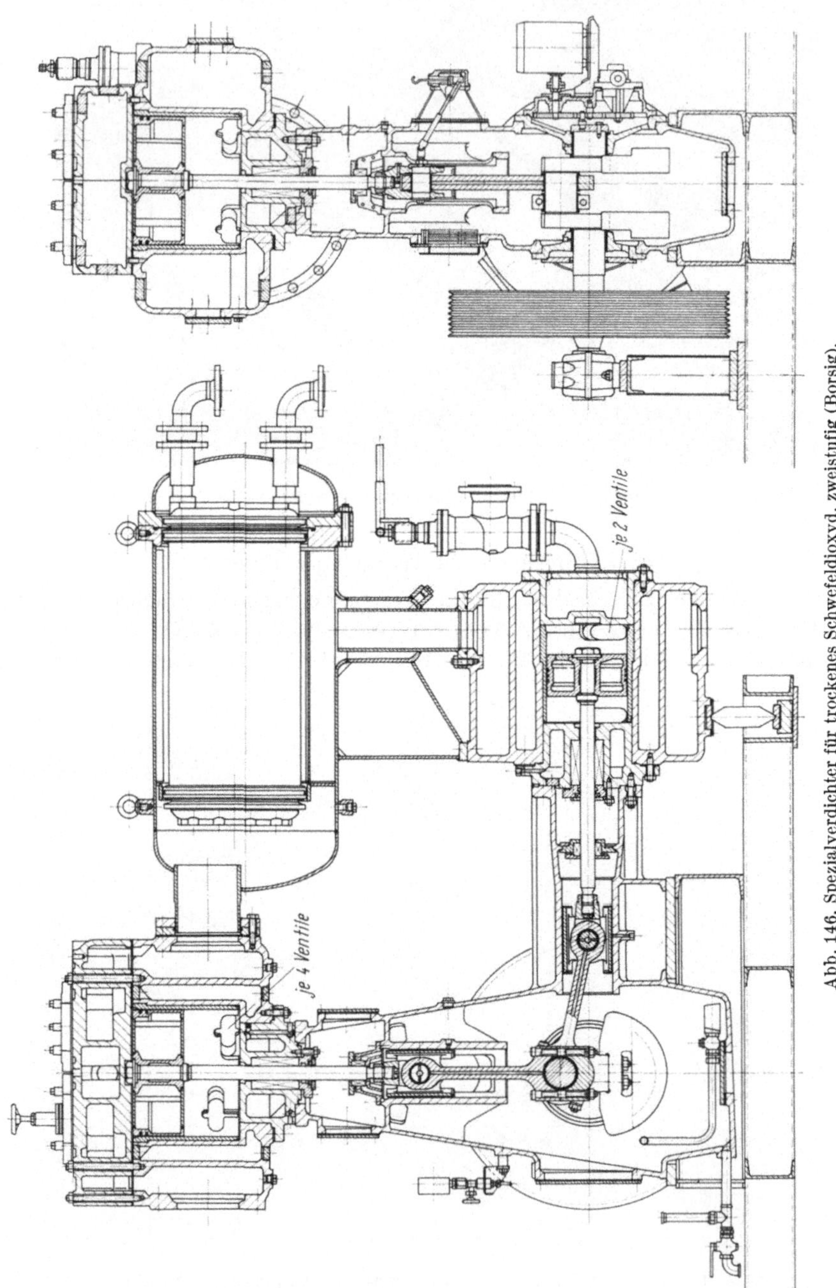

Abb. 146. Spezialverdichter für trockenes Schwefeldioxyd, zweistufig (Borsig).

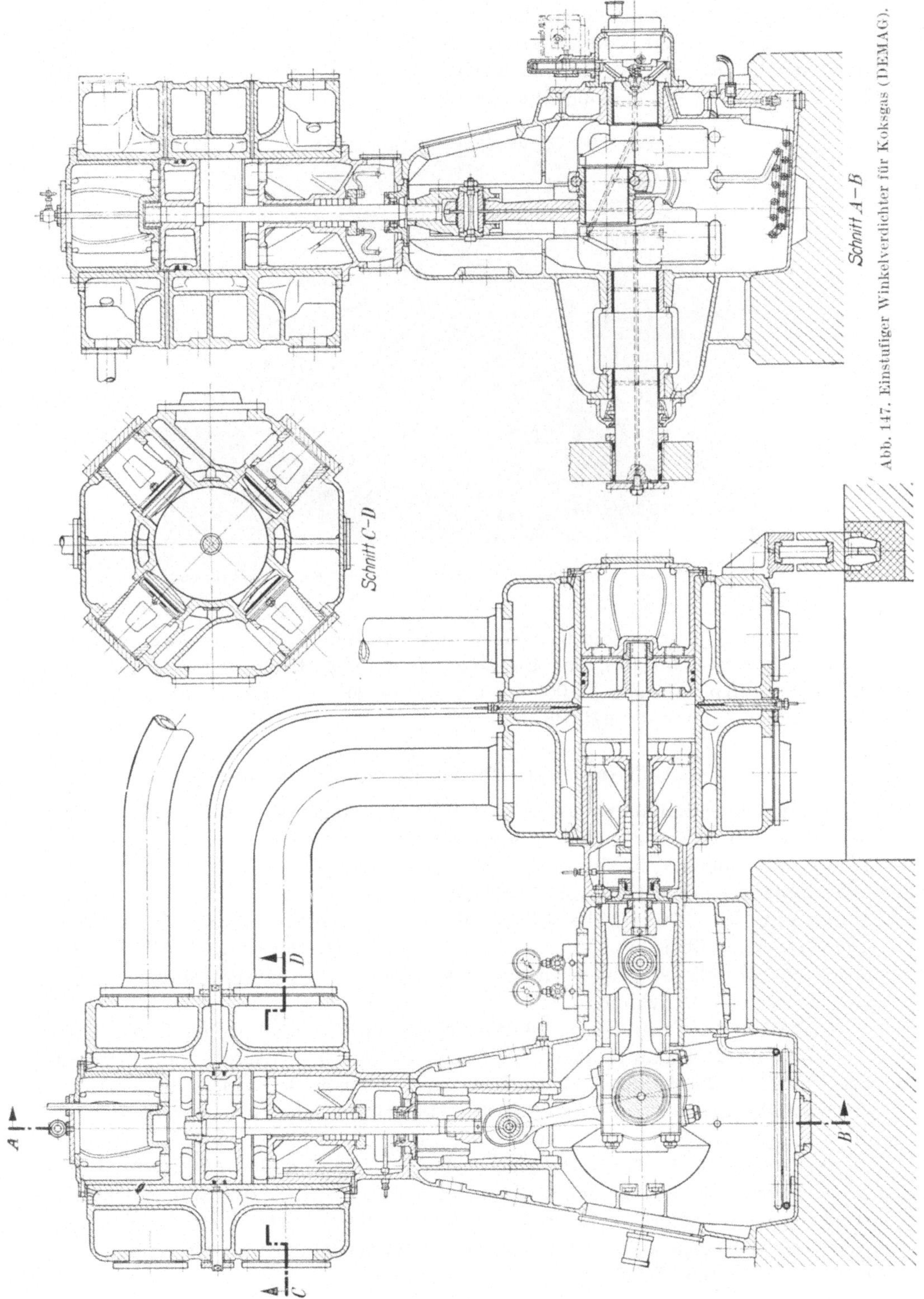

Abb. 147. Einstufiger Winkelverdichter für Koksgas (DEMAG).

Einen größeren Winkelverdichter zeigt Abb. 147 für 7200 Nm³/h Koksgas von 2 auf 6,5 kp/cm², 240mm Hub, 475 U/min. Antriebsmotor fliegend angeflanscht. Zur Raumersparnis und Verbesserung des Bildes ist die Saug- und Druckgasmenge des stehenden Zylinders durch den liegenden geleitet.

Abb. 148. Großwinkelverdichter, dreistufig, für 25000 m³/h Koksofengas (Borsig).

Daß auch sehr große Fördermengen von Winkelmaschinen bewältigt werden können, beweist Abb. 148, das Lichtbild eines dreistufigen, vierkurbligen Verdichters für Koksofengas, 25000 m³/h von 1,05 auf 16 kp/cm², 400 mm Hub, 300 U/min, $c_m = 4$ m/s, 3915 PS.

13.4.4 Beispiele für stehende Mehrkurbelmaschinen

Kennzeichnende Bauart nach Abb. 149. Dreikurbliger Stickstoffverdichter mit 5 Stufen. Durchgehende schwere Grundplatte, durchgehendes Gestell mit den Kreuzkopfbahnen, 3 einzeln aufgesetzte Zylindergruppen. Kurbelwelle zwischen jeder Kröpfung in der Grundplatte gelagert.

220 mm Hub, 970 m³/h bei 465 U/min und 1,03 auf 270 kp/cm². Nur I. Stufe doppeltwirkend, über der II. und III. Stufe druckentlasteter Raum zum Kräfteausgleich. Zwischenstopfbüchsen zur Trennung von Triebwerk und Gasseite. Geschmiedeter HD-Zylinder.

Die Ansicht eines größeren, zweikurbligen Verdichters ähnlicher Bauart gibt Abb. 150, für 2500 Nm³/h feuchten Kohlendioxyds in 6 Stufen von 1,008 auf 221 kp/cm² bei 280 U/min, 420 mm Hub, $c_m = 3,9$ m/s. Bei derartig hoch bauenden Zylindergruppen treten bei höheren Drehzahlen Schwingungsprobleme auf, die den Übergang zur Boxerbauart nahelegen.

Weitere Beispiele stehender großer Maschinen bringt der Abschn. 13.5 der Trockenlaufverdichter, bei denen die stehende Bauart wegen der Kolbendichtung vorgezogen wird. Dort geben die Abb. 156 u. 160 auch Beispiele für den am weitesten getriebenen Zusammenschluß, die Vereinigung auch der Zylinder zu einem gemeinsamen Block.

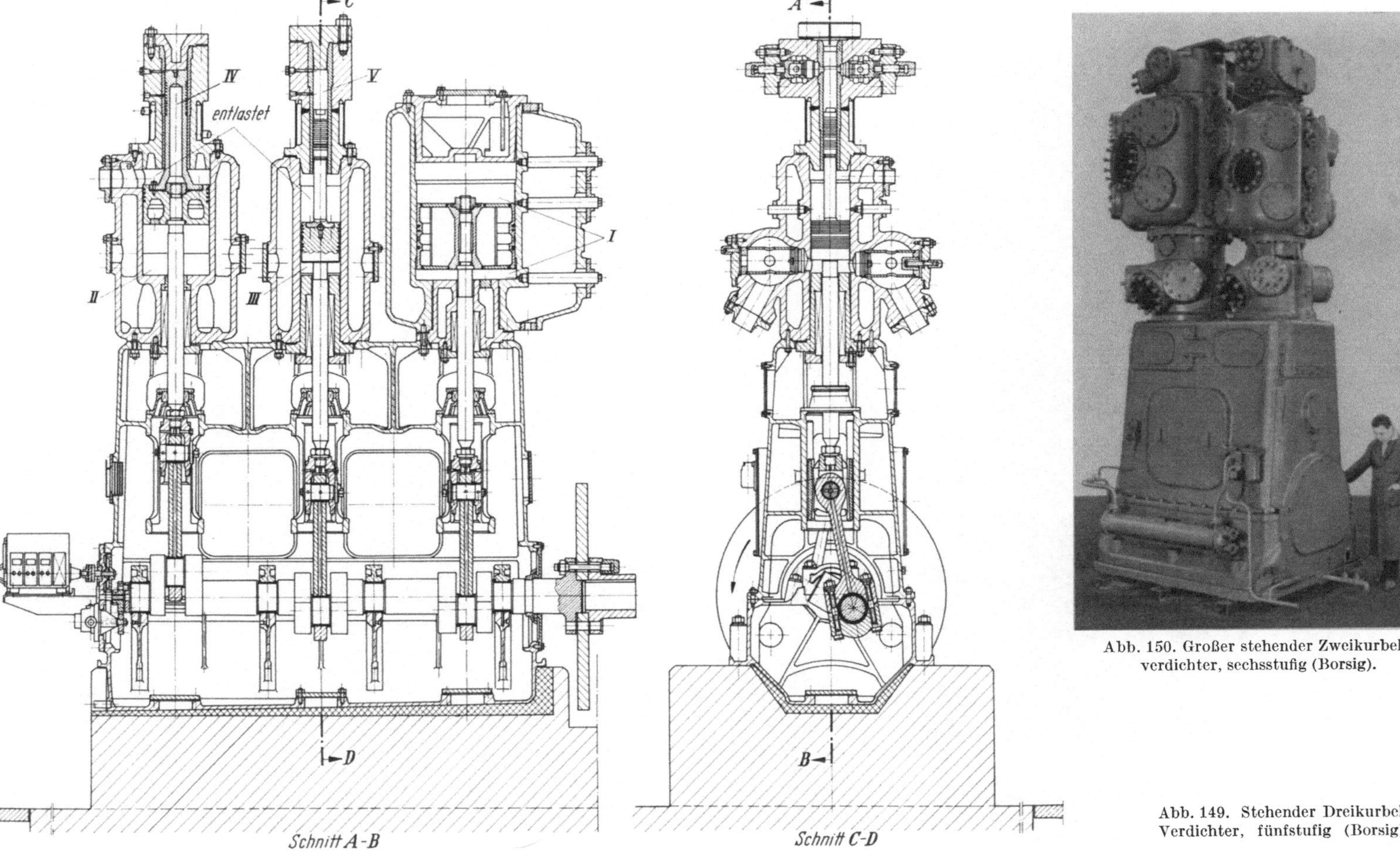

Abb. 150. Großer stehender Zweikurbel-
verdichter, sechsstufig (Borsig).

Abb. 149. Stehender Dreikurbel-
Verdichter, fünfstufig (Borsig).

Abb. 151. Kombinierte Verdichteranlagen für je 30000 m³/h Koksgas (DEMAG).
a Gebläse mit 4 Stufen; *b* und *c* ND-; *d* HD-Stufe des Kolbenverdichters.

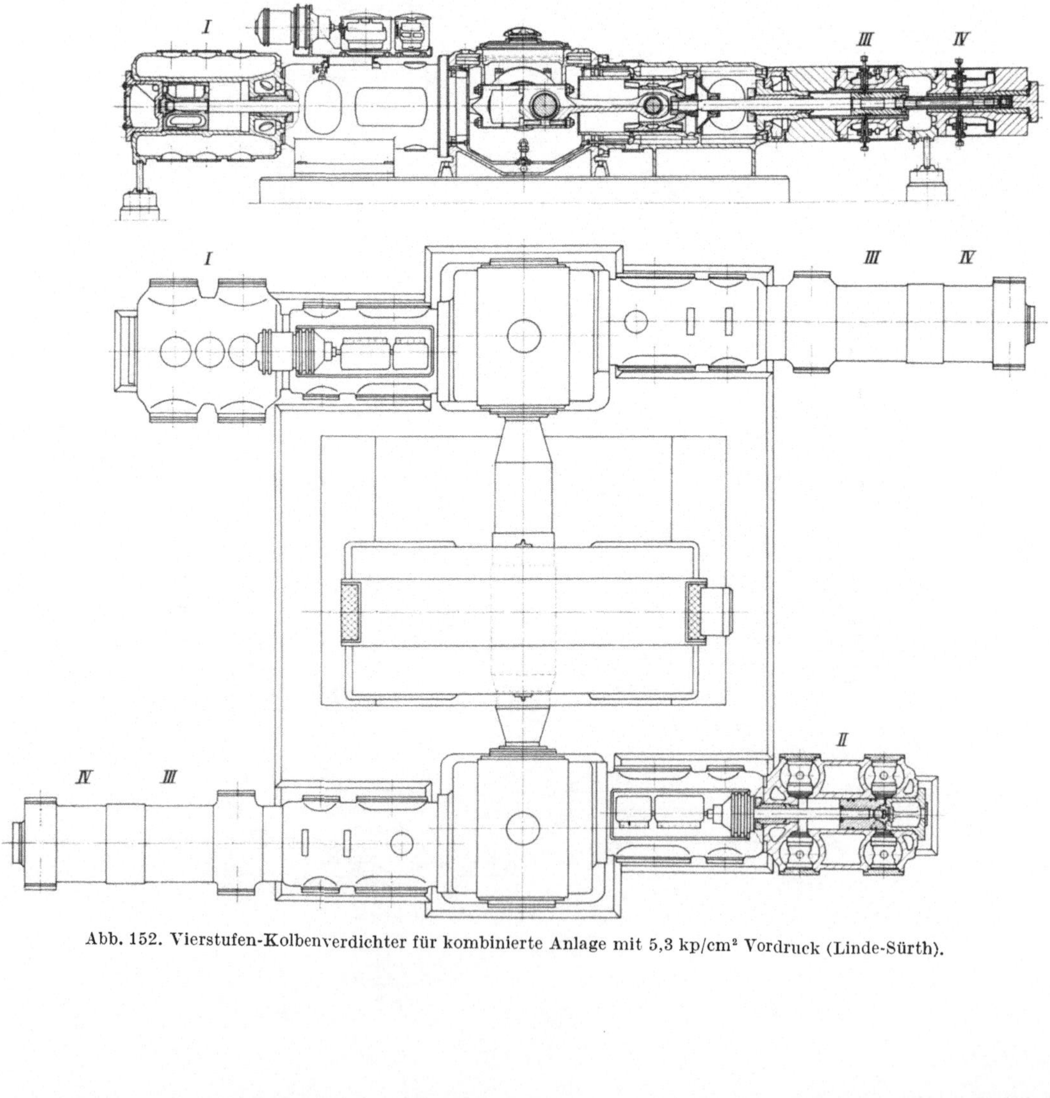

Abb. 152. Vierstufen-Kolbenverdichter für kombinierte Anlage mit 5,3 kp/cm² Vordruck (Linde-Sürth).

13.4.5 Beispiele für kombinierte Anlagen

Abb. 151 zeigt die Kombination von Turbogebläse links mit liegendem Kolbenverdichter rechts, dahinter eine gleiche zweite Anlage. Koksgas, 30000 m³/h; Gebläse vierstufig von 1 auf 1,8 kp/cm², etwa 1000 PS; Kolbenverdichter zweistufig von 1,8 auf 10 kp/cm² bei 250 U/min, etwa 2600 PS. Der Kolbenverdichter

Abb. 153. Kombinierte Anlagen, ungeschützt im Freien aufgestellt (DEMAG).

kann aber auch ohne Turbostufe mit Ansaugedruck 1 kp/cm² laufen. Das ergibt für die zwei kombinierten Anlagen zusammen eine gute Regelungsmöglichkeit.

Ein Beispiel für hohe Vorverdichtung zeigt Abb. 152, einen vierstufigen Boxer, der Luft von einem Turboverdichter mit 5,3 kp/cm² ansaugt. 4960 Nm³/h, Enddruck 201 kp/cm², 315 mm Hub, 300 U/min.

Einen Begriff von der Robustheit solcher Anlagen kann Abb. 153 geben, Aufstellung im Freien; Elektromotor am vorderen Kolbenverdichter noch nicht angebaut. Der dahinter sichtbare vierstufige Turbokompressor liefert Luft von 5,7 kp/cm², einen Teilstrom davon von 16000 Nm³/h verdichtet der Kolbenverdichter weiter in 2 Stufen auf 26 kp/cm² bei 375 U/min.

Auch Trockenlaufverdichter werden schon als kombinierte Anlagen mit Turbovorverdichter gebaut, vgl. Abb. 157, S. 165.

13.5 Trockenlaufverdichter

Das Prinzip dieser Maschinen zur Lieferung ölfreien Gases ist im Abschn. Schmierung, 11.2, S. 114, beschrieben. Hier einige Beispiele aus dem heute sehr weit gewordenen Anwendungsgebiet, das sich von ölfreier Luft über technische

Gase bis zu Edelgasen erstreckt und auch für Kälteverdichter verwendet wird, von 2,5 bis 150 kp/cm² Enddruck und von 3 bis 17000 Nm³/h. Wegen der Kolbendichtung überwiegen die stehenden Maschinen, aber es finden sich auch alle anderen Bauarten.

13.5.1 Mit Spezialring-Dichtung

Als erstes Beispiel eine kleine Type, die aber schon die wesentlichen Merkmale dieser Maschinenart besitzt, Abb. 154:

stehende, doppeltwirkende Kreuzkopfmaschine mit sehr sorgfältiger Trennung von Triebwerksöl und Gas durch Abdichtungsbüchse über dem Kreuzkopf mit Ölabstreifringen, mehr als 1 Hublänge darüber die Stopfbüchse, Ölspritzring auf

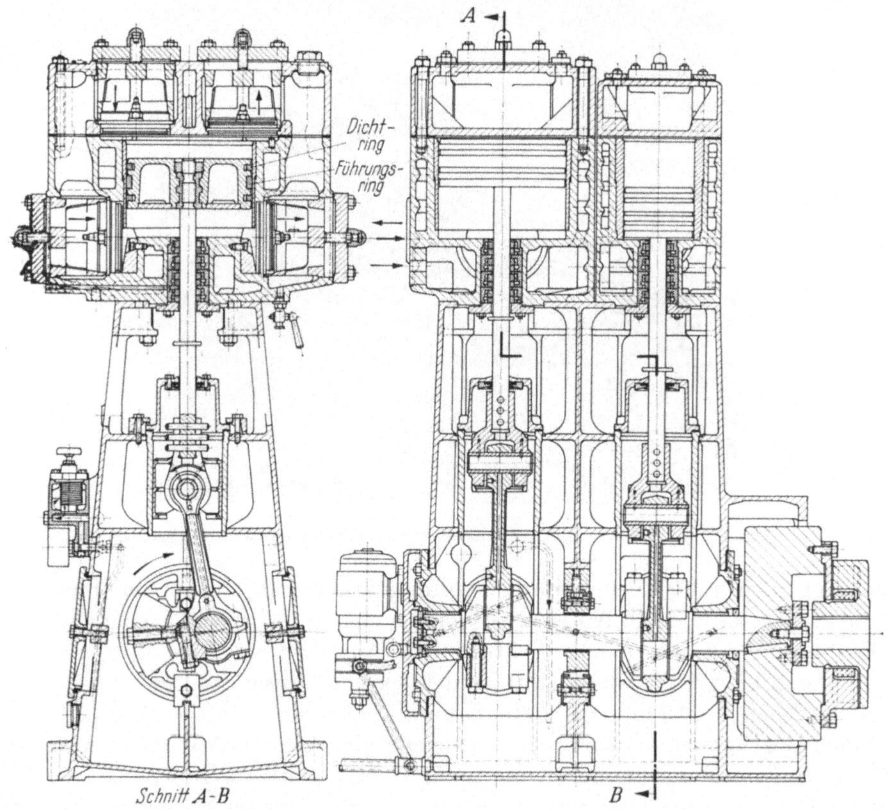

Abb. 154. Trockenlaufverdichter mit Spezialring-Dichtung (KSB).

der Kolbenstange, Zwischenraum entlüftet. Alle mit dem Gas in Berührung kommenden Teile benötigen kein Schmiermittel. Kolben mit Führungs- und Dichtringen aus Spezialwerkstoff, ebenso die Stopfbüchsringe. Reibungsfreie Ventile. Umlaufschmierung für das Triebwerk.

Die verhältnismäßig kleine Maschine kommt mit einteiligem Triebwerksgehäuse aus mit Tunnel für die Kurbelwelle mit Zwischenlager. Der Gasart werden Kolbenringwerkstoff und Kolbengeschwindigkeit nach den auf S. 115 beschriebenen Richtlinien angepaßt.

Die Serientype der Abb. 154 wird zweistufig in 8 Größen gebaut für 35 bis 975 m³/h bei 10 kp/cm², max. 17 kp/cm², Hub 60 bis 120 mm, $n_{max} = 1450$ bis 970 U/min je nach Größe, c_m variiert von 2 bis 3,9 m/s.

Die beträchtlich größere Maschine der Abb. 155, ein zweistufiger Verdichter für Chlor-Methyl, also für Gase, bei denen ein Leckverlust nach außen unzulässig ist, hat unterhalb der Hauptstopfbüchse noch einen Sicherungsraum mit einer

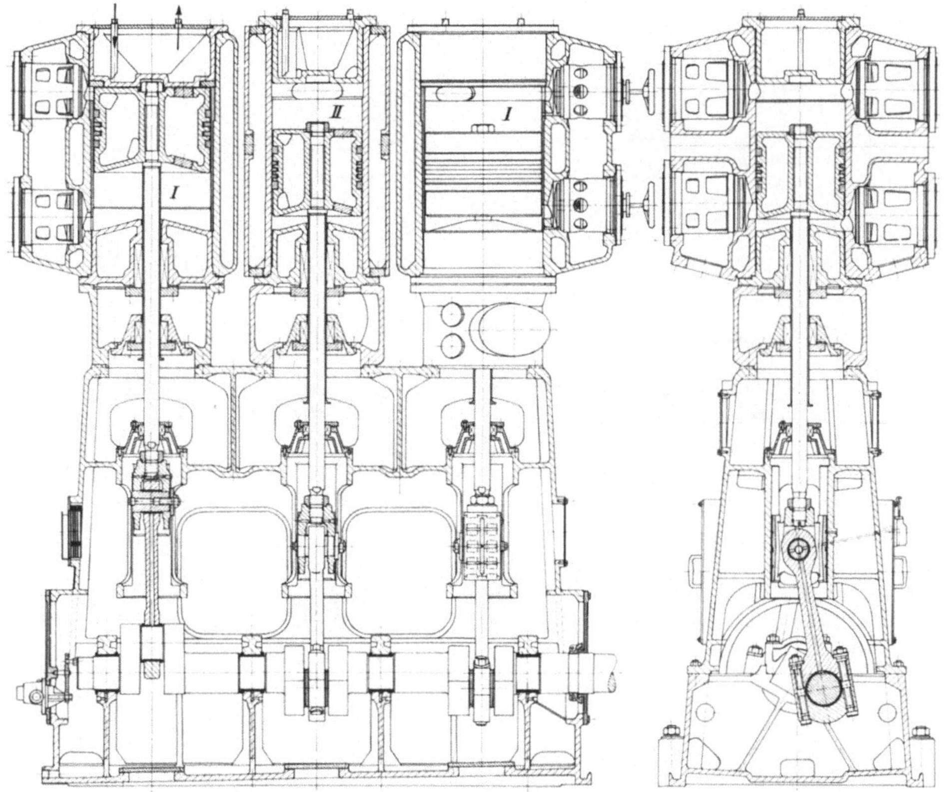

Abb. 155. Zweistufiger Chlor-Methyl-Verdichter mit erhöhter Gassicherung (Borsig).

Vorstopfbüchse gegen das Triebwerk, ferner eine Korrosions-Schutzhülse auf dem gasberührten Teil der Kolbenstange. Normale Bauweise der stehenden Maschine mit getrennter Grundplatte. Die Kolbenringe und Packungselemente bestehen hier aus Spezialkohle bei einer Kolbengeschwindigkeit von 2 m/s. 260 mm Hub, 1 800 m³/h von 1 auf 10 kp/cm² bei 230 U/min.

Ein typisches Beispiel für Teflonring-Verdichter gibt Abb. 156, einen stehenden, vierkurbligen, dreistufigen Sauerstoffverdichter für 6 008 m³/h von 1 auf 31 kp/cm² bei 325 U/min. Hub in beiden I. Stufen 300 mm, in der II. und III. 335 mm mit $c_m = 3,63$ m/s (neuerdings 4 bis zu 4,3 m/s). Ölabstreifbüchse als Abschluß des Triebwerksraums, Ölspritzring auf der Kolbenstange, Stopfbüchse mit Teflon- oder Elektrokohle-Ringen; Ventile mit reibungsfreier Plattenführung.

11*

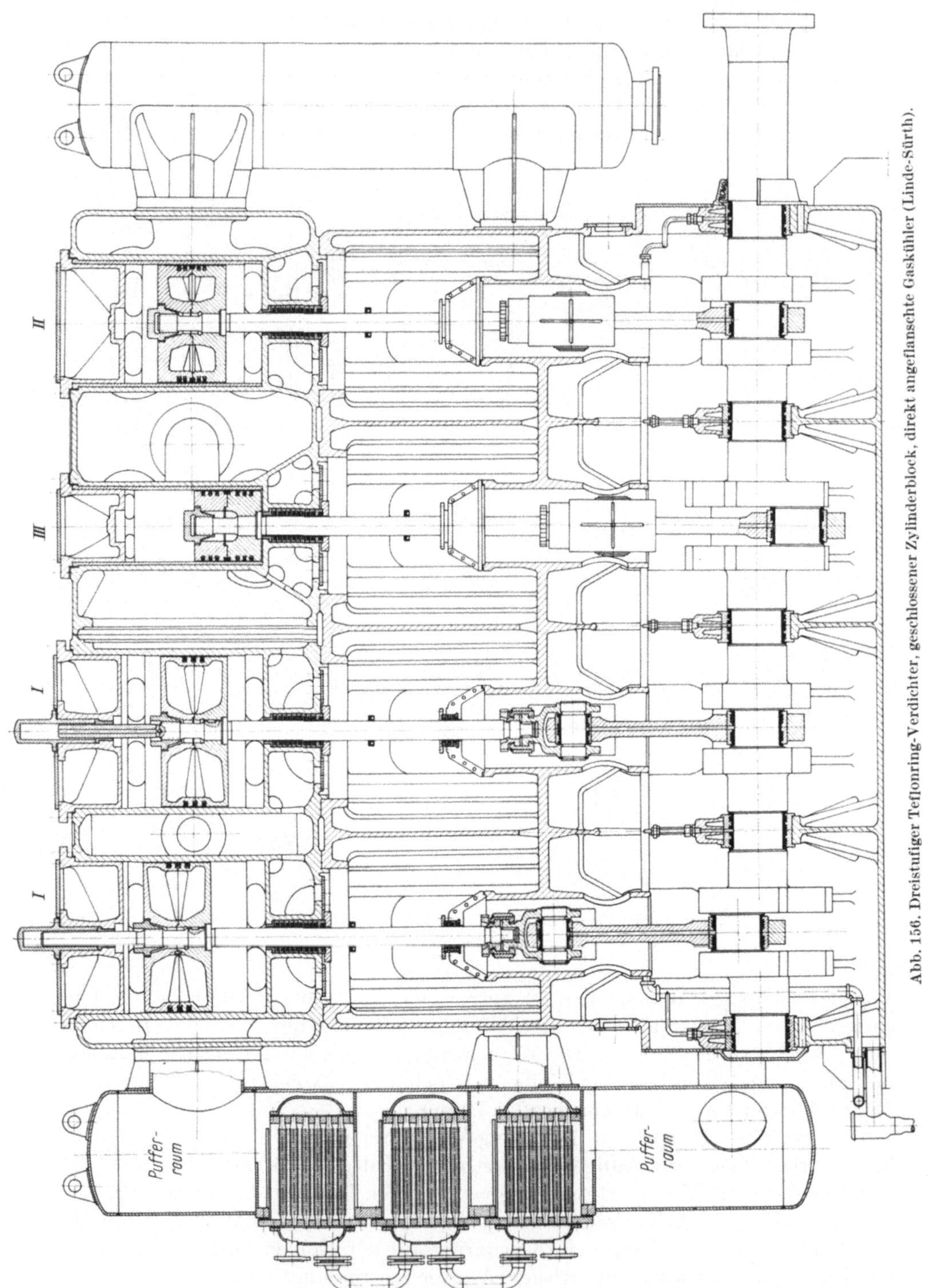

Abb. 156. Dreistufiger Teflonring-Verdichter, geschlossener Zylinderblock, direkt angeflanschte Gaskühler (Linde-Sürth).

Nicht für den Trockenlauf, aber im ganzen bemerkenswert sind der geschlossene Zylinderblock mit 2 verflanschten, paarweise zusammengegossenen Zylindern und ferner die direkt angeflanschten Gaskühler, die mit den vor- und nachgeschalteten Pufferräumen 2 Stufen unmittelbar verbinden, vgl. dazu die Hinweise auf S. 124.

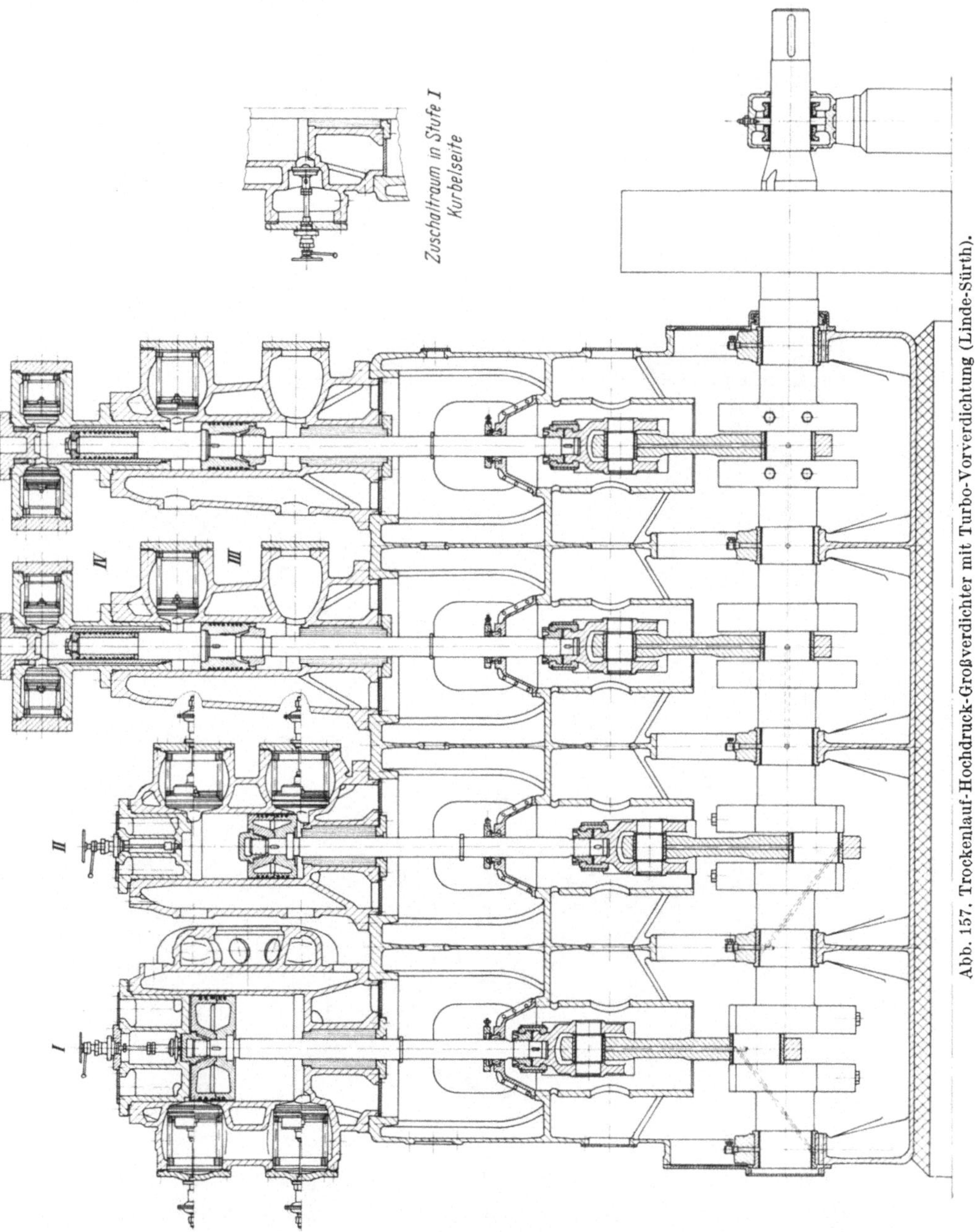

Abb. 157. Trockenlauf-Hochdruck-Großverdichter mit Turbo-Vorverdichtung (Linde-Sürth).

Zu den heutigen Spitzenleistungen auf diesem Gebiet gehören die Trockenlaufverdichter nach Abb. 157 für 16000 Nm³/h trockenen Stickstoffs. Vorverdichtung auf 5,4 kp/cm² durch Radial-Turbokompressor. In der Kolbenmaschine vierstufige Weiterverdichtung bis auf 141 kp/cm² mit 3500 PS Antriebsleistung. 420 mm Hub, 300 U/min, $c_m = 4{,}2$ m/s. Untere Stopfbüchse mit Ölabstreifpackung und Öldampfabsaugung, die auch bei hoher Kolbengeschwindigkeit

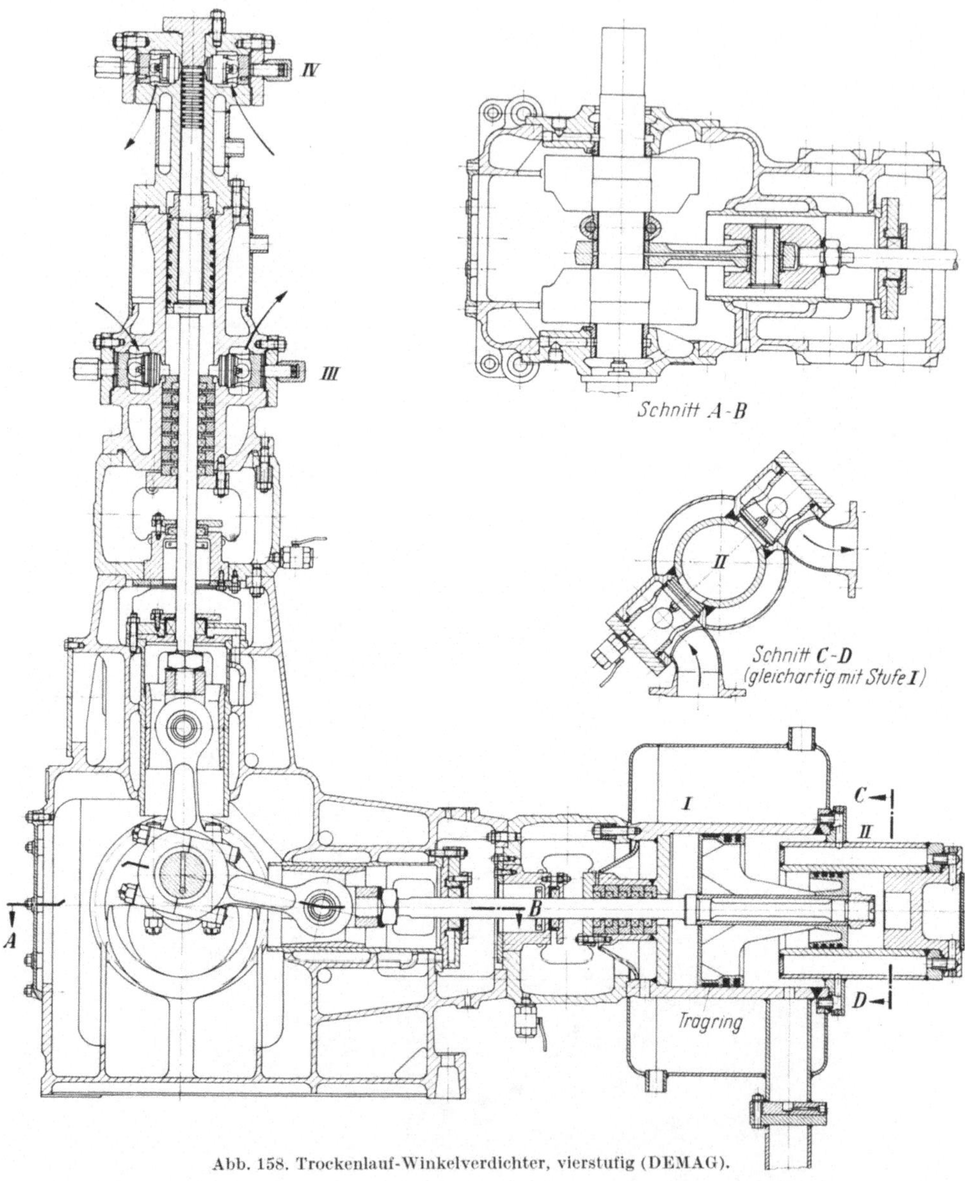

Abb. 158. Trockenlauf-Winkelverdichter, vierstufig (DEMAG).

Ölfreiheit der Kolbenstange oberhalb des Spritzrings gewährleistet. Stopfbüchse mit Teflonelementen. IV. Stufe mit bronzegefüllten Teflon-Kolbenringen, einer Sonderbauart mit hinterlegtem Stoß, die nur durch Gasdruck dichtet. In der I. und II. Stufe gezeichnete Zuschalträume zur Grobregelung. Zylinder ohne Laufbüchsen verbessern die Wärmeabfuhr.

Daß Trockenläufer nicht auf stehende Bauart beschränkt sind, zeigt Abb. 158, einen einkurbligen Winkelverdichter mit vier Stufen, hier bestimmt für die Lieferung ölfreier Luft für eine Forschungsanstalt, aber auch für andere Gase geeignet. 200 Nm³/h von 1 auf 151 kp/cm², 120 mm Hub, 600 U/min, $c_m = 2,4$ m/s. Alle Kolbenringe aus Teflon, I. und III. Stufe je mit 1 flachen Ring zur Kolbenführung. Dieser Ring der I. Stufe trägt das Gewicht der liegenden Kolben I und II und ihrer Kolbenstange mit einer Flächenpressung von 0,3 kp/cm². Auch die Stopfbüchsen haben Teflonringe. Beim stehenden und liegenden Triebwerk wie bei den vorhergehenden Abbildungen hintereinander Ölabstreifpackung, Abweisring auf der Kolbenstange, Vor- und Hauptstopfbüchse. Die Vorstopfbüchse ist nur für Gasbetrieb erforderlich. Druckentlasteter Ausgleichsraum zwischen den Stufen I/II und III/IV. I und II in interessanter Schweißkonstruktion.

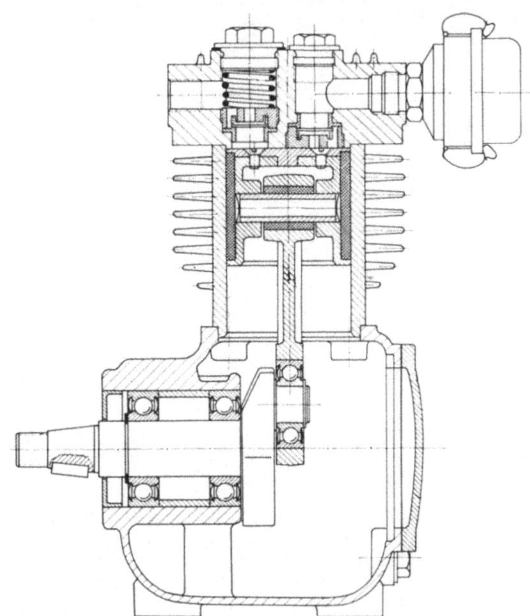

Abb. 159. Tauchkolben-Trockenlaufverdichter mit dauergeschmierten Kugellagern (Kaeser).

Auch die V- und W-Bauart findet sich bei den Trockenlaufverdichtern mit Spezialring-Dichtung (vgl. Abb. 109, S. 121) bis zu beträchtlicher Leistung von etwa 5000 m³/h, die liegende Bauart für noch weit höhere Leistung, wobei die Kolben schon von etwa 400 mm $\varnothing$ an als Schwebekolben mit Tragschuh ausgebildet werden.

Aber auch in den Bereich der Kleinverdichter des Abschn. 13.1 ist der Trockenläufer schon eingedrungen. Dort erlaubt der Tauchkolben die in allen bisher aufgeführten Beispielen durchgeführte Abtrennung des ölgeschmierten Triebwerks nicht. Für das leichte Triebwerk des Kleinverdichters genügen aber dauergeschmierte geschlossene Kugellager; der Kolben ist durch Spezialringe geführt und gedichtet. Ein Beispiel zeigt Abb. 159. Die ganze Kolbenlauffläche ist hier durch *einen* Preßkohle-Ring gebildet, ähnlich auch das Kolbenbolzenlager. Die Firma liefert solche ölfreien Druckluftverdichter in zwei Zylindergrößen mit 1 und 2 Zylindern im V für ungefähr 3—12 m³/h, bei 600—990 U/min, c_m bis 1,5 m/s, einstufig bis 11 kp/cm².

13.5.2 Mit Labyrinth-Dichtung

Musterbeispiel Abb. 160, stehender vierkubliger, dreistufiger Sauerstoffverdichter für 2575 m³/h von 1 auf 31 kp/cm² bei 480 U/min, 225 mm Hub, $c_m = 3{,}6$ m/s.

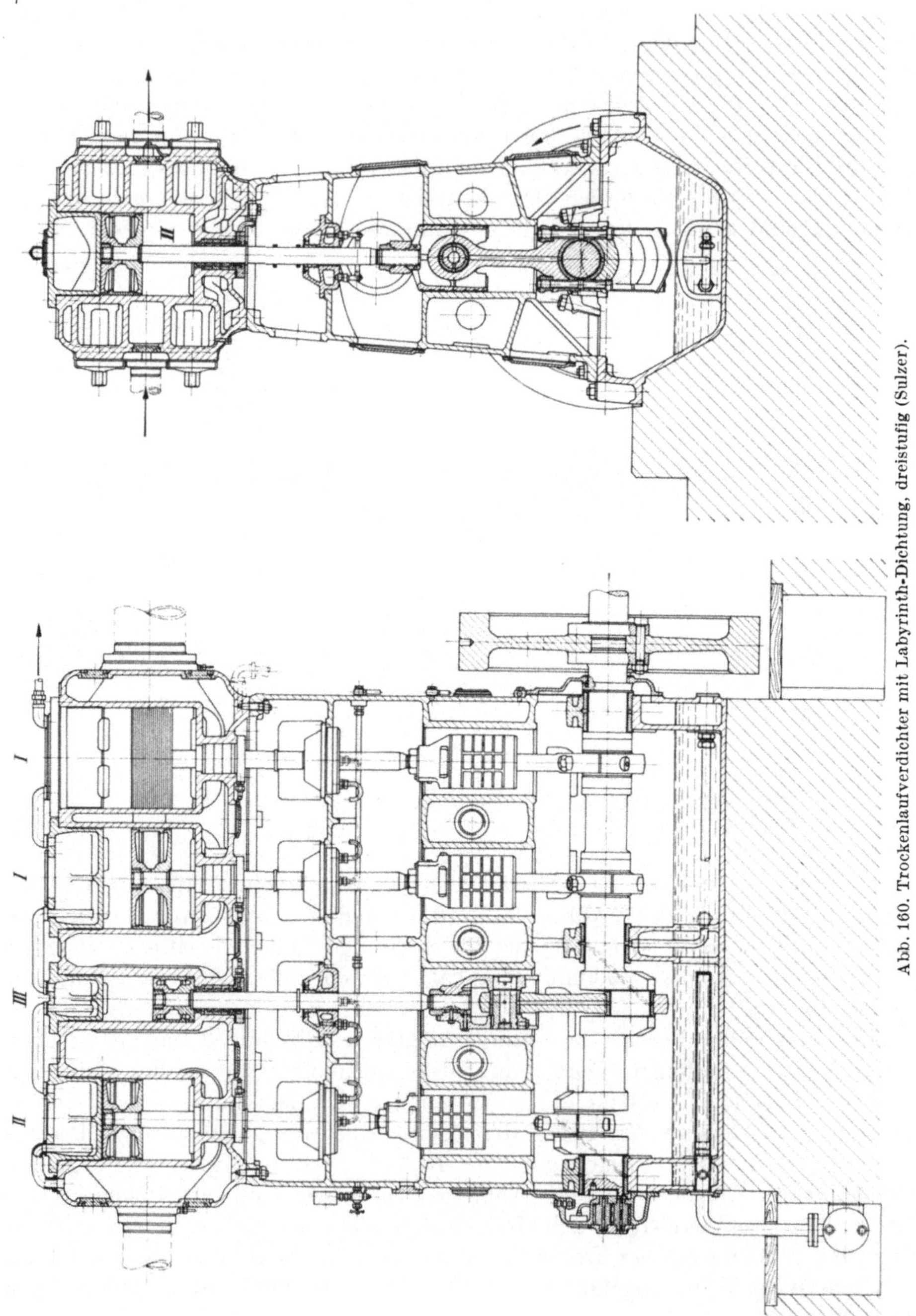

Abb. 160. Trockenlaufverdichter mit Labyrinth-Dichtung, dreistufig (Sulzer).

Wegen des berührungsfreien Kolbens ist die Kolbenstange sehr genau geführt durch den Kreuzkopf mit zweigleisiger Rundführung und im Abschlußdeckel des Triebwerksraums durch ein Axial-Gleitlager, beide mit Wasserkühlung. Über dem Lager Ölabstreifringe, auf der Kolbenstange ein Schirmring. Berührungsfreie Stopfbüchse mit radial beweglichen Graphitringen mit knapp 0,1 mm Durchmesserspiel, die mittleren Ringe mit Labyrinthrillen, Leckgas auf die Saugseite rückgeführt. Der Kolben hat im Zylinder je nach Größe 0,3—0,8 mm Spiel, im Mantel schraubenförmige feine Labyrinthrillen, am oberen und unteren Ende schmaler leicht kegeliger Teil, der die auf S. 115 besprochene „Gaslagerung" zur Selbstzentrierung bewirkt. Auch die Zylinderwand hat feine Rillen.

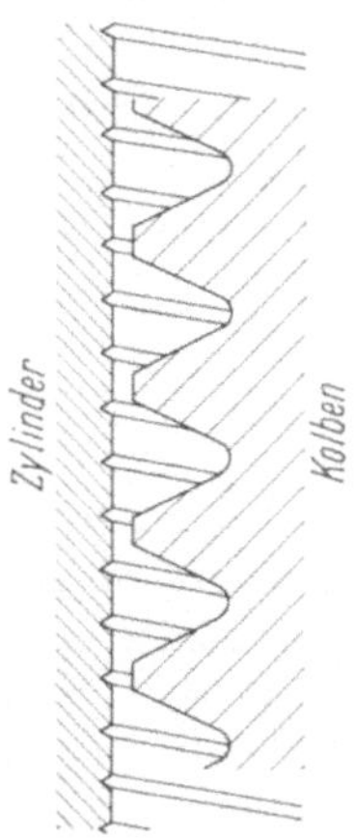

Abb. 161. Maßstäbliches Labyrinth 5:1 (Sulzer).

Das Kolben-Zylinder-Labyrinth zeigt Abb. 161 in fünffacher Naturgröße. Die Rillentiefe und -steigung wachsen mit dem Kolbendurchmesser. Werkstoff auf das Gas abgestimmt, z. B. Zylinder feinkörniger Spezialgrauguß, Kolbenmantel Sonderbronze oder Spezialleichtmetallegierung, Kolbenstange im Stopfbüchsenbereich hartverchromt. Reibungsfreie Ventile nach dem Prinzip der Abb. 75. Bypassregelung.

Bemerkenswert für den Gesamtaufbau sind das einteilige Gehäuse und der einteilige Zylinderblock, die den verhältnismäßig schnell laufenden Labyrinthverdichtern die nötige Steifigkeit und Schwingungsfreiheit sichern. Diese Maschinen werden für 20—10 000 Nm³/h geliefert, ein- bis vierstufig, bis 240 kp/cm².

Ein Beispiel für Kälteverdichter, bei denen der Trockenläufer ölfreies Kältemittel ermöglicht, zeigt Abb. 162, die Zentrale einer schweizerischen Freiluft-

Abb. 162. 3 Labyrinth-Verdichter für Kälteanlage (Sulzer).

kunsteisbahn mit 3 einstufigen Labyrinthverdichtern für Ammoniak, der vordere
für 400000 kcal/h bei 960 U/min.

Solche Trockenläufer trennen das Gas nicht in allen Fällen ganz vom Triebwerksöl. Bei Anlagen mit Gasen, die sich mit Schmieröl vertragen, wo aber völlige
Gasdichtheit bei starkem Unter- oder Überdruck des Ansaugens und Ausgleichs-
druck im Stillstand gefordert wird, z. B. bei Kältemitteln, Helium, verschiedenen
Kohlenwasserstoffen und dgl., wird das ganze Triebwerksgehäuse druckfest gemacht und mit dem gleichen Gas gefüllt, das aber am Kreislauf nicht teilnimmt.

13.6 Sonderbauarten

Die nahe Verwandtschaft der Bauteile des Verbrennungsmotors und des
Kolbenverdichters legt es nahe, Kraftmaschine und Arbeitsmaschine in *einem*
Block zum „Motorverdichter" zu vereinigen.

Ein sehr einfacher Weg dazu ist, daß man an einem Viertaktmotor einen Teil
der Zylinderköpfe gegen Verdichterköpfe mit selbsttätigen Ventilen auswechselt.
Zur Entscheidung, wie viele Zylinder als Verdichterzylinder arbeiten können, ist
der Zusammenhang zwischen Motorleistung und Verdichterleistung bei gleichem
Hubvolumen zu untersuchen.

1 Zylinder eines Viertaktmotors gibt mit p_e = mittlerem effektivem Druck [64] die Nutzleistung:

$$P_e = {}^1\!/_2\, V_h n p_e.$$

Der gleiche Zylinder braucht als Verdichter nach Gln. (31), (35) und (46) die Antriebsleistung

$$P_{Ku} = V_h n p_1 \ln \frac{p_2}{p_1} \cdot \frac{\lambda_{nu}}{\eta_{T,Ku}}.$$

Durch Gleichsetzen von P_e und P_{Ku} erhält man für das im Verdichterzylinder noch
mögliche Druckverhältnis

$$p_1 \ln \frac{p_2}{p_1} = \frac{1}{2}\, \frac{\eta_{T,Ku}}{\lambda_{nu}}\, p_e.$$

Bei einem solchen Motorverdichter wird es sich um einstufige Verdichtung von Außendruck an handeln. Nimmt man dabei vorsichtig $\eta_{T,Ku} = 0{,}5$ und $\lambda_{nu} = 0{,}72$ und Anfangsdruck $p_1 = 1$ kp/cm² und für einen Dieselmotor für sichere Dauerleistung $p_e = 6$ kp/cm²,
so erhält man

$$\ln \frac{p_2}{p_1} \leqq \frac{1}{2} \cdot \frac{0{,}5}{0{,}72} \cdot 6 = 2{,}08 \quad \text{und} \quad p_2 = 8 \text{ kp/cm}^2 \text{ als erreichbar.}$$

Beim Benzinmotor erhält man für $p_e = 7$ kp/cm² ein p_2 von 11 kp/cm².

Man kann also bei den für derartige Druckluftanlagen üblichen Drücken
gerade die Hälfte der Zylinder des Motors auf Verdichterbetrieb umstellen.

Das Verfahren lohnt sich nur für einen in Großserie hergestellten, also billigen
Motor. Ein gutes Beispiel dafür ist Abb. 163, der weltbekannte VW-Industrie-
motor mit 2 Motor- und 2 Verdichterzylindern. Sehr leicht und klein; das vollständige zweirädrige Druckluftaggregat wiegt nur 200 kp, tragbar mit Schwing-
metallfüßen sogar nur 180 kp, also besonders vorteilhaft für unwegsame Bau-

stellen oder Hochbauten; luftgekühlt. Bei 3300 U/min 1,25 m³/min und 7 kp/cm², $c_m = 7$ m/s. Konzentrisches Ventil ähnlich Abb. 65 mit Greiferregelung. Großer Öl- und Wasserabscheider am Druckstutzen. Wo die Liefermenge nicht ausreicht, können 2 Aggregate gekuppelt werden.

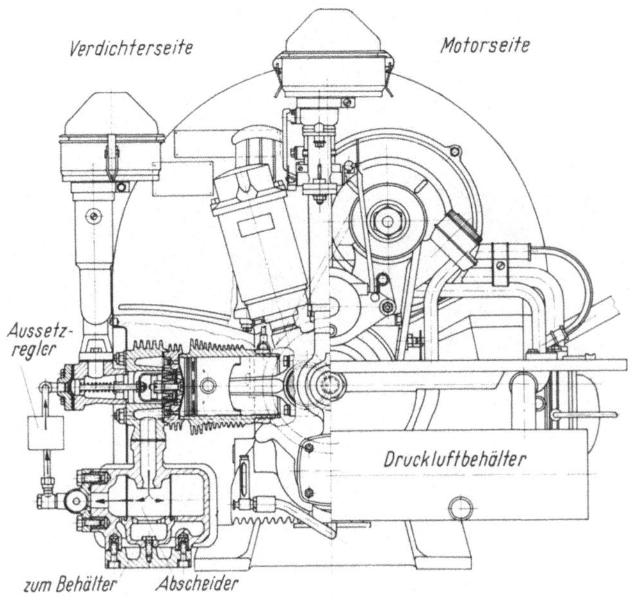

Abb. 163. Motorverdichter mit *VW*-Motor (Hatlapa).

Einen Diesel-Motorkompressor zeigt Abb. 164, eine Vierzylinder-V-Maschine mit $V_h = 0{,}865$ dm³, bei der auf der linken Seite die beiden Motorköpfe gegen Verdichterköpfe mit einem sehr großen konzentrischen Ventil für das hohe $c_m = 9{,}2$ m/s ausgewechselt sind. 2,7 (2,5) m³/min bei 7 (8) kp/cm² und 2500 U/min; pneumatische Greiferregelung.

Auch andere Fahrzeugdieselmotoren mit 2—8 Zylindern, in dieser Art auf Motorverdichter umgebaut, haben sich gut bewährt und sind heute noch in großer Zahl in Betrieb. Man gibt heute aber oft der getrennten Bauweise wieder den Vorzug, auch weil das für viel höhere Beanspruchung ausgelegte Triebwerk für Verdichter zu teuer ist.

Unabhängiger in der Gestaltung des Verdichterteils wurde man dadurch, daß die Maschine von vornherein als Motorkompressor konstruiert wurde, mit gemeinsamer Kurbelwelle, aber verschiedenen Motor- und Verdichterzylindern, die Verdichterpleuel z. T. nur an die Motorpleuel angelenkt, mit Viertakt- und auch mit Zweitakt-Diesel-Zylindern. Aber auch hier sind Zugeständnisse beiderseits nötig, z. B. hinsichtlich der Drehzahl, des Hub-Bohrung-Verhältnisses und der Schmierung. Noch wichtiger aber scheinen Gründe des Fabrikationsprogramms zu sein, im einen Fall Spezialisierung entweder auf Motoren *oder* auf Verdichter, im anderen Fall Vielseitigkeit. So werden alle in der 3. Auflage dieses Buchs aufgeführten Motorverdichter deutscher Firmen nicht mehr gebaut, dagegen trifft man heute andere bewährte Typen dieser Maschinen.

Ein schönes Beispiel gibt Abb. 165, eine V-Maschine, rechts Motorzylinder, links Verdichterzylinder. Zweitakt-Diesel mit Schlitzspülung und Kurbelkammer-

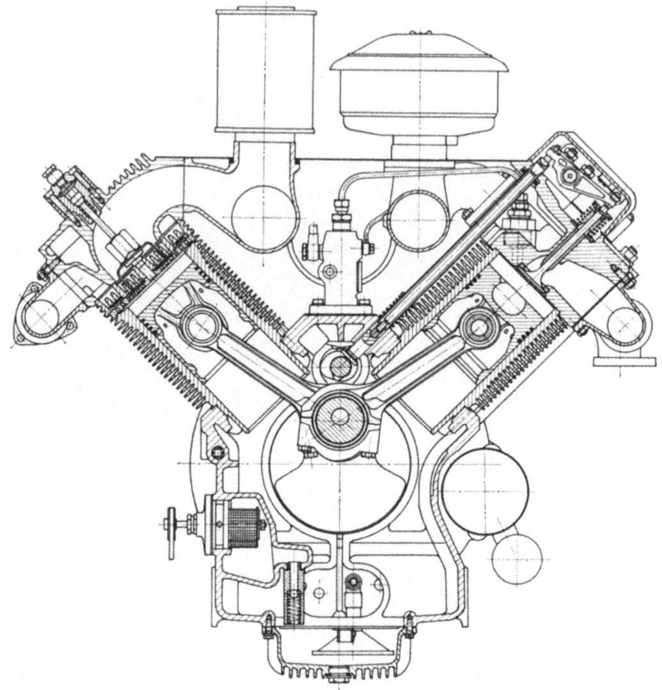

Abb. 164. Diesel-Motorverdichter (Warchalowski).

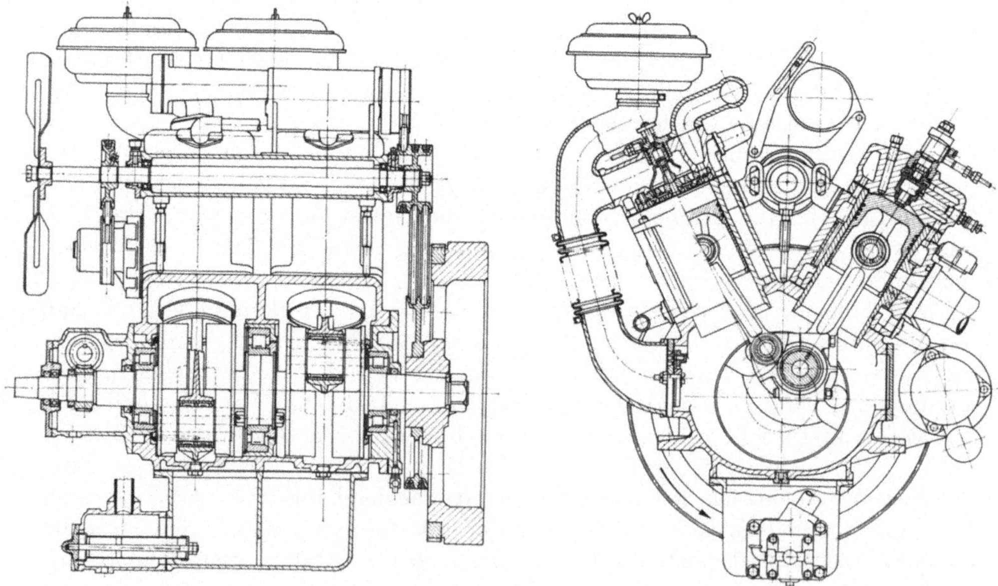

Abb. 165. Motorverdichter mit eigenem Motor- und Verdichterteil (Zweitaktdiesel, einstufiger Verdichter) (Tanabe).

spülpumpe mit Saugventil, zu deren Liefermenge auch der Verdichterkolben beiträgt. Hubvolumen des Verdichters etwa 23% größer als das des Motors. Verdichter mit konzentrischen Saug- und Druckventilen bei $c_m = 5{,}6$ m/s, pneumatische Greiferregelung. Die Type wird mit 2×1, 2×2 und 2×3 Zylindern gebaut. Die abgebildete 2×2-Type liefert 3 m³/min bei 1 200 U/min und 8 kp/cm² (absolut). Bemerkenswert für die Konstruktion ist die zwischen den Kurbeln verflanschte Kurbelwelle mit Rollenlager und luftdichter Trennung der Kurbelräume wegen der Kurbelkammerpumpe.

Die japanische Lieferfirma, von der auch Abb. 122, S. 135, stammt, baut kleine und mittlere Verdichter verschiedenster Art, auch Trockenläufer.

Bei Abb. 133, S. 143, wurde auf die steigende Bedeutung des Gasmotors für den Verdichterantrieb hingewiesen. Dies führt folgerichtig zum Gasmotor-Verdichter, oft mit gleichem Treib- und Förderstoff.

Von mehreren Firmen werden heute solche Maschinen bis zu sehr großen Leistungen für die verschiedensten Zwecke gebaut. Beispiele aus den USA zeigen die Abb. 166—168, von Clark Bros. Co./Olean, N. Y. Die Motoren sind Zweitakt-Gasmotoren mit Abgasturboaufladung mit einem mittleren effektiven Druck von $p_e = 7{,}3$ kp/cm² und 300 U/min mit $c_m = 4{,}8$ m/s. Die Pleuel der Verdichter liegen neben den Motorpleueln auf gemeinsamer Kurbel. Die Verdichterzylinder sind variabel bis zu Höchstdrücken von über 1 000 kp/cm² und auch für ölfreies Gas. Hervorzuheben ist für die Regelung die veränderliche Drehzahl bis auf 50% bei vollem Drehmoment. Eine Weiterentwicklung verschraubt die Verdichterzylinder über die querliegenden Saug- und Druckleitungen zu einem schwingungssicheren Zylinderblock.

Die Maschine nach Abb. 166 hat 10 stehende Motor- und 5 liegende Verdichterzylinder, jeder zweite Motorzylinder hat eine Einzelkurbel ohne Verdichterpleuel. Leistung 3 450 PS bei 300 U/min.

Eine Maschine dieser Art mit V-Motor und Boxer-Verdichter zeigt Abb. 167, lauter gleiche Kurbeln, jede für 2 V-Motorpleuel und für 1 Verdichterpleuel. Die z. Z. größte solche Maschine zeigt Abb. 168 mit 16 Motor- und 8 Verdichterzylindern, rd. 5 600 PS bei 300 U/min. Liefermenge und Druck sind bei diesen Maschinen je nach Ausrüstung mit Verdichterzylindern ganz verschieden.

Eine niederländische Entwicklung in ähnlicher Bauart, aber mit hochaufgeladenen *Viertakt*-Gasmotoren beschreibt [55].

Eine sehr interessante Lösung für die Vereinigung von Dieselmotor und Verdichter ist der im Anfang der zwanziger Jahre von Professor Hugo Junkers entwickelte Freiflugkolben-Diesel-Verdichter, der heute von der Junkers Maschinen- und Metallbau GmbH München gebaut wird; zwei- und vierstufig, Liefermenge bis 4 m³/min, Druck bis 300 kp/cm², in ortsfester, verlastbarer und fahrbarer Ausführung. Die Verdichterkolben sind mit den gegenläufigen Kolben des Einzylinder-Dieselmotors ohne Zwischenschaltung eines Kurbelgetriebes starr verbunden, [52].

Die Arbeitsweise macht die Schnittzeichnung eines zweistufigen Kompressors in Abb. 169 deutlich. Die beiden gegenläufigen Kolbengruppen schwingen unter der Einwirkung der Gaskräfte im Motor-Verbrennungsraum (*a*) und der Luftkräfte in den Verdichter-Zylindern der Stufen I (*e*) und II (*f*) ohne mechanische Hubbegrenzung frei hin und her. Beim Kolben-Einwärtsgang wird in den Verdichter-

Abb. 166. Groß-Motorverdichter in Winkelbauart mit Zweitakt-Gasmotoren (Clark).

zylindern Luft angesaugt und beim Auswärtsgang ausgeschoben. Die Motor-Spülluft wird von dem Verdichterkolben der Stufe I (e) über die Spülluftventile (k) während des ersten Teils des Kolben-Auswärtsgangs in einen Aufnehmer im Motorgehäuse gefördert. Die verdichtete Luft wird zwischen den Stufen in Kühlern (g) zwischengekühlt. Die für die Funktion des Kompressors erforderlichen Mindestdrücke in den vergrößerten Toträumen der Verdichterzylinder werden durch ein Druckhalteventil hinter dem Verdichter der Stufe II gehalten. Die kurbelgetriebelose, raumsparende Bauweise ermöglicht hohe Verbrennungsdrücke im

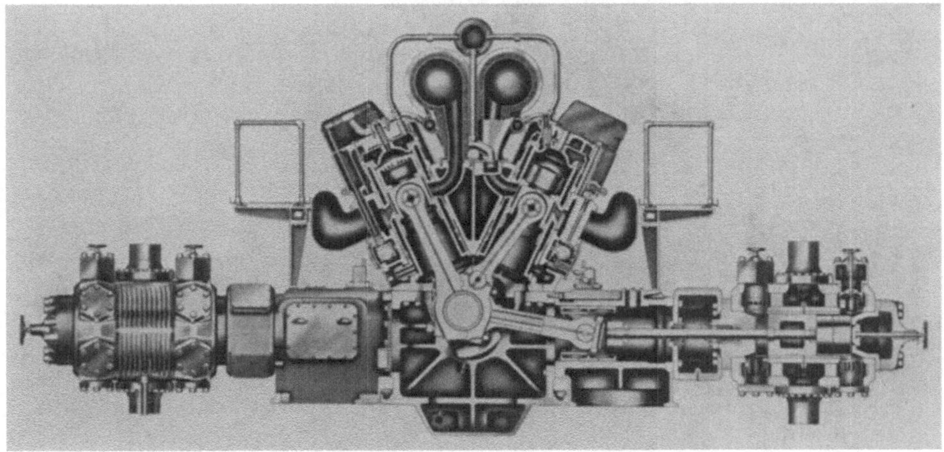

Abb. 167. Bauform als V-Motor mit Boxer-Verdichter (Clark).

Motorzylinder (110 kp/cm^2) mit sehr niedrigem Kraftstoffverbrauch, ferner bei Gewichtsgleichheit der beiden Kolbengruppen einen vollkommenen Massenausgleich, so daß die Maschine kein Fundament benötigt. Die Abhängigkeit des Kolbenhubs und damit der Kompressor-Liefermenge von der dem Motor zugeführten Kraftstoffmenge ermöglicht eine stufenlose Regelung bis zur Nullförderung.

In dem vierstufigen Hochdruck-Kompressor der Abb. 170 sind die Verdichter der Stufen I und IV und der Stufen II und III zu beiden Seiten des Motors angeordnet. Die Motorspülluft wird hier auch von der Rückseite des Verdichterkolbens Stufe I gefördert. Dieser Typ ist hauptsächlich bei der Kriegsmarine viel verwendet.

Eine der Junkers-Ausführung ähnliche Bauart stellt der Pescara-Freiflugkolbenverdichter dar, [53].

Diese Maschinen erlangen heute für einen ganz anderen Zweck wachsende Bedeutung, als Treibgaserzeuger für Gasturbinen. Die Verbrennungsgase geben dabei den größten Teil ihrer Energie an die Turbinenschaufeln ab, während die Luftpumpe nur noch die Verbrennungsluft für den Dieselteil zu liefern hat, [13, 54].

Kälteverdichter entsprechen nach ihrem Aufbau zwar ungefähr den übrigen Kolbenverdichtern, aber sie stellen bezüglich der Arbeitsmedien, der Werkstoffe und der Schmierung ein Fachgebiet für sich mit viel Spezialaufgaben und Spezialerfahrungen dar und sollen deshalb hier nicht behandelt werden. Bekannte Fachbücher darüber sind [9, 10, 11].

Drehkolbenverdichter arbeiten wie die Hubkolbenverdichter nach dem Verdrängungsprinzip und werden deshalb zu diesen gerechnet. Von den zahlreichen Bauarten sind einige bestens bewährt, als Gebläse mit niedrigen Drücken und als

Abb. 168. Spitzenmaschine nach Abb. 167, 16 Motor- und 8 Verdichterachsen (Clark).

vielzellige und mehrstufige Verdichter mit hohen Liefermengen und Drücken. Da ihre Bauart aber in ihren Grundzügen von den Hubkolbenmaschinen völlig abweicht, sollen sie nicht in den Rahmen dieses Buches einbezogen werden.

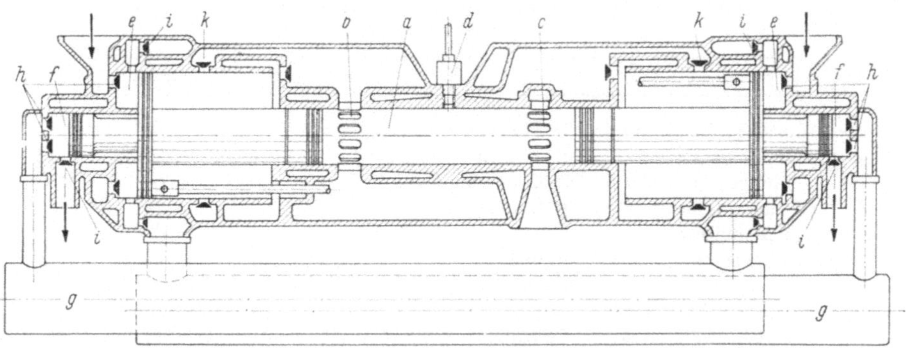

Abb. 169. Freiflugkolben-Dieselverdichter, zweistufig symmetrisch (Junkers).
a Motorzylinder; *b* Spülschlitze; *c* Auspuffschlitze; *d* Kraftstoffdüse; *e* Verdichterstufe I; *f* Verdichterstufe II; *g* Zwischenkühler; *h* Saugventile I u. II; *i* Druckventile I u. II; *k* Spülluftventile.

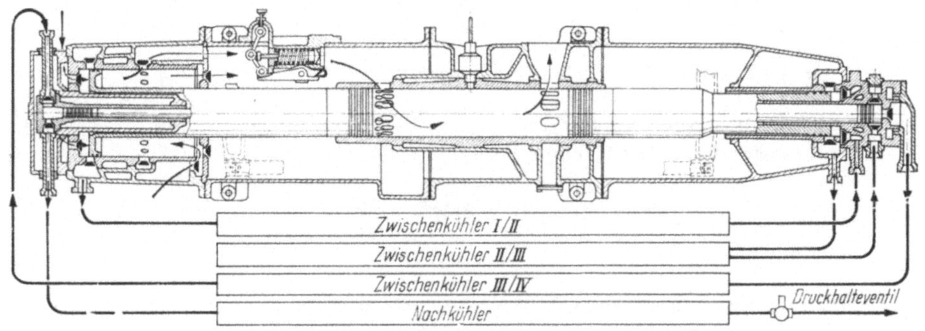

Abb. 170. Hochdruck-Freiflugkolben-Dieselverdichter, vierstufig unsymmetrisch (Junkers).

14 Planen und Betrieb von Verdichteranlagen

14.1 Verdichter

14.1.1 Art und Größe

Die Art richtet sich nach dem Verwendungszweck. Die dabei auftretenden Fragen sind in Kap. 7, Bauarten, und Kap. 13, Ausführungsbeispiele, ausführlich behandelt.

Eine wichtige Aufgabe ist die *Größenbestimmung*. Sie soll am Beispiel einer Druckluftanlage für eine Werkstatt mit vielen verschiedenartigen Druckluftwerkzeugen deutlich gemacht werden. Der Verbrauch für jedes Gerät muß vom Hersteller angegeben werden. Ein Bild von der Größenordnung für Werkzeuge der Werkstatt, Baustelle und dgl. gibt Zahlentafel 7, größtenteils aus [19].

Zahlentafel 7. *Verbrauch von Druckluftwerkzeugen bei 7 kp/cm²*
(alle Drücke in absolutem Druck angegeben)

Werkzeug	m³/min
mittlere Niethämmer für Stahlbauniete bis 24 mm	0,65
Druckluftgegenhalter bis 26 mm	0,1
Schlagnietmaschinen (Stahlniet bis 5 mm)	0,37
Druckluftnietpressen 10/16 mm	0,4
Meißelhämmer	0,3—0,7
Bohrmaschinen bis 15 mm ⌀	0,7
bis 23 mm ⌀	1,35
bis 50 mm ⌀	2
bis 100 mm ⌀	2,5
Drehschrauber bis M 16	0,3
Schleifmaschinen, Schleifscheiben 100 mm ⌀	0,8
„ „ 200 mm ⌀	1,3
Stampfer	0,35—0,84
Kernausstoßhämmer	0,7
Spatenhämmer	0,8
Abbruchhämmer	0,75—0,8
Aufbruchhämmer	1,25—1,75
Spundwandramme	1,75
Gesteinsbohrhämmer	1,35—2,8
Druckluftmotoren 2,2 PS	1,4
Kreissäge, Sägeblatt 250 mm ⌀	0,7
Kettensäge 4,5 PS	4,5
Farbspritzen 3—6 kp/cm², Düsen- ⌀ 0,5—3 mm	0,05—0,3
Sandstrahlen 3—7 kp/cm², Düsen- ⌀ 6—13 mm	1—11

Würde der Verdichter nach dem Verbrauch sämtlicher angeschlossenen Werkzeuge bemessen, so würde die Anlage zu groß, im Mittel nur schwach belastet und deshalb unwirtschaftlich. Man muß also versuchen, ein Zeitdiagramm für die Arbeit der Werkzeuge und damit für den Luftverbrauch aufzustellen, z. B. nach Abb. 171. Wenn es gelingt, den Förderüberschuß während des Minderverbrauchs

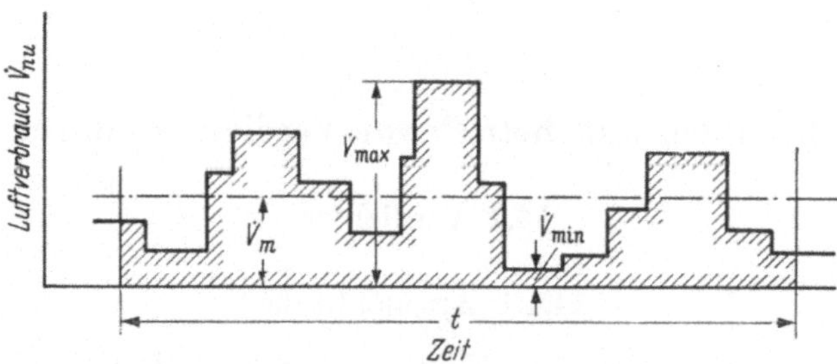

Abb. 171. Luftverbrauch in Abhängigkeit von der Zeit.

für die Zeit des Mehrverbrauchs zu speichern, könnte der Verdichter für $\dot{V}_m$ ausgelegt werden. Da das Zeitdiagramm im voraus schwer zu ermitteln ist, geht man einfacher von einem Erfahrungswert aus, der „Benützungszahl" β, die angibt, welcher Bruchteil aller Werkzeuge normalerweise im zeitlichen Mittel in Betrieb ist, oder welcher Bruchteil des Verbrauchs $\dot{V}_{max}$ aller Werkzeuge im Mittel gebraucht wird, auch bei verschiedenartigen Werkzeugen als Mittelwert gültig. Diese Benützungszahl nimmt mit der Zahl der angeschlossenen Werkzeuge ab, Abb. 172. Man kann also $\dot V_m = \beta \dot V_{max}$ setzen. Erfahrungsgemäß werden aber für eine vorhandene Anlage später weitere Druckluftwerkzeuge, z. T. für andere

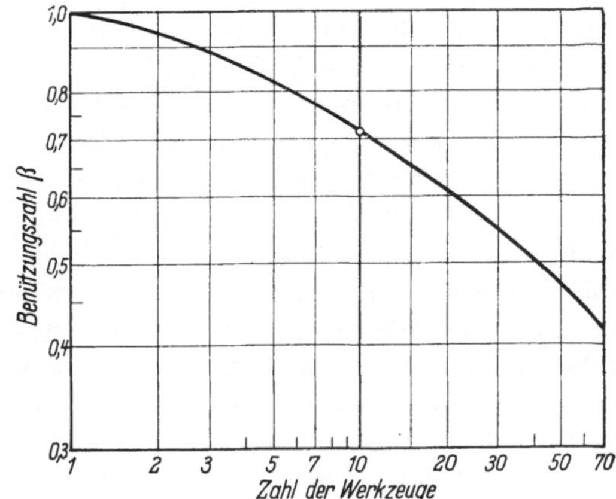

Abb. 172. Benützungszahl für Druckluftwerkzeuge nach [19, 7. Aufl.].

Aufgaben, beschafft; außerdem steigt der Verbrauch bei Abnützung der Werkzeuge etwas an. Deshalb wird von der einschlägigen Industrie empfohlen, den Verdichter von vornherein etwa 50% größer zu nehmen.

Man erhält damit

$$\dot V_{1,nu} = 1,5\, \dot V_m = 1,5\, \beta \dot V_{max}. \tag{61}$$

Beispiel 20. Verdichtergröße für folgende Werkzeuge

	m³/min
3 Bohrmaschinen, Löcher bis 23 mm ⌀	4,05
5 Niethämmer, Nieten 24 mm ⌀	3,25
2 Hämmer zum Meißeln und Stemmen	1,0
5 Gegenhalter	0,5
2 Nietfeuer	0,2
17 Werkzeuge	$\dot V_{max} = 9,0$ m³/min

Da es nur 8 größere Werkzeuge sind, wird mit etwa 10 Werkzeugen gerechnet, also nach Abb. 172 $\beta = 0,7$. Zuschlag für spätere Erweiterung und Abnützung 50%; also Nennleistung des Verdichters

$$\dot V_{1,nu} = 1,5 \cdot 0,7 \cdot 9 = 9,5 \ \text{m}^3/\text{min}.$$

Die Berechnung mit Hilfe von β ohne großen Sicherheitszuschlag setzt voraus, daß die Verbrauchsspitzen, die $\dot V_m$ überschreiten, durch Speicherung während des Minderverbrauchs gedeckt werden können.

Die Verringerung der Förderleistung eines Verdichters bei Aufstellung an hochgelegenen Orten ist auf S. 6 und 24 behandelt.

12*

14.1.2 Speicher und Regelung

Ein Windkessel ist schon zum Ausgleich der pulsierenden Förderung der Kolbenmaschine nötig. Darüber hinaus kann er als Speicher größere Unterschiede im Verbrauch und in der Förderung ausgleichen. Die verschiedenen Verfahren zur Regelung der Fördermenge sind in Kap. 9 enthalten. Bei den Verfahren, bei denen z. B. nach 9.1.3 die jeweilige Fördermenge stufenlos dem Verbrauch angepaßt werden kann, braucht man theoretisch keinen Speicher. Andererseits müßte ohne Speicher der Verdichter nach dem Höchstwert des Bedarfs bemessen werden. Besondere Bedeutung erlangt der Speicher bei den Regelverfahren nach 9.1.1, bei denen der Verdichter entweder voll oder gar nicht arbeitet, also bei zeitweiligem Stillstand oder Leerlauf des Verdichters.

Das häufigste Anwendungsgebiet dieses Verfahrens sind die selbsttätigen kleinen fahrbaren oder ortsfesten Druckluftanlagen. Während der Vollförderung wird der Speicher über den Verbrauch hinaus bis auf einen Höchstdruck $p_{\max}$ geladen; während der Nullförderung gibt er Druckluft ab, wobei der Druck bis $p_{\min}$ sinkt. Je größer der Speicherkessel und je höher die zugelassene Druckschwankung $p_{\max}-p_{\min}$ sind, um so seltener muß der Verdichter umgeschaltet werden. Diese Abhängigkeit kommt in der gebräuchlichen Formel zur Bestimmung des Speicherinhalts zum Ausdruck [19, 8]:

$$V_s = \frac{\dot{V}_{1,nu}\, p_0\, T_s}{4z\,(p_{\max} - p_{\min})\, T_0} \tag{62}$$

mit V_s = Speicherinhalt, T_s = Temperatur im Speicher, p_0 und T_0 = Außenzustand, z = Anzahl der gleichsinnigen Schaltungen in der Zeiteinheit des $\dot{V}_{1.nu}$.

Sie berechnet das auf den Zustand im Speicher bezogene Volumen, das während *einer* Schaltung vom Speicher aufgenommen und abgegeben werden muß, unter der ungünstigsten Annahme, daß der Verbrauch gleich der halben Förderung ist.

Man erhält z. B. für $\dot{V}_{1,nu} = 300\ \mathrm{m^3/h}$, $p_0 = 1\ \mathrm{kp/cm^2}$, $T_0 = 293\,^\circ\mathrm{K}$, $T_s = 323\,^\circ\mathrm{K}$, $p_{\max} - p_{\min} = 1\ \mathrm{kp/cm^2}$ und $z = 50$ volle Schaltungen/h

$$V_s = \frac{300 \cdot 1 \cdot 323}{4 \cdot 50 \cdot 1 \cdot 293} = 1{,}7\ \mathrm{m^3}.$$

Die Zahl der Schaltungen soll wegen der Abnützung der Schaltgeräte nicht zu hoch werden, bei Stillsetzen des Verdichters auch wegen der Überlastung beim Anfahren. Bei Elektromotoren mit Stillstandsregelung soll z je nach der elektrischen Schaltung nicht über 15—30 /h liegen, bei Leerlaufregelung nicht über 60. Für fahrbare Anlagen mit beschränktem Speicher wird deshalb in der Regel Leerlaufregelung und etwas höheres $p_{\max}-p_{\min}$ verwendet. Bei Regelverfahren mit sprunghafter Änderung der Fördermenge, z. B. nach S. 92, 9.1.2, 2. und 3., ist der Unterschied zwischen Förderung und Verbrauch viel kleiner, der Speicher kann also auch viel kleiner werden.

Eine ähnliche Wirkung wird mit 2 Verdichtern erreicht, wenn der eine die gleichbleibende Grundlast übernimmt und der andere den darüberliegenden Schwankungen entsprechend zu- und abgeschaltet wird.

14.1.3 Schwungrad

Bei der Kolbenmaschine geben der pulsierende Gasdruck im Zylinder und die wechselnde Stellung ein sehr ungleichförmiges Drehmoment. Dies muß durch die Energiespeicherung des Schwungrades verbessert werden. Bei Mehrzylinder- und doppeltwirkenden Maschinen wird das Drehmoment schon durch die zeitlich versetzt wirkenden Kräfte gleichmäßiger.

Das erforderliche Schwungmoment des Schwungrads wird nach den bekannten Verfahren des Kurbeltriebs aus dem Drehkraftdiagramm bestimmt, das aus den Indikatordiagrammen aller Zylinderseiten mit Berücksichtigung der Massenkräfte zu zeichnen ist. Beispiel nach Abb. 173. Die Energie der unter dem mittleren Drehmoment $M_{d,m}$ liegenden Arbeitsflächen a, b und d muß den Mehrbedarf c und e decken. Bei 1 ist höchste, bei 2 niedrigste Drehzahl. Für die Schwungradberechnung ist die größte über- oder unterschießende Fläche maßgebend, hier also c. Der Arbeitsbedarf c muß aus der Schwungradenergie $E_s = J_p \dfrac{\omega_{\max}^2 - \omega_{\min}^2}{2}$ gedeckt werden, wobei J_p das polare Massenträgheitsmoment der rotierenden Massen (Schwung-

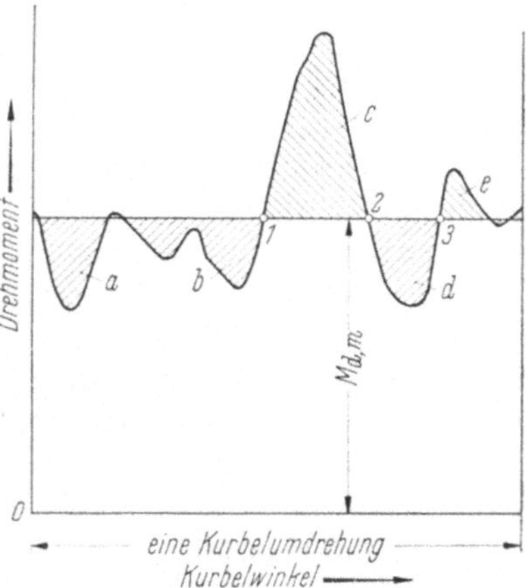

Abb. 173. Drehkraftdiagramm eines sechsstufigen Verdichters mit 2 um 90° versetzten Kurbeln; Antriebsleistung 3300 kW, 125 U/min; aus BBC-Nachrichten 1939, Lieferung 1.

rad, Kurbel, Gegengewichte, Kupplung) und ω die Winkelgeschwindigkeit $(= 2\pi n)$ darstellt. Die dabei auftretende verhältnismäßige Drehzahlschwankung

$$\text{der ,,Ungleichförmigkeitsgrad''} \qquad \delta_m = \frac{\omega_{\max} - \omega_{\min}}{\omega_m} \qquad [64]$$

ist ein Maß für die Qualität der Anlage. Bei einfachen Ausführungen läßt man $\delta_m = 1 : 30$ bis $1 : 75$ zu, bei größeren Anlagen geht man aber selten unter $1 : 100$, da sich sonst Schwierigkeiten an den Kupplungen und einem etwaigen Untersetzungsgetriebe einstellen.

Mit den Zeichnungsmaßstäben $1\text{ cm} = \alpha$ Umdrehungen $= \alpha \cdot 2\pi$ Winkeleinheiten und mit $1\text{ cm} = \beta$ kpm wird $E_s = 2\pi\alpha\beta c$ in kpm, wenn der planimetrierte Wert von c in cm² eingesetzt wird.

Mit

$$E_s = J_p \frac{\omega_{\max} + \omega_{\min}}{2} (\omega_{\max} - \omega_{\min}) = J_p \omega_m \cdot \delta_m \omega_m$$

erhält man

$$J_p = \frac{E_s}{\delta_m \omega_m^2}. \tag{63}$$

Hierbei ist davon ausgegangen, daß das antreibende Moment konstant $= M_{d,m}$ ist. Bei starrer Kupplung folgen Elektromotoren mit ihrem Moment etwas den Drehzahlschwankungen, so daß man auf der sicheren Seite liegt. Außerdem erhöht sich die Schwungmasse um das Trägheitsmoment des Motorläufers. Dagegen entwickeln Kolbenmotoren ihrerseits ein sehr stark pulsierendes Drehkraftdiagramm, das sich demjenigen des Verdichters überlagert. Andererseits werden solche Motoren in der Regel mit einem für Verdichterbetrieb ausreichenden eigenen Schwungrad ausgerüstet. Zur Frage der Drehschwingungsgefahr vgl. Abschn. 12.2.1, S. 116.

14.2 Antriebsmaschine

14.2.1 Art

Zum Antrieb von Kolbenverdichtern eignen sich alle Kraftmaschinen mit mäßigen Drehzahlen. Entscheidend ist hauptsächlich der Verwendungszweck, daneben sind die betrieblichen Verhältnisse zu berücksichtigen.

Wo elektrischer Strom zur Verfügung steht, ist der Elektromotor vorherrschend, also bei ortsfesten Anlagen von der kleinsten Leistung bis zur größten, die heute etwa bei 10000 PS liegt. Bei fahrbaren Aggregaten ist zwar auch oft ein Anschluß ans elektrische Netz möglich, man gibt aber meist dem Dieselmotor den Vorzug, weil er die größere Freizügigkeit gibt. Ottomotoren haben höhere Betriebskosten und werden deshalb nur noch bei kleinsten Verdichtern verwendet. Kolbendampfmaschinen sind fast ausgeschieden. Großgasmaschinen mit Großkolbengebläsen für Hochöfen sind fast überall durch Turbomaschinen ersetzt, dagegen hat der Gasmotor durch das Vordringen des Erdgases und der Ferngasversorgung wieder ein weites Anwendungsfeld gefunden.

Wichtig ist das Drehzahlverhältnis. Beim Elektromotor und in geringerem Maß auch beim Verbrennungsmotor lag die wirtschaftliche Drehzahl früher so hoch über der des Verdichters, daß Riemen- oder Zahnradübersetzung die Regel war. Die heute erreichten Drehzahlen der Verdichter gestatten in den meisten Fällen direkte Kupplung mit der Antriebsmaschine mit dem Vorteil höheren Wirkungsgrades, kleineren Raumbedarfs, weniger Wartung und niedrigeren Preises. Da aber auch die Antriebsmaschine in der Drehzahl geklettert ist, besonders der Diesel- und Gasmotor, bedeutet direkte Kupplung meist einen Kompromiß zwischen den beiderseitigen Drehzahlen. Dem Drehstrommotor ist der Verdichter auf alle synchronen Drehzahlen gefolgt. Die für 50 Hz gültige höchste Drehstromdrehzahl, 3000 bzw. 2800 U/min, wird zwar häufig für Kleinverdichter verwendet, aber noch in den meisten Fällen mit Keilriemen-Untersetzung zum Verdichter.

14.2.2 Leistung und Regelung

Die normale Antriebsleistung des Verdichters kann im Betrieb durch Druckschwankungen oder Veränderungen in den Wirkungsgraden überschritten werden. Es ist deshalb üblich, der Antriebsmaschine eine etwa 10% höhere Leistung zu geben. Die Reserve ist um so wichtiger, wenn die Antriebsmaschine keine Überlastung zuläßt. Dieselmotoren werden fürs Kraftfahrzeug oder Boot sicherheitshalber oft auf Nenndrehmoment blockiert (Dauerleistung B nach [65]); mehr Spielraum geben überlastbare Motoren (Dauerleistung A).

Die Regelfähigkeit der verschiedenen Kraftmaschinen ist oft entscheidend für das zu wählende Regelverfahren des Verdichters. Die nötigen Hinweise enthält Kap. 9, Regelung, S. 89.

Besondere Vorkehrungen erfordert das Anfahren. Zur Herabsetzung des Anlaufmoments wird der Verdichter in der Regel vom Druck entlastet durch Anheben der Saugventile, durch ein Auslaßventil in der Druckleitung oder im Zylinder und dgl. Bei Dieselmotoren wird oft eine Kupplung verwendet, die den Verdichter erst nach dem Anlaufen des Motors hinzuschaltet, z. B. eine im Betrieb schaltbare Reibungskupplung, selbsttätige Fliehkraftkupplung u. a.

14.3 Zubehör

14.3.1 Kessel und Leitungen

Druckluftbehälter werden meist als stehende oder liegende einfache Kessel ausgeführt. Bei fahrbaren Aggregaten wird oft der Fahrzeugrahmen aus weiten nahtlosen Stahlrohren als Behälter verwendet, z. B. Abb. 119, S. 131.

Für den Werkstoff, die Bauart, Herstellung und erste Prüfung der Druckluftbehälter gelten genaue Vorschriften der Berufsgenossenschaften, [78].

Für die Rohrleitung ist der Druckverlust Δp maßgebend. Er stellt einen unwiederbringlichen Energieverlust dar.

Es gilt

$$\Delta p = \lambda_w \cdot \frac{l}{d} \cdot \frac{w^2}{2g} \cdot \gamma \tag{64}$$

mit l = Rohrlänge, d = Rohrdurchmesser, w = Geschwindigkeit und γ = spezifischem Gewicht des Gases. Der Widerstandsbeiwert λ_w ist eine dimensionslose Erfahrungszahl für Rohrreibung, abhängig von Art und Zustand des Gases, Rauhigkeit und Durchmesser des Rohres. Der Druckverlust ist also proportional der Leitungslänge und dem Quadrat der Geschwindigkeit. Bei langen Leitungen ist demnach eine genaue Wirtschaftlichkeitsrechnung für w mit dem Energieverlust einerseits und den Leitungskosten andererseits aufzustellen. Für kleine Anlagen kann w in Saugleitungen 15—20 m/s, in Druckleitungen 25—30 m/s betragen. Für größere Anlagen darf aber nicht mit solchen Faustregeln gerechnet werden, sondern es ist der Druckverlust zu berechnen. Unterlagen dafür in der einschlägigen Literatur, z. B. [18, 19]. Zwischenstücke wie Bogen und Kniestücke, Querschnittsänderungen, Ventile, Schlauchverbindungen und dgl. erhöhen den Verlust und werden in der Praxis z. B. durch die Länge eines geraden Rohres gleichen Druckabfalls (als Erfahrungszahl) ausgedrückt. Besonders schädlich ist der Druckverlust in Saugleitungen, da er unmittelbar λ_{nu} herabsetzt. Wo sich längere Saugleitungen nicht vermeiden lassen, ist unmittelbar vor dem Verdichter ein Windkessel einzuschalten, der die Strömung in der Leitung ausgleicht und dadurch den Druckabfall und die Schwingungsgefahr verringert. Alle Leitungen sind mit etwas Gefälle in Strömungsrichtung zu verlegen mit Wasserabscheidern im tiefsten Punkt. Über Schwingungen in Rohrleitungen s. Abschn. 12.2.3, S. 121.

14.3.2 Ausrüstung

Für die Ausrüstung der Verdichteranlagen mit Geräten zur Bedienung, Überwachung und Sicherung gelten ebenfalls Bestimmungen der Berufsgenossenschaften, [77].

Der *Verdichterteil* erfordert von Hand oder automatisch betätigte Ventile für Gas, Wasser und Schmieröl, Manometer und Thermometer für die gleichen Stoffe, bei größeren mehrstufigen Verdichtern in jeder Stufe, Sicherheitsventile und -schalter und, für störungsfreien Betrieb von größter Wichtigkeit, zuverlässige Luft- und Ölfilter, Öl- und Wasserabscheider.

Ein Beispiel für die Vielseitigkeit der Ausrüstung einer nur kleinen selbsttätigen Druckluftanlage gibt Abb. 174, wobei die zur Funktion nicht unbedingt erforderlichen Geräte (Thermometer, Schmierölteile usw.) noch nicht einmal eingezeichnet sind.

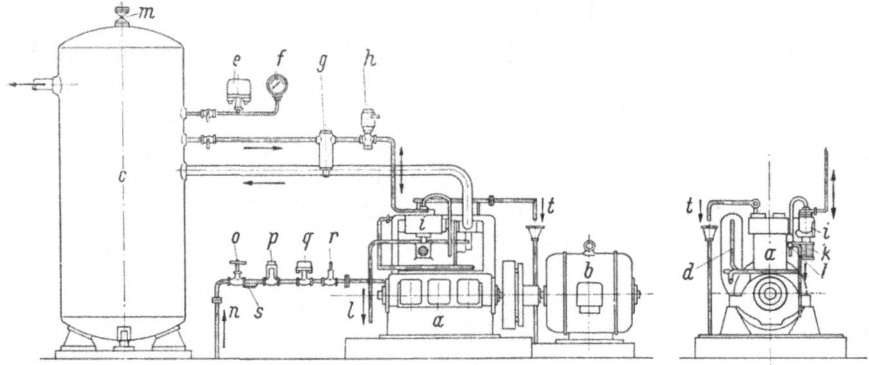

Abb. 174. Selbsttätige Druckluftanlage (ohne elektrische Steuergeräte) mit zeitweiligem Ausschalten des Elektromotors, nach [19, 7. Aufl.].

a Verdichter; *b* Motor; *c* Druckluftbehälter; *d* Zwischenkühler; *e* Druckschalter für Elektromotor; *f* Kontrollmanometer; *g* Öl- und Wasserabscheider; *h* elektromagn. Druckluft-Dreiwegeventil; *i* Umschaltventil für saugseitige Entlastung; *k* Ansaugefilter; *l* Druckentlastungsventile an den Zylindern mit Auspuffleitung; *m* Sicherheitsventil; *n* Kühlwasserzufluß; *o* Absperrventil; *p* magnetgesteuertes Kühlwasserventil; *q* Kühlwasserüberwachungsschalter; *r* Drosselventil; *s* Schmutzfänger; *t* Kühlwasserabfluß.

Für den *Motorteil* kommen nun noch alle für den Betrieb und die Überwachung erforderlichen Ausrüstungsteile hinzu. Beim Elektromotor mit selbsttätiger Steuerung bedeutet dies eine umfangreiche Schaltanlage, beim Dieselmotor die Bedienungs- und Überwachungsgeräte für Kraftstoff, Schmierstoff, Kühlstoff, Drehzahl und Anfahren. Zur Ausrüstung gehören auch die für Betrieb, Überholung und Störungsbeseitigung nötigen Werkzeuge und Ersatzteile für Verdichter und Motor, bei größeren ortsfesten Anlagen auch ein Kran. Bei explosionsgefährlichen Gasen gelten besondere Vorschriften für den elektrischen Teil, z. B. VDE 0165.

14.4 Betrieb

Alle Angaben beziehen sich nur auf den Verdichterteil, nicht auf den Antriebsmotor.

14.4.1 Wartung

Zur Wartung gehören die Überwachung im Betrieb, die regelmäßige Prüfung und die Behebung etwaiger Störungen. Besonders wichtig bei jeder Kolbenmaschine ist der einwandfreie Zustand der *Schmierung*. Richtige Schmierölsorte,

Ölmenge, -druck, -nachfüllen, -wechseln, Reinigen der Ölfilter, alles nach den Vorschriften des Herstellers. Für Schmierölsorten gilt [62 u. 63].

Besonders empfindliche Teile sind die *Ventile*. Prüfen auf Dichtigkeit bei stillstehender Maschine: Druckluft vom Kessel oder Zwischenkühler strömt aus dem Saugstutzen bei undichtem Druck- und Saugventil, aus dem geöffneten Indikatorhahn bei undichtem Druckventil, aus dem Saugstutzen bei undichtem Saugventil mit ausgebautem Druckventil. Oft ist auch eine Kontrolle durch Entlüftungsventile möglich. Reinigen der Ventile von Staub und Ölkohle in bestimmten Zeitabständen, Auswechseln der Ventilplatten und -federn nach den auf S. 87 angegebenen Richtlinien. Sicherheitsventile müssen regelmäßig geprüft werden. Sorgfältige Wartung erfordern auch alle Regelorgane, ferner Stopfbüchsen und Kolbenringe, hauptsächlich auch alle Filter.

Kühlwasser. Hartes Wasser möglichst vermeiden, Kesselstein regelmäßig entfernen. Bei Durchflußkühlung soll die Austrittstemperatur 40 °C nicht übersteigen, damit die Kesselsteinbildung gering bleibt und die Kühlwirkung genügt. Bei Seewasser treten über 50 °C Ausscheidungen auf; außerdem entsteht bei verschiedenartigen Metallen eine elektrolytische Spannungsreihe, die zur Zerstörung der negativen Elektrode (meist des Eisens) führt. Man verwendet deshalb Zinkplatten, die noch weiter negativ stehen, zerfressen werden und in regelmäßigen Abständen erneuert werden müssen, vgl. Abb. 123, S. 135.

Bei Umlaufkühlung mit dauernder Wiederverwendung des gleichen Wassers ist die Gefahr der Kesselsteinbildung geringer, die Wasseraustrittstemperatur kann daher bis 50 °C betragen. Bei Frostgefahr müssen dem Wasser entweder sichere Frostschutzmittel zugesetzt werden oder es muß bei Stillstand aus allen Teilen restlos abgelassen werden.

14.4.2 Messung

Messungen haben 3 verschiedene Aufgaben: Prüffeldversuche beim Hersteller für Entwicklung und zur Kontrolle; Abnahmeversuche zum Nachweis der Gewährleistungen; Betriebsversuche für Zwecke des Benützers oder auch des Herstellers.

Bei allen handelt es sich in erster Linie um die Messung der Nutzleistung des Verdichters, also der angesaugten oder geförderten Gasmenge mit Druck und Temperatur, und der zugeführten Leistung, also der Kupplungsleistung; dazu noch Kühlwasser- und Schmierölverbrauch. Von anderen Messungen, die hauptsächlich den Hersteller interessieren, wie Arbeit der einzelnen Stufen, Kühlwirkung, Mechanisches (Steuerung, Regelung, Kühlung, Schmierung, Festigkeit, Schwingungen u. a.) und dgl. sei hier abgesehen.

Für die Meßverfahren, hauptsächlich die kritischen Abnahmeversuche, gelten die VDI-Verdichterregeln, die neue VDI-Richtlinie 2045 [73], für Kleinkolbenverdichter für Luft auch VDMA 4362 [79]. Hier sei nur auf die Messung der Gasmenge und der Kupplungsleistung eingegangen mit den besonderen Verhältnissen bei Kolbenverdichtern.

14.4.2.1 Gasmengenmessung

Den Kunden interessiert die gelieferte Menge $\dot{V}_{2,nu}$, den Konstrukteur mehr die Ansaugmenge $\dot{V}_{1,nu}$. Entscheidend ist, was leichter und sicherer gemessen werden kann, wo z. B. die langen Rohrstrecken für Durchflußmessung eingeschaltet werden können. Bei kleineren Serienverdichtern wird der Herstellerprüfstand dafür eingerichtet, bei größeren Anlagen ist aber oft nur Messung beim Kunden möglich. Auch hier sollte aber schon beim Entwurf die Meßeinrichtung berücksichtigt werden. Ist es einfacher, auf der Druckseite $\dot{V}_{2,nu}$ zu messen, so muß bei der Umrechnung auf Ansaugezustand der in den Zwischenkühlern ausgeschiedene Wasserdampf hinzugerechnet werden. Oft ist es bei einer ausgeführten Anlage einfacher, in der Saugleitung zu messen, also $\dot{V}_{1,nu}$. Dies ist auch bei Gasen nahe dem Dampfzustand vorteilhaft, weil in der Druckleitung nur der nicht verflüssigte Gasteil auftritt.

Die wichtigsten Meßverfahren sind in der Reihenfolge ihrer Brauchbarkeit:

1. *Durchflußmessung* mit Drosselgeräten nach DIN 1952 [69] und der neuen Richtlinie VDI 2041 [75]. [69] schreibt genormte Düsen, Blenden oder Venturidüsen vor. Nicht genormte Drosselgeräte sind nicht allgemein anerkannt und müssen geeicht werden. Zur örtlichen und zeitlichen Beruhigung der Strömung sind lange Rohrstrecken vor und hinter der Düse und oft ein Pufferkessel nötig.

Der Gewichtsstrom wird aus dem Druckabfall in der Drossel nach der bekannten Durchflußformel berechnet

$$\dot{G}_1 = \alpha \varepsilon F_d \sqrt{\frac{2g}{\gamma_1}(p_2 - p_1)}, \tag{65}$$

mit F_d als Drosselquerschnitt, Zeiger 1 Zustand vor, 2 hinter der Drosselstelle. Die Durchflußzahl α und die Expansionszahl ε sind für jede Messung aus den Eichkurven in DIN 1952 zu bestimmen. Zur Berechnung von γ_1 ist T_1 ohne Störung der Strömung (!) zu messen. Die Durchflußmessung hat den Vorteil der Verwendbarkeit im praktischen Betrieb und der Gültigkeit ohne Eichung. Schwierig ist oft die Einschaltung der langen Meßstrecken; bei pulsierender Strömung haben Ausgleichskessel keine volle Wirkung, [47, 48]. Bei Messung in der Saugleitung wird $\dot{V}_{1,nu}$ durch die Drosselung etwas verkleinert, weniger bei Venturidüse. Der meist kleine Differenzdruck $p_2 - p_1$ wird am sichersten nicht mit Zeigermanometern, sondern mit U-Rohren gemessen. Bewährt ist das Betz-Gerät, das sicher 0,1 mm WS anzeigt. Schwingungen der Wassersäule sollen durch Pufferräume, nicht durch Kneifen der Meßleitung gedämpft werden.

Sonderfälle sind nach DIN 1952 die „Einlaufmessung" mit einer Drossel am Beginn der Saugleitung und die für einfache Prüfstände oft verwendete „Auslaufmessung" mit Druckhaltedrossel am freien Ende der Druckleitung, wofür noch häufig nicht genormte Werksdüsen in Gebrauch sind.

2. *Volumenmessung.* Durch trockene oder nasse *Gasuhren,* in die Saug- oder hinter einer Druckhaltedrossel in die Druckleitung eingebaut. Einfachste Messung, Genauigkeit abhängig von der etwas schwierigen Eichung, die wegen des mitunter veränderlichen Zustands der Gasmesser vor und nach der Messung nötig ist, [73, 79]. Pulsierende Strömung muß durch Pufferräume weitgehend ausgeglichen werden. Ein nasser Gasmesser in der Saugleitung beeinflußt die Feuchtigkeit. η_{vol} in [79] entspricht unserem λ_{nu}.

Eine ziemlich sichere, aber nicht im praktischen Betrieb anwendbare Volumenmessung ist das *Auffüllverfahren.* Dabei wird nach Abb. 175 ein Meßkessel von niedrigem auf höheren Druck aufgeladen. Durch Messen des Drucks und der Temperatur im Kessel mit Inhalt V_0 am Anfang (a) und Ende (e) der Messung erhält man das in der gemessenen Zeit t eingefüllte Gasgewicht G und daraus den Gewichtsstrom

$$\dot{G}_{nu} = \frac{G_e - G_a}{t} = \left(\frac{p_e}{T_e} - \frac{p_a}{T_a}\right)\frac{V_0}{R^* t}. \tag{66}$$

Damit der Verdichter in Beharrung gegen den Nenndruck p_2 arbeitet, wird ein von Hand oder automatisch geregeltes Drosselventil eingeschaltet, das den Druck p_2 in dem vorgeschalteten Windkessel konstant hält. Der Versuch liefert auch bei pulsierender Strömung sichere Werte. Die Meßzeit ist durch $p_e < p_2$ begrenzt. Die Unsicherheit der mittleren Gastemperatur im Kessel kann durch Abwarten des Temperaturausgleichs bei geschlossenem Kessel nach dem Versuch ausgeschaltet werden.

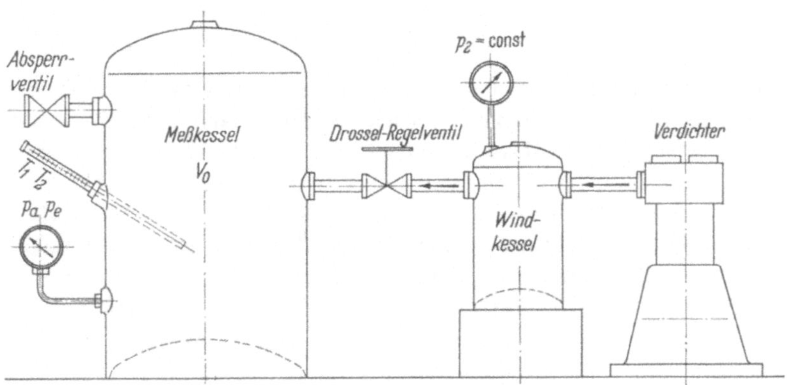

Abb. 175. Volumenmessung nach Auffüllverfahren.

3. *Geschwindigkeitsmessung.* Mit Strom $=$ Querschnitt $\times$ Geschwindigkeit wird die Mengenmessung auf Messung der Gasgeschwindigkeit in einer Rohrleitung zurückgeführt. Das klassische Gerät für Geschwindigkeitsmessung ist das Staurohr, z. B. das Prandtl-Rohr, das die dynamische Druckerhöhung p_d mißt. Daraus

$$\text{Geschwindigkeit} \quad w = \sqrt{\frac{2g}{\gamma}\,p_d}. \tag{67}$$

Bei längeren geraden Rohrstrecken braucht die Strömungsrichtung nicht bestimmt zu werden, es darf aber bei keinem Rohr gleichmäßige oder nach einem einfachen Gesetz verlaufende Geschwindigkeitsverteilung über den Querschnitt angenommen werden. w muß also an mehreren, über den ganzen Querschnitt verteilten Stellen mit Flächenstück $\mathrm{d}f$ gemessen werden, daraus $\dot{G}_{nu} = \gamma \int w\, \mathrm{d}f$ mit graphischem Integrieren. Voraussetzung ist dabei zeitlich unveränderliche Geschwindigkeitsverteilung, was durch Wiederholung zu kontrollieren ist. Bei kleinen Geschwindigkeiten wird p_d wegen der Abhängigkeit von w^2 sehr klein, z. B. bei $w = 4$ m/s und $\gamma = 1{,}2$ kp/m³ $p_d = $ rd. 1 mm WS. Bei kleinen Geschwindigkeiten, wie sie weniger bei Kolbenverdichtern als bei Gebläsen in Luftschächten vorkommen, wird deshalb mit dem Anemometer gemessen, einem Flügelrädchen, dessen Umdrehungszahl den vom Gas in einer gestoppten Zeit zurückgelegten

Weg, also seine Geschwindigkeit angibt. Hier gilt in verstärktem Maß die Forderung der Intervallmessung über den ganzen Querschnitt. Da diese zeitraubend und nur bei stationärer Strömung sinnvoll ist, begnügt man sich z. B. bei Luftheizungsschächten oft mit gefühlsmäßig gleichmäßigem Überfahren des ganzen Querschnitts mit dem Meßgerät, das dann einen groben Mittelwert liefert. Bei einiger Übung und durch Wiederholen erreicht man damit aber Abweichungen von weniger als $\pm 5\%$. Staurohre und Anemometer sind öfters zu eichen.

4. Aus dem *Indikatordiagramm*. Wo andere Meßverfahren nicht anwendbar sind, läßt sich die Menge ungefähr aus dem Indikatordiagramm bestimmen. Bezeichnung nach S. 21 mit Abb. 16.

Der auf S. 24 beschriebene indizierte Liefergrad (volumetrische Wirkungsgrad) der I. Stufe läßt sich als $\lambda_i = s_1/s$ abgreifen, und man erhält für die *zugehörige Zylinderseite*

$$\dot V_i = \lambda_i V_h n \quad \text{und} \quad \dot V_{nu} = \dot V_i \cdot \sigma.$$

Dabei kann σ, der Einfluß der Aufheizung und Undichtigkeit, aus dem Indikatordiagramm nicht entnommen werden, es muß nach S. 25 abgeschätzt werden. Außerdem setzt diese Messung ein sehr genaues Indikatordiagramm voraus. Auch bei Langsamläufern kann hier nicht mit großer Genauigkeit gerechnet werden. Bei höheren Drehzahlen geben jetzt die elektrischen Meßverfahren mit Druckgebern und Oszillographen neue Möglichkeiten. Der Druckmaßstab muß überhöht sein, so daß nur der Niederdruckteil des Diagramms geschrieben wird. Das Abschneiden der Druckspitzen ist auch beim Lichtstrahloszillographen möglich. Dagegen erfordert eine sichere Linie des Außendrucks, die hier entscheidend wichtig ist, viel Erfahrung.

14.4.2.2 Messung der Kupplungsleistung

Die sehr wichtige Aufgabe der Leistungsmessung gehört in den Bereich des Kraftmaschinenbaus. Hier nur einige praktische Hinweise für Kolbenverdichter unter Berücksichtigung von [73].

Am sichersten ist direkte Messung aus Drehmoment an der Kupplung mal Drehzahl. Mechanische Torsionsindikatoren sind veraltet, oft schwierig einzubauen und unzuverlässig. Heute elektronische Verfahren, wenn möglich mit Meßwelle, deren Verdrehung elektrisch erfaßt und auf einen Oszillographen geleitet wird. Übertragung durch Schleifringe oder neuerdings berührungsfrei rein induktiv. Man erhält außer der mittleren Leistung auch das Drehkraftdiagramm. Wo der Einbau einer Meßwelle nicht möglich ist, können Dehnungsmeßstreifen direkt auf die Motor- oder Verdichterwelle geklebt werden. 4 Stück einander gegenüber und zur Torsionsmessung unter 45° zur Achse.

Einfacher wird die Leistungsmessung bei Antrieb durch Elektromotor. Für Prüfstände wird dieser oft als Pendelmotor ausgebildet, wobei statt des übertragenen Moments das gleich große Reaktionsmoment des Ständers als Kraft mal Hebelarm gemessen wird. Der nicht übertragene, sehr kleine Anteil für Lagerreibung und Motorlüfter kann durch einen Leerlaufversuch mit Nenndrehzahl bestimmt werden.

Beim normalen Elektromotor kann P_{Ku} aus der zugeführten Klemmenleistung bestimmt werden, mit einem kWh-Zähler oder aus Spannung und Stromstärke. Die elektrischen Meßgeräte müssen öfters geeicht werden. Zur Bestimmung von P_{Ku} muß ferner der Motorwirkungsgrad bekannt sein, möglichst aus einer kontrollierbaren Kurve.

Ist bei Antrieb durch Diesel- oder Gasmotoren die Drehmomentmessung zu aufwendig, so bleiben 3 einfache, aber unsichere Verfahren: Indizieren, Kraftstoffverbrauch, Auspufftemperatur.

Indizieren des Motors oder Verdichters oder von beiden als Kontrolle hat die mehrfach beschriebene Unsicherheit der indizierten Leistung. Dazu kommt der mechanische Wirkungsgrad, bei dem man meist auf Kurven des Herstellerwerkes angewiesen ist, die nur mit Vorbehalt für den speziellen Fall anwendbar sind.

Leistungsbestimmung aus dem Kraftstoffverbrauch und, noch einfacher, aus der Auspufftemperatur. Dazu sind vom Motorenwerk zu liefernde Kurven dieser beiden Größen in Abhängigkeit von Leistung und Drehzahl zu verwenden. Kraftstoffmessung mit einem zuverlässigen Gerät und über längere Zeit, bei Gas mit Heizwertkontrolle. Auspufftemperatur mit Thermometern gleicher Bauart *und Einbauweise* wie auf dem Motor-Prüfstand als Mittelwert aller Zylinder und in längerer Beharrungszeit gemessen.

Beide Messungen haben aber folgenden, schwerwiegenden Mangel: Ist der Motor in etwas schlechterem Zustand als auf dem Prüfstand, so sind Kraftstoffverbrauch und Auspufftemperatur höher, und man erhält aus den Kurven ein etwas zu hohes P_{Ku}; der Verdichter wird dadurch benachteiligt.

14.4.2.3 Meßgenauigkeit

Die Meßgenauigkeit ist bei allen Verfahren auf Seiten des Verdichters und des Motors nicht allzu hoch und je nach Eichbarkeit und Streuung kritisch abzuschätzen. Sorgfältige Messungen geben aber für den praktischen Bedarf völlig ausreichende Ergebnisse. Dagegen sollten Garantiezahlen mit sinnvollen Toleranzen festgelegt werden, die weit außerhalb der Unsicherheit der Messung liegen.

Für die *Entwicklung* ist aber zu sagen, daß der Kolbenverdichter heute einen Stand erreicht hat, bei dem Fortschritte nicht mehr ohne exakte Forschung, die durch feine moderne Meßverfahren unterstützt wird, erreichbar sind.

Schrifttum

Bücher

[1] Hinz, A.: Thermodynamische Grundlagen der Kolben- und Turbokompressoren, 2. Aufl. Berlin: Springer 1927.

[2] Fröhlich, Fr.: Berechnung und Untersuchung von Kolbenkompressoren. Berlin: VDI-Verlag 1934.

[3] Löhner, K.: Kolbenpumpen und Kolbenverdichter. Wolfenbütteler Verlagsanstalt 1948.

[4] Fröhlich, Fr.: Kolbenverdichter. Berlin/Göttingen/Heidelberg: Springer 1961.

[5] Hütte, Des Ingenieurs Taschenbuch, 28. Aufl. Band II A, 1954, mit K. Löhner: Kolbenverdichter.

[6] Dubbels Taschenbuch für den Maschinenbau, 12. Aufl. zweiter Neudruck 1966, Berlin/Heidelberg/New York: Springer, Band II mit Fr. Fröhlich: Kolbenverdichter.

[7] Oppitz, A.: Kolbenmaschinen. Heidelberg: Carl Winter, Universitätsverlag 1950.

[8] Küttner, K.-H.: Kolbenmaschinen. Stuttgart: Teubner 1967.

[9] Handbuch der Kältetechnik, V. Band: Kältemaschinen. Berlin/Heidelberg/New York: Springer 1966.

[10] Plank, R., u. J. Kuprianoff: Die Kleinkältemaschine, 2. Aufl. Berlin/Göttingen/Heidelberg: Springer 1960.

[11] Scholl, P.: Kühlschränke und Kleinkälteanlagen, 7. Aufl. Berlin/Göttingen/Heidelberg: Springer 1960.

[12] Oehler, E.: Technische Schwingungslehre. Essen: Girardet 1952.

[13] Kraemer, O.: Bau und Berechnung der Verbrennungsmotoren, 4. Aufl. Berlin/Göttingen/Heidelberg: Springer 1963.

[14] Schrön, H.: Die Dynamik der Verbrennungskraftmaschine, 2. Aufl. Wien: Springer 1947 (Heft 8, Teil 2, der Sammlung H. List: Die Verbrennungskraftmaschine).

[15] Rausch, E.: Maschinenfundamente und andere dynamisch beanspruchte Baukonstruktionen, 3. Aufl. Düsseldorf: VDI-Verlag 1959 (Auszug in Betonkalender 1961, II. Teil).

[16] Göbel, E. F.: Berechnung und Gestaltung von Gummifedern. Konstruktionsbücher 7. Bd., 2. Aufl., Berlin/Göttingen/Heidelberg: Springer 1955.

[17] Thum, A., u. K. Oeser: Gummifederungen für ortsfeste Maschinen. Berlin: VDI-Verlag 1935 (Auszug in Z. VDI 1934, S. 387).

[18] Schwedler, F., u. H. v. Jürgensonn: Handbuch der Rohrleitungen, 4. Aufl. Neudr. Berlin/Göttingen/Heidelberg: Springer 1957.

[19] FMA-Pokorny: Taschenbuch für Druckluftbetrieb, 8. Aufl. Berlin/Göttingen/Heidelberg: Springer 1959 (Neudruck 1968 in Vorbereitung).

Zeitschriften und Dissertationen

[21] Kaske, G.: Berechnung der Realgasfaktoren aus den Daten der reinen Gase. Chemie-Ing.-Technik 1966, S. 1060.

[22] Klüsener, O.: Versuche über das Höhenverhalten eines Motor-Kompressors. MTZ 1956, S. 218.

[23] Kollmann, K.: Wärmeübergang im Luftkompressor. VDI-Forschungsheft 348, Berlin: VDI-Verlag 1931.

[24] Christian, W.: Die Berechnung der isothermischen Verdichterleistung bei der Verdichtung auf hohe Drücke. Z. VDI 1942, S. 721.

[25] Christian, W.: Die Untersuchung von Kolbenverdichtern. Rheinmetall-Borsig-Mitteilungen 1943, Nr. 18/19.

[26] Haehndel, H.: Welche Wirkungsgrade sind im Kolbenverdichter erreichbar? Z. VDI 1956, S. 1549.

[27] Lanzendörfer, E.: Strömungsvorgänge und Bewegungsverhältnisse bei Druckventilen schnellaufender Kompressoren. Diss. Darmstadt 1930 u. Z. VDI 1932, S. 341.

[28] Söchting, F.: Huboszillogramme von Ventilen raschlaufender Verdichter. Z. VDI 1955, S. 72.

[29] Müller, H.: Untersuchung von Kompressorventilen. Diss. Braunschweig 1958 u. Konstruktion 1959, H. 10.

[30] Saad, Y. M.: Bewegungsverhältnisse und Beanspruchung der Ventilplatten schnellaufender Kompressoren. Diss. Clausthal 1962.

[31] Frenkel, M. I.: Gleichstromventile für Kolbenkompressoren. Russian Engng. Journal 1965, Nr. 8, S. 33 (Auszug in Konstruktion 1966, S. 351).

[32] Schack, A.: Der Wärmeübergang in Rohren und an Rohrbündeln. Arch. Wärmew. 1940.

[33] Ritter, F.: Explosionen in Druckluftanlagen. Z. VDI 1926, S. 543.

[34] Klemencic, A.: Bemessung und Gestaltung von Gleitlagern. Z. VDI 1943, S. 409.

[35] Müller, H.-J.: Weiterentwicklung der Trockenlauf-Kompressoren. Linde-Berichte aus Technik und Wissenschaft, H. 16, 1963.

[36] Zürcher, A., u. H. Meier: Labyrinth- und Kunststoffring-Trockenlaufkolbenkompressoren. Technische Rundschau Sulzer Nr. 1/1967.

[37] Benz, W.: Biegungsschwingungen von Kurbelwellen, insbesondere bei schweren Schwungrädern. ATZ 1935, S. 405, und: Biegungsschwingungen von mit einer Masse besetzten Wellen. MTZ 1950, S. 68.

[38] Waas, H.: Federnde Lagerung von Kolbenmaschinen. Z. VDI 1937, S. 763.

[39] Hartz, H.: Gründungstechnische Gestaltung von Maschinengründungen. Hausberichte Werner Genest GmbH, Stuttgart 1937, H. 1.

[40] a) Lang, G.: Zur elastischen Lagerung von Maschinen durch Gummifederelemente. MTZ 1963, S. 416.
b) Benz, W.: Elastische Lagerung auf geneigt angeordneten Gummipuffern. MTZ 1967, S. 28.
c) Stolte, E.: Elastische Motorlagerungen. Konstruktion 1954, S. 151.

[41] Groth, K.: Untersuchung über Schwingungen in der Druckleitung von Kolbenverdichtern. VDI-Forschungsheft 440, Düsseldorf: VDI-Verlag 1953.

[42] Kuhlmann, P.: Berechnung von Schwingungen in den Rohrleitungen von Kolbenverdichtern. VDI-Forschungsheft 516, Düsseldorf: VDI-Verlag 1966.

[43] Klüsener, O., u. K. Groth: Schwingungen in der Druckleitung einer Kälteanlage. Kältetechnik 1951, S. 218.

[44] Klüsener, O., u. P. Kuhlmann: Schwingungen in den Rohrleitungen eines Sauerstoff-Kompressors. Linde-Berichte aus Technik u. Wissenschaft, H. 11, 1961 u. H. 13, 1962.

[45] Neuerburg, W.: Experimentelle Untersuchung des Ladevorgangs an einem Sechszylinder-Viertakt-Ottomotor. Diss. Karlsruhe 1965 und MTZ 1965, S. 315.

[46] Grosser, D.: Geräuschmessungen an einem Sauerstoff-Kompressor. Linde-Berichte aus Technik und Wissenschaft, H. 13, 1962 .

[47] Herning, F., u. Chr. Schmid: Durchflußmessung bei pulsierender Strömung. Z. VDI 1938, S. 1107.

[48] Schmid, Chr.: Meßfehler bei der Durchflußmessung pulsierender Gasströme. Z. VDI 1940, S. 596.

[49] Meissner, A.: Neuentwicklung im Kolbenverdichterbau. Industrieanzeiger 1956, H. 32.

[50] Netz, H.: Leistungsstand im Verdichterbau. Industrieanzeiger 1956, H. 60.

[51] Müther, W.: Neuzeitliche Entwicklung im Kolbenverdichterbau. Linde-Berichte aus Technik und Wissenschaft, H. 3, 1958.

[52] Neumann, K.: Junkers-Freikolbenverdichter. Z. VDI 1935, S. 155.

[53] Huber, R.: Pescara-Flugkolbenverdichter und -Treibgaserzeuger. Schweizer Bauzeitung 1945, S. 23 (Auszug in Stahl u. Eisen 1948, S. 52/53).

[54] Meitzner, H.: Die Freikolben-Turboanlage als neuer Kraftanlagetyp für die Schiffahrt und Industrie. MTZ 1957, S. 108.

[55] Brinkmann, W.: Die Weiterentwicklung des Thomassen-Gasmotor-Kompressoraggregates. MTZ 1967, S. 493.

Normen, Richtlinien, Vorschriften

[61] DIN 1945: Abnahme- und Leistungsversuche an Verdichtern (VDI-Verdichterregeln), 1934/1955.

[62] DIN 6545: Öle für Verdichter (Kompressoren), 1936.

[63] DIN 51506: Schmierstoffe-Schmieröle für Luftverdichter, 1960.

[64] DIN 1940: Verbrennungsmotoren, Begriffe, Zeichen, Einheiten, 1946/1958.

[65] DIN 6270: Verbrennungsmotoren für allgemeine Verwendung; Leistungsbegriffe, Leistungsangaben, Verbrauchsangaben, Bezugszustand, 1955.

[66] DIN 1304: Allgemeine Formelzeichen, 1955/1964.

[67] DIN 1343: Normzustand, Normvolumen, 1964.

[68] DIN 5450: Norm-Atmosphäre, 1937.

[69] DIN 1952: VDI-Durchflußmeßregeln, 1948.

[70] DIN 45632, Vornorm: Geräuschmessung an elektrischen Maschinen, Richtlinien, 1962.

[71] ISO/Technical Committee 43 Draft Recommendation: Bewertung von Geräuschen.

[73] VDI 2045: Abnahme- und Leistungsversuche an Verdichtern, 1967 (Entwurf).

[74] VDI 2056: Beurteilungsmaßstäbe für mechanische Schwingungen von Maschinen, 1964.

[75] VDI 2041: Berechnungsgrundlagen für die Durchflußmessung mit Drosselgeräten, 1967 in Vorbereitung.

[77] VBG 16 — Unfallverhütungsvorschrift „Verdichter (Kompressoren)", Neufassung 1968, durch Hauptverband der gewerblichen Berufsgenossenschaften e. V., Bonn.

[78] VBG 17, 18, 19 — Vorschriften „Druckbehälter", Köln: Carl Heymanns Verlag.

[79] VDMA 4362, Einheitsblatt Kleinkolbenverdichter, Bestimmung der Liefermenge, 1967.

Sachverzeichnis

Auf der durch kursive Ziffern bezeichneten Seite ist das Stichwort ausführlich behandelt.